HISTOIRE

DES

SCIENCES MATHÉMATIQUES.

IMPRIMÉ CHEZ PAUL RENOUARD, RUE GARANCIÈRE, 5.

HISTOIRE

DES

SCIENCES MATHÉMATIQUES

EN ITALIE,

DEPUIS LA RENAISSANCE DES LETTRES

JUSQU'A LA FIN DU DIX-SEPTIÈME SIÈCLE.

PAR GUILLAUME LIBRI.

TOME QUATRIÈME.

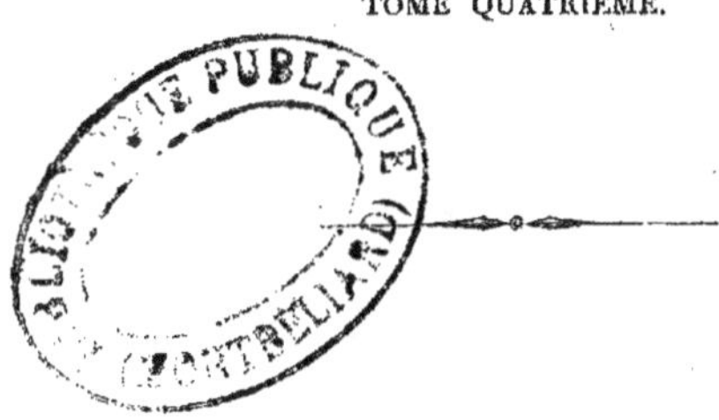

A PARIS,

CHEZ JULES RENOUARD ET Cⁱᵉ, LIBRAIRES,

RUE DE TOURNON, Nº 6.

1841.

HISTOIRE

DES

SCIENCES MATHÉMATIQUES

EN ITALIE,

DEPUIS LA RENAISSANCE DES LETTRES

JUSQU'A LA FIN DU DIX-SEPTIÈME SIÈCLE.

PAR GUILLAUME LIBRI.

TOME QUATRIÈME.

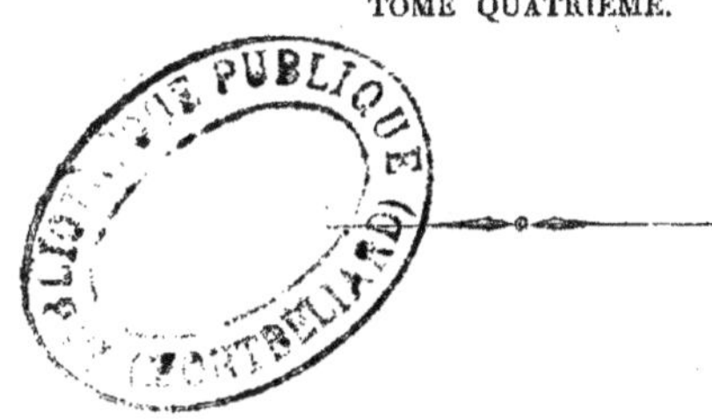

A PARIS,

CHEZ JULES RENOUARD ET Cⁱᵉ, LIBRAIRES,

RUE DE TOURNON, Nº 6.

1841.

TABLE

DES MATIÈRES CONTENUES DANS LE QUATRIÈME VOLUME.

LIVRE TROISIÈME.

SOMMAIRE.

HISTOIRE

DES

SCIENCES MATHÉMATIQUES

EN ITALIE.

LIVRE TROISIÈME.

Depuis Fibonacci jusqu'à Galilée les Italiens ont marché presque seuls, ne recevant des étrangers que de bien faibles secours, et nous avons pu jusqu'ici tracer l'histoire des siences en Italie, sans avoir égard aux autres contrées. Mais au seizième siècle la scène change, et il n'y a guère de nation en Europe chez qui les sciences ne soient cultivées. A Colomb, à Vespuce, succèdent partout mille hardis navigateurs ; Copernic, Tycho-Brahé, Kepler, paraissent devoir fixer dans le nord le règne de l'astronomie. En France, Viète perfectionne l'algèbre et fait trop peut-être oublier les travaux de ses devanciers. La nouvelle philosophie pénètre chez tous les peuples et les éclaire : pour chaque découverte, il se présente désormais plusieurs prétendans qui l'ont préparée ou qui semblent avoir trouvé en même temps le fait fondamental. Dans ce mouvement continuel des esprits, il n'est plus possible de suivre les progrès intellectuels d'un peuple, quel qu'il soit, sans jeter un coup-d'œil sur ce qui s'est fait chez les autres, ni d'apprécier à leur juste valeur les travaux d'un savant, sans tenir compte de ce qu'ont pu faire ailleurs ses devanciers ou ses contemporains : pour étudier avec fruit l'histoire scientifique de l'Italie, il devient donc nécessaire de s'arrêter un instant à contempler la marche de la civilisation en Occident depuis la renaissance des lettres.

A la chute de l'empire romain, l'Église devint dépositaire de la civilisation de l'Europe, et prêchant l'évangile aux envahisseurs, elle adoucit les mœurs des plus farouches et leur enseigna la charité. Par l'influence de la religion, ils apprirent les élémens des lettres latines et s'habituèrent à vénérer en Rome, même après l'avoir asservie, la capitale de la chrétienté. Les pieux missionnaires qui parcouraient alors l'Occident représentaient un ordre social bien moins imparfait que tout ce qui existait chez les barbares ; et leur parole désarmée descendant sur des hommes qui semblaient destinés à faire de l'Europe un immense tombeau, les arrêta,

les subjugua , leur inspira l'amour du pro-
chain, qui était pour eux la plus nécessaire des
vertus. Ce fut le plus beau temps du christianisme, qui, comme toutes les religions, semble
plus propre à commencer l'éducation d'un
peuple qu'à l'achever, et qui, à l'exemple d'autres institutions, fut plus vénérable, plus sublime aux jours de lutte et d'adversité que dans
ses temps de puissance et de splendeur. Alors la
majesté des pontifes ne brillait pas uniquement
par la pompe du Vatican, et leurs seules vertus
rendaient formidable le Dieu au nom duquel ils
parlaient. Mais un si grand ascendant ne pouvait
être impunément accordé à des humains, et tout
en continuant à parler du ciel, on commença à s'occuper des choses de la terre. La charité publique
qui s'exerçait de préférence en faveur des couvens; la doctrine de l'expiation par les aumônes ,
les fondations pieuses que l'Église imposait souvent aux fidèles, procurèrent des biens immenses
aux ministres du Seigneur. Les richesses cor-
rompirent les mœurs, le pouvoir qu'avaient
acquis les pontifes leur inspira le désir de l'é-
tendre encore, et ils prétendirent à la domination universelle. Ils s'élevèrent alors au-dessus des
rois et se dirent chargés de faire exécuter les

arrêts de la Providence. Parvenus à cet excès de
puissance, ils voulurent s'y maintenir, et, ne
régnant que par les idées, ils proscrivirent toutes celles qu'ils n'enseignaient pas, interdirent
la discussion et punirent le doute. Pour faire exécuter ces décrets, il fallait une sanction pénale,
et l'inquisition fut créée ; pour faire respecter
l'autorité de l'Église il fallait dompter l'autorité
séculière ou faire cause commune avec elle, et
après des luttes acharnées avec les empereurs, on
finit par proclamer le droit divin du despotisme:
c'est ainsi qu'une religion qui semblait devoir délivrer le monde, lui forgea des fers, et qu'après
avoir établi sa domination à l'aide d'un livre,
elle voulut brûler tous les autres. Elle ne commençait à instruire que pour asservir, et s'oppo-
sait aux progrès qui pouvaient conduire à l'affranchissement. Bientôt toute innovation lui parut
une menace et elle se fit le soutien du passé. Long-
temps elle combattit et résista, et lorsqu'elle se
sentit vaincre par les idées nouvelles, elle s'en-
ferma dans une armure de vieux préjugés, et
sans céder sur aucun point, laissa à d'autres
le soin de présider à la marche de l'humanité.
Déchue de son ancienne puissance, redoutant
l'esprit d'innovation et de révolution, l'Église

est devenue nécessairement l'alliée de la tyrannie, et ne sait plus s'en séparer. Désormais elle est plutôt destinée à entraver qu'à faciliter le progrès des lumières; car, si jadis elle a donné l'alphabet aux Illyriens et aux Ouigours (1), elle a seulement voulu qu'on sût lire le catéchisme (2) et obéir aux décrétales; elle n'a jamais demandé d'autre science.

Nous savons que des hommes d'un grand mérite, des esprits élevés, ne partagent pas ces idées, et que, frappés des maux de notre époque, voyant dans la prépondérance des intérêts matériels la cause de ces maux, ils voudraient rendre force à la religion pour relever la société. Tout homme de cœur s'affligerait profondément, s'il était condamné à voir la décadence de la morale et des plus nobles sentimens de l'humanité; mais il ne faut pas

---

(1) On sait que saint Cyrille et saint Méthodius ont donné un alphabet aux Illyriens; les Ouigours ont reçu le leur des Nestoriens (Voyez *Abel Rémusat, Recherches sur les langues tartares*. Paris, 1820, in-4, p. 29 et suiv.).

(2) Un fait assez remarquable, c'est que, parmi les livres publiés en différentes langues orientales, à Rome, par la *Propagande*, il y a beaucoup de catéchismes et très peu de bibles ou d'évangiles. La société biblique, qui a publié tant de bibles, est, comme on le sait, dirigée par des protestans.

transformer nos vœux en preuves historiques, ni se flatter de pouvoir rendre la vie à des corps où le sang ne circule plus. D'ailleurs, ceux qui pensent que la civilisation moderne n'est due qu'à l'influence du christianisme, devraient expliquer pourquoi, après avoir eu le malheur d'assister à la ruine de l'empire romain, l'Église, qui prit les barbares sous sa tutelle, ne put jamais réussir à les policer entièrement, tant que d'autres principes de civilisation ne vinrent pas à son secours. Et cependant, ces peuples, avec la nouvelle religion, avaient adopté les lettres latines, mais au lieu de marcher vers la renaissance, ils se bornaient à continuer la décadence des Romains. Quelques hymnes ecclésiastiques, quelques légendes fabuleuses, des commentaires sur la Bible, des traités sur le comput, voilà ce qui nous reste de cette époque. Sans prendre encore une forme nouvelle, la langue s'altère tous les jours davantage, le goût se corrompt, l'élégance disparaît, et pourtant l'énergie ne se développe pas encore. Après l'arrivée des barbares, l'Église dirigea seule les intelligences en Europe : elle régna sur des peuples dociles, et cependant elle fut impuissante à régénérer le monde intellectuel. Peut-

être faut-il lui attribuer la civilisation du siècle
de Charlemagne; mais bientôt l'ignorance l'emporta de nouveau, et le monde fut plongé dans
des ténèbres encore plus profondes. Tous les efforts qu'on fit pour les dissiper échouèrent jusqu'au moment où les Arabes purent exercer une
action sur l'Europe : et ce qui prouve que c'est
aux Orientaux que l'on doit principalement la
renaissance, c'est que les premiers symptômes
se développèrent chez les Juifs qui, par leurs
voyages et leur commerce, eurent les plus anciennes relations avec les Arabes, et qui certainement ne subissaient pas l'influence de l'Église.
D'ailleurs, chez les Chrétiens, c'est en Espagne,
c'est dans le midi de l'Italie, que le goût des
sciences se développe d'abord; et pourquoi? c'est
que là on se trouvait dans le voisinage des Musulmans. Au lieu de se rendre à Rome, ceux
qui alors voulaient s'instruire allaient à Séville
ou à Bagdad. Les Catalans et les Espagnols imi-
tent les Arabes, les Provençaux les suivent, et
quand ils puisent à une autre source, c'est aux
Bretons qu'ils s'adressent; et certes, ce n'est pas
uniquement à des inspirations chrétiennes que
l'on doit les prophéties de Merlin. Si les barbares
veulent se forger des ancêtres, ils ne les cher-

chent pas à Jérusalem : c'est Troie, la mère de Rome païenne, qu'ils prennent pour origine (1). Au reste, après leurs premières conquêtes, les Arabes ont semé partout les germes de la civilisation. Quand Mahomet apparut, l'Inde, la Perse, l'Asie centrale, l'Asie mineure, l'Afrique, étaient dans une entière décadence : deux siècles plus tard toutes ces contrées avaient été fécondées par le génie des Abbassides, les sciences et les lettres y étaient cultivées, les mœurs s'y étaient policées. Pour se convaincre de la supériorité des musulmans à cette époque, il n'y a qu'à comparer l'Egypte, la Mésopotamie et l'Espagne lorsque le christianisme y dominait au cinquième siècle, avec ce qu'étaient ces contrées trois cents ans plus tard sous les Arabes. A la première époque, tout menace ruine, après l'invasion mahométane tout est force et splendeur : partout la civilisation arabe communique aux esprits une nouvelle activité.

---

(1) C'est un fait très singulier que ces origines forgées par les peuples du Nord. Dans les anciennes chroniques, dans les romans de chevalerie, Rome et Troie sont ordinairement les villes d'où descendent les peuples et les familles les plus illustres.

Depuis long-temps, l'ancienne littérature per-
sane s'était éclipsée; sous les Mahométans, elle
se relève et enfante le Sha-Nameh. Plus tard les
Mongols viennent renverser le trône des califes, mais ils subissent à leur tour la même influence, et les sciences brillent d'un nouvel
éclat au siècle de Nassir - Eddyn. Les Arabes
ont rendu à l'Occident la philosophie et les mathématiques des Grecs; ils ont été les maîtres
en tout des Chrétiens. Nous le répétons, l'Eglise
avait eu plusieurs siècles pour relever la civilisation, et elle ne l'a pas fait; en peu de temps
les Musulmans ont ranimé les sciences en Europe : ils ont puissamment influé sur la littérature et sur les institutions des Occidentaux.
Ce n'est donc pas à l'Eglise que l'on doit la renaissance des lettres, ni la civilisation moderne.

On pourrait peut-être voir une preuve de
l'influence du christianisme dans la facilité avec
laquelle les nouveaux maîtres de l'empire romain
changèrent de religion. Nous avons déjà dit que
l'Europe doit son unité à cette conversion; mais
ce fait, qui s'est reproduit souvent ailleurs, prouve
seulement l'ascendant des nations civilisées, même
lorsqu'elles sont esclaves, sur les peuples barbares.
En effet, en Orient aussi, les vainqueurs ont em-

brassé à plusieurs reprises la foi des vaincus : les Mongols victorieux se sont faits bouddhistes à la Chine et mahométans en Perse. Au reste, c'est dans les invasions des Turcs et des Mongols qu'il faut chercher surtout les causes de la décadence des Arabes, décadence d'où l'on a voulu déduire la supériorité du système pontifical sur celui des califes; car ces peuples indomptables ont été pour l'Asie occidentale ce que furent pour l'Europe les Vandales et les Huns. En Orient et en Occident la marche a été la même : l'empire fondé par Mahomet s'est partagé comme l'empire des Césars. A Bagdad comme à Rome le luxe a produit le relâchement des mœurs et la ruine de l'Etat. Là comme ici, des hordes énergiques et sauvages ont facilement asservi des peuples amollis : mais ni en Asie, ni en Europe, la religion n'a pu empêcher que la civilisation ne fît un immense pas rétrograde. Il s'est passé neuf cents ans depuis le jour où Alaric entra dans Rome jusqu'au siècle de Dante. Bagdad a été prise en 1258, et il faut attendre encore long-temps pour savoir si les ténèbres auront duré davantage parmi les Musulmans en Asie, qu'en Europe parmi les Chrétiens. Ainsi, l'Eglise, qui a trouvé le monde romain au bord du précipice, n'a pas su l'empêcher d'y tomber. Après les invasions, elle retrouve une race de néophytes bien mieux disposés à croire que les premiers Chrétiens, elle les subjugue, et les pétrit à sa volonté; mais lorsqu'il s'agit de relever l'Occident, elle ne sait produire que des tentatives avortées auxquelles succèdent la féodalité, le monachisme, et une décadence complète dans les lettres et dans les arts. Cependant l'Église n'avait pas survécu seule aux invasions. La grandeur de l'empire romain avait frappé vivement l'imagination des barbares; ils se groupèrent donc autour de Rome et cherchèrent plusieurs fois à relever l'empire, à imiter sa puissante organisation. Si cette idée suivit toujours les princes, le sentiment de la municipalité si puissant chez les anciens n'abandonna jamais les peuples. Religion, empire, municipalité, voilà, à notre avis, les trois principes fondamentaux que le monde romain a légués au moyen âge. La religion s'est mise à l'œuvre, mais en politique elle n'a réussi qu'à créer la suprématie du pape, et en littérature elle n'a produit que des romans populaires qu'on appelait légendes. L'empire a été contrarié dans ses tentatives par l'Eglise, par l'hétérogénéité des nations barbares, par la féodalité (institution née d'une conquête qui avait superposé des peuples à d'autres peuples, et qui n'est pas, comme on l'a cru à tort, un fait appartenant exclusivement à l'Europe) et par l'esprit municipal. Enfin la commune est arrivée sur la scène, et a enfanté des merveilles, mais on ne peut pas dire qu'elle ait été une des causes premières de la civilisation moderne, car elle n'a montré sa puissance que lorsque l'Occident prenait déjà un nouvel aspect. L'énergie des barbares était nécessaire au monde moderne; leurs croyances et leur poésie, en réagissant sur la religion et sur les lettres des peuples vaincus (1), ont préparé le développement de la littérature populaire. En même temps les Arabes qui cernaient l'Europe de toutes parts, lui rendaient les idées de la pompe et du luxe,

---

(1) On n'a pas fait assez attention, ce me semble, à l'influence qu'exercèrent les anciennes religions sur les croyances des nouveaux chrétiens. Je ne veux pas parler ici du principe même du christianisme : mais il est impossible de ne pas reconnaître dans les légendes et dans les romans du moyen âge une foule de croyances qui se rattachent au paganisme ou aux religions des peuples septentrionaux. Quelquefois l'Église sanctionnait ces erreurs par son silence : souvent elle leur donnait une nouvelle force en les proscrivant non pas comme *erreurs,* mais comme *opérations diaboliques.*

lui donnaient l'exemple d'une vaste organisation politique, lui transmettaient les sciences et les chefs-d'œuvre de l'antiquité. Voilà les causes de la civilisation moderne ; elle est le résultat de ces divers élémens, mais aucun ne peut s'attribuer une part exclusive.

Après avoir tout détruit, les barbares sentirent le besoin d'introduire de nouveau l'ordre dans les pays qu'ils avaient conquis, ne fût-ce que pour consolider leur autorité, et pour résister aux attaques d'autres peuples qui voulaient les déposséder. Mais leurs premières tentatives furent sans effet, car il était également difficile d'accoutumer aux lois des hommes qui n'avaient pour code que leur épée, et des esclaves tremblant toujours devant la verge du maître. L'énergie et l'ignorance pouvaient jusqu'à un certain point préparer la spontanéité littéraire, mais elles ne suffisaient pas pour amener la renaissance des lettres; et les chants des sauvages prouvent que toutes les poésies populaires ne sont pas des chefs-d'œuvre. Le christianisme seul n'enseigna qu'une mauvaise latinité, et pendant plusieurs siècles, des ouvrages ascétiques et des vers latins rimés formèrent la seule littérature de ces néophytes, incapables non-seulement d'imiter, mais même de bien comprendre Horace ou Virgile. Seuls, les Arabes n'auraient jamais pu policer des peuples ennemis que la différence de religion rendait encore plus irréconciliables. Pour produire la civilisation moderne, il fallait ce concours heureux de circonstances et de principes divers : il fallait surtout du temps et beaucoup de temps, afin que l'excès des maux qui pesaient sur les hommes les obligeât à chercher une nouvelle forme sociale et une existence moins misérable. C'est dans l'association, qui était nécessaire au faible pour résister à l'oppression du puissant, et dans l'ordre, qui est la première condition de toute association, que la société devait trouver son salut. Cette grande transformation, qui fut retardée par mille causes diverses, était indispensable pour préparer la renaissance des lettres. A plusieurs reprises, des hommes supérieurs s'étaient efforcés de remettre les études en honneur, mais ce n'est qu'au onzième et au douzième siècle que les sciences et les lettres commencèrent à être cultivées avec fruit. Les premiers pays qui donnèrent le signal de la renaissance furent, nous l'avons déjà dit, ceux sur lesquels s'exerça d'abord l'influence des Orientaux.

L'Espagne a long-temps été le rendez-vous de tous les savans de l'Europe. Gerbert, Pierre le Vénérable, Platon de Tivoli, Gérard de Crémone, y allèrent chercher la science, et cette contrée n'a jamais été plus savante que sous la domination des Sarrasins. Plus tard, lorsque les Chrétiens, descendant des montagnes des Asturies, eurent refoulé les Mores vers le Midi, ceux-ci gardèrent encore le dépôt des sciences et des arts. Cependant de si fréquentes relations ne pouvaient rester stériles. Les Chrétiens qui vivaient chez les infidèles s'instruisirent dans leurs sciences; plusieurs écrivirent en arabe, d'autres s'appliquèrent à traduire en latin les livres des Orientaux. La poésie espagnole naquit de la poésie arabe, et elle a toujours conservé des traces de son origine. Déjà au treizième siècle l'Espagne chrétienne s'était associée à la gloire de ses maîtres; l'homme le plus éminent qu'elle produisit alors fut Raimond Lulle, qui, avec Albert le Grand et Roger Bacon, forma cette célèbre triade à laquelle on attribua tant de prodiges.

Si, d'après l'usage ordinaire, on ne considère l'histoire de l'Espagne que depuis la conquête de Grenade, on ne peut pas trouver qu'elle ait assez fait pour les sciences; mais nous ne savons pas pourquoi on veut scinder ainsi l'histoire d'un pays. Pour bien apprécier cette contrée, il faut la regarder comme ayant été habitée d'abord par des nations dont nous ne connaissons pas l'origine , et auxquelles sont venus se superposer à différentes époques divers peuples étrangers. Après les Carthaginois, les Romains y introduisirent leur langue, mais Sénèque et Lucain sont restés Espagnols, bien qu'ils aient écrit en latin. Cette langue fut adoptée ensuite par les Goths, tandis que les Arabes gardèrent la leur; mais ces divers conquérans ne formèrent toujours qu'une petite portion de la population espagnole : et sous des noms différens, Chrétiens et Musulmans ont été un même peuple divisé par des guerres de religion. Le Cid est le frère des Abencerrages : ils portent tous des noms arabes et ils ont été chantés également par les Mores et par les Chrétiens. La gloire des Espagnols mahométans appartient à l'Espagne ; Almanzor et Pélasge étaient du même pays ; les tables astronomiques d'Alphonse-le-Sage, comme les poésies de Valadie, princesse de Cordoue, sont dues à des Espagnols.

La patrie du Cid a eu toutes les gloires, excepté celle de donner un grand mathématicien à l'Europe, et les sciences ont décliné dans cette contrée avec l'empire des Arabes. La poésie, les arts, l'érudition, l'histoire, ont été cultivés avec succès par les Espagnols, qui furent jadis les plus hardis navigateurs et les plus intrépides soldats de l'Europe; mais jusqu'à présent le ciel n'a donné à l'Ibérie ni un grand géomètre, ni un grand physicien, et l'histoire n'a encore enregistré aucune découverte scientifique du premier ordre faite par un Espagnol. Sans doute l'avenir réserve ce mérite à l'Espagne, car rien n'est plus injuste que de croire certaines nations dépourvues d'un genre quelconque de talent. La gloire est pour tous les peuples une affaire de temps. Le pays qui a produit Cortès, Murillo et Cervantes, ne manque assurément d'aucune grande qualité.

Par sa position géographique, la France était le pays où les divers élémens de la littérature moderne devaient se rencontrer, se réunir, se féconder mutuellement. Tandis que la Provence, soumise à l'influence des Arabes et des Espagnols, les imitait et cherchait des inspirations dans les anciennes luttes contre les Sarrasins pour la délivrance de la patrie, le nord de la France adoptait les traditions des Bretons, et

chantait les hauts faits d'Artus et des rois d'Al-
bion qu'on supposait issus de Brutus. Au cœur
du royaume, c'étaient les traditions latines qui
régnaient encore : à Paris, l'Université, institution formidable qui traitait d'égal à égal avec les
princes, luttait contre l'esprit du peuple; dans
les couvens, on tonnait contre les troubadours et
les romanciers. Mais malgré de telles résistan-
ces, ces divers élémens devaient nécessairement
finir par se combiner, et la nouvelle littérature
populaire, la littérature de la chevalerie, de l'a-
mour et de la féerie, repoussa les attaques de
l'église, et finit par s'emparer de tous les esprits.
Sans méconnaître les services que saint Bernard
et Abailard ont pu rendre aux études sévères, il ne
faut pas croire, comme on l'a fait souvent, que
l'instruction ecclésiastique fût alors la seule qui
existât en France. Tandis que, dans les écoles,
quelques esprits élevés disputaient en latin
sur des abstractions, on traduisait en langue
vulgaire pour le peuple, des romans où les
saints et le diable jouaient les principaux rôles,
et dans les châteaux on lisait avidement les
prouesses de Guillaume au court nez, et les
amours fatales d'Iseult et de Tristan. Ce sont là
les véritables sources de la littérature nationale

au moyen âge ; c'est là qu'a pris naissance cet admirable mouvement des esprits, qui a produit
de si beaux fruits en France depuis le douzième
jusqu'au milieu du quatorzième siècle.

Lorsqu'une nation s'éveille, elle ne se borne
jamais à cultiver une seule branche des connaissances humaines. Chaque nouveau principe
d'énergie qui s'empare d'un peuple produit un
siècle glorieux où les progrès des lettres et des
sciences se suivent toujours de près. On n'a vu
dans les troubadours que des poètes élégans
et des romanciers pleins d'imagination ; mais
il ne faut pas oublier que ces mêmes troubadours mirent en vers, comme les Hindous,
des traités de géométrie et de cosmographie.
Il est vrai que pendant long-temps, il n'y eut
pas en France un mathématicien comparable
à Fibonacci, mais dès le dixième siècle Gerbert avait brillé d'un éclat qui éclipsa tous ses
contemporains, et plus tard l'esprit encyclopédique qui se développa de si bonne heure
chez les Français produisit le grand *Miroir*
de Vincent de Beauvais, ouvrage prodigieux
qui égale en étendue les plus volumineuses
encyclopédies modernes, et qui mériterait
d'être étudié et analysé avec soin. C'est le

2.

plus vaste recueil scientifique du moyen âge;
au milieu des erreurs et des croyances grossières du temps où vivait l'auteur, il contient
des observations intéressantes et des renseignemens précieux sur l'histoire des sciences.
Cette tendance encyclopédique était à-la-fois le
résultat de l'influence des Orientaux et de l'é-
tude persévérante des ouvrages d'Aristote, qui
pour la première fois furent expliqués publiquement à Paris. Elle mérite d'être signalée parce
qu'on peut y reconnaître dès cette époque le
caractère expansif de l'esprit français; caractère
qui plus tard devait assurer à la France un si
grand ascendant sur l'Europe.

Cependant il faut avouer que jusqu'à Viète
il n'y a pas eu en France un véritable géomètre. Oronce Finée et Butéon avaient, il est vrai,
cultivé les mathématiques; mais leurs ouvrages,
postérieurs à ceux des premiers algébristes italiens, n'ont pas même reproduit en entier les
découvertes qu'on avait faites au-delà des Alpes.
Au siècle des traducteurs, les Français ne s'occupèrent guère de faire passer en latin les chefs-
d'œuvre des géomètres grecs que les Arabes s'é-
taient appropriés; et lorsqu'on entreprit, trois
siècles plus tard, de traduire du grec ces im-

mortels ouvrages, les Français reçurent de l'I-
talie ces nouvelles traductions.

Il est impossible de jeter un coup-d'œil sur
l'histoire de la civilisation moderne sans être
frappé du double développement littéraire de
la France. Depuis Gerbert jusqu'à Froissart,
on ne cessa de s'occuper à-la-fois de philosophie, d'histoire et de gaie science, et mille
compositions de tous les genres répandirent au
loin la langue des trouvères et celle des troubadours. Puis ce grand mouvement se ralentit
et finit par s'arrêter. La France, envahie par les
étrangers et déchirée par les factions, ne songe
qu'à se défendre; la langue s'altère, l'originalité
disparaît, et lorsque après ces grandes luttes, Bernard Palissy, Viète, Montaigne et Ronsard se
montrent à-la-fois à l'Europe, on semble oublier
qu'il y a un passé illustre avant ces nouvelles gloires, et l'on ne fait dater la renaissance que du
seizième siècle. Pendant long-temps la France a
négligé ses anciens titres de noblesse; et c'est de
nos jours seulement que l'on s'est enfin aperçu
que le Guillaume d'Orange valait peut-être mieux
que tous les poèmes épiques écrits en français depuis trois siècles. Une transformation
inévitable dans la langue française a fait rejeter

comme s'ils appartenaient à un autre peuple des ouvrages qui ne pouvaient plus être compris sans étude. Les Italiens en cela ont été plus heureux; leur littérature est moins ancienne que la littérature française, mais leur idiome n'a subi que de très légères modifications, et les écrivains d'aujourd'hui peuvent au moins imiter le langage de Dante.

Nous ne saurions analyser ici les travaux de Viète, géomètre doué d'une grande pénétration et à qui les sciences doivent de notables progrès; à la vérité, ses découvertes ne semblent pas pouvoir être comparées à celles de Ferro et de Ferrari, mais il a donné une nouvelle forme à l'algèbre par ses notations, et en généralisant avec talent des remarques à peine indiquées par ses devanciers, il a posé les bases du calcul d'approximation. Viète était un esprit éminemment philosophique, qui doit être plus admiré pour ses méthodes que pour les résultats auxquels il est parvenu. Quelquefois il s'est égaré en voulant trop subtiliser. Dans son *Harmonicon cœleste* (1), qui n'a pas été publié, il combattit Copernic et voulut prouver que son système

____

(1) Delambre a dit, d'après Boulliau, que cet ouvrage de

était le résultat d'une mauvaise géométrie !

Bien qu'éloignée du foyer de la littérature latine, l'Angleterre ne cessa jamais de s'associer aux travaux du midi de l'Europe. Dans les siècles les plus ténébreux elle produisit Bède et Alcuin, dont les écrits et l'influence se répandirent au loin. Plus tard, Adelard de Bath voyagea chez les Mores, visita l'Italie et la Grèce, traduisit Euclide et composa un traité de physique. Au treizième siècle, Jean d'Holywood écrivit divers ouvrages sur les mathématiques et Roger Bacon entreprit avec une hardiesse extraordinaire les questions les plus élevées des sciences et de la philosophie. Plusieurs fois, il sembla deviner les plus belles découvertes : les écarts de son génie, les violentes persécutions qu'il en-

---

Viète *est perdu (Delambre, Histoire de l'astronomie moderne,* Paris, 1821, 2 vol. in-4, tom. II, p. 148), mais c'est une erreur, et je l'ai retrouvé depuis. D'abord, il était facile de voir qu'un manuscrit, imparfait à la vérité, de l'*Harmonicon* existait à la Bibliothèque royale, puisqu'il est indiqué au catalogue imprimé des manuscrits latins, sous le numéro 7274 ; mais, de plus, l'ouvrage entier se trouve à la bibliothèque Magliabechiana de Florence, qui possède le manuscrit autographe et une ancienne copie destinée probablement à l'impression.

Voyez la note I, à la fin du volume.

dura, devaient se reproduire trois siècles plus tard dans Campanella, moine italien qui, à l'exemple de Bacon, gémit long-temps dans les fers et qui, comme lui, ne cessa de philosopher dans son cachot.

On se tromperait en croyant que l'Angleterre n'avait alors aucune relation avec l'Italie : liée par le commerce à cette contrée depuis des temps reculés, elle accueillait saint Anselme à Cantorbéry, et répandait en Italie ses chroniques fabuleuses (1). A une époque où tous les *Lombards* étaient négocians, les connaissances se propageaient au loin par l'entremise de ces marchands qui s'appelaient quelquefois Fibonacci ou Boccace. Plus tard, d'illustres Italiens, qui avaient embrassé la réforme, répandirent dans le Nord, où ils durent se réfugier, le goût de la littérature italienne. Voilà pourquoi, sous Elisabeth, on connaissait si bien en Angleterre les écrivains italiens, même du second ordre, et pourquoi Shakspeare pouvait puiser dans les écrits de Porto et de Bandello. Au reste, malgré les tra-

---

(1) Au commencement de son histoire, Villani cite la chronique de Salisbury et les romans bretons, à propos de la généalogie du roi Artus, qu'il fait descendre d'Énée (*Villani, G., storia.* Fiorenza, 1587, in-4, p. 17, lib. I, c. 24).

vaux de quelques esprits éminens, jusqu'à la fin du seizième siècle, l'Angleterre n'a guère contribué aux progrès scientifiques de l'Europe. Ce n'est que depuis le chancelier Bacon et surtout depuis la fondation de la *Société royale* que les Anglais ont agrandi le domaine des sciences.

L'Allemagne fut plus précoce : pendant que quelques-uns de ses peuples étaient encore à demi sauvages et conservaient leurs anciennes traditions, d'autres, voulant faire revivre l'empire romain (ce fut toujours le rêve chéri des barbares), cultivaient non sans originalité la langue latine et les sciences. Aux comédies sacrées de Hrosvite, aux commentaires universels d'Herrade, vierges chrétiennes qui semblaient avoir hérité de l'esprit des vierges de l'ancienne Germanie, succédèrent bientôt les écrits encyclopédiques d'Albert-le-Grand, qui renferment des vues théoriques ingénieuses et une foule d'observations dignes de remarque (1). La renommée de

---

(1) On s'est occupé à plusieurs reprises dans ces derniers temps d'extraire des ouvrages d'Albert-le-Grand ce qu'ils contiennent de plus intéressant pour les sciences. Voyez à ce sujet les *Commentarii societatis Gottingensis*, tom. XII, p. 94-115, et les *Comptes rendus de l'Académie des Sciences*, IV, p. 625, année 1857, 1ᵉʳ semestre.

cet évêque de Ratisbonne se répandit dans toute l'Europe, et ses connaissances en physique et en alchimie le firent passer pour magicien. Depuis lors, cette Allemagne qui semblait cachée aux peuples méridionaux n'a cessé de produire des hommes extraordinaires; à ce mystérieux moine Schwartz qui dut être sans contredit un savant alchimiste, succéda bientôt Guttemberg avec son invention merveilleuse dont l'influence se fera sentir jusqu'aux générations les plus reculées. Copernic, qui suffit seul à la gloire scientifique de la Pologne, découvrit le système du monde, et mourut après trente ans d'admirables travaux, avant que ses ouvrages fussent connus du public (1), et n'emportant dans la tombe que les sarcasmes dont on l'avait accablé sur le théâtre allemand. Après lui, Tycho-Brahé quitta la cour pour se reléguer dans une île glaciale où il fit bâtir une ville astronomique; mais après de longues années consacrées à l'observation des astres, il dut céder à la persécution et aller

---

(1) On sait que ce ne fut qu'à son lit de mort que Copernic reçut le premier exemplaire de ses *Revolutiones orbium cœlestium*.

mourir dans une terre étrangère. Cet exemple
n'arrêta pas Kepler, poëte sublime dans les mathématiques, qui apercevait des rapports entre
les objets les plus éloignés, et qui devina les plus
admirables lois du système du monde. Quoique
décoré du titre pompeux de mathématicien des
Césars, il dut traîner sa vie dans la misère, car
le César qu'il servait n'avait pas de quoi payer
sa pension. Ses manuscrits furent dispersés, et
après avoir été menacés d'une entière destruction, ils gisent à présent dans une des bibliothèques du Nord, pour la plupart inédits (1). Et ces grandes choses, les Allemands les
accomplissaient au milieu des convulsions de la
réforme, entre le bûcher de Jean Huss, les pré-
dications de Luther, et les massacres ordonnés
par l'empereur Ferdinand. Ils les accomplissaient
par une impulsion propre et nationale ; animés
par une imagination qui rappelle l'Orient et soute-
nus par une persévérance à toute épreuve : double caractère de la race germanique que les nations méridionales ont long-temps méconnu, et

---

(1) Voyez l'histoire des manuscrits de Kepler dans la *Bibliographie astronomique* de Lalande (Paris, 1803, in-4,
p. 367 et suiv.).

dont elle nous montre encore de nos jours de si admirables exemples.

Voilà les rivaux avec lesquels, après la mort de Michel-Ange, devait désormais se mesurer l'Italie. Devenue la proie de l'étranger, elle ne tentait même plus de briser ses chaînes, et celui qui aurait étudié alors les mœurs du peuple et des princes italiens, n'aurait pu prédire que le siècle corrompu des imitateurs de Marini. Mais tandis que par l'influence des Espagnols, que subissait toute l'Europe, la littérature tombait en Italie, de l'Arioste à Achillini, de Machiavel à Bisaccioni, comme en France on passait de Montaigne à l'hôtel Rambouillet, la science se releva tout-à-coup et enfanta Galilée. Le dix-septième siècle a été pour l'Italie le siècle des découvertes et le triomphe de la philosophie; mais on étudie peu l'histoire des sciences, et l'on ne retient que des vers de mauvais goût qui ont été colportés dans toute l'Europe et qu'alors l'Europe entière admirait (1). Ce préjugé est très répandu, même chez les Italiens, qui oublient les découvertes de

-----

(1) Achillini, qui écrivait au roi de France *le monde servira de boulet à tes canons,* reçut de magnifiques présens du cardinal Richelieu.

leurs ancêtres, et qui, en lisant quelques pages
de Galilée, de Torricelli, de Redi, pourraient se
convaincre que ces grands philosophes étaient
aussi des écrivains du premier ordre, et que leurs
ouvrages sont des modèles de style, de correction et de goût.

Il est impossible de ne pas s'arrêter un instant
à ce spectacle d'une nation qui, après avoir
brillé pendant trois siècles, tombe sous le joug
de l'étranger et semble avoir perdu toute énergie morale, et qui, cependant, quand l'inspi-
ration poétique lui échappe, se relève tout-à-
coup, et saisit le sceptre des sciences. Mais le
peuple ne pouvait pas enfanter ces merveilles, et l'on doit reconnaître ici la puissance de
l'individu. Dans tout le reste de l'Europe, il
existait alors un principe d'activité capable d'a-
gir sur les masses : en Espagne, une prodigieuse
puissance, l'or du Pérou et le dessein d'une domination universelle : en France, en Angleterre,
en Allemagne, les guerres de religion donnaient
une nouvelle énergie au corps et à l'esprit. Peu
importe qu'au seizième siècle, en Angleterre, on
fît jurer solennellement à un prince prêt à monter sur le trône *que si jamais le roi Artus*
(l'Artus des romans de chevalerie), *transformé*

par enchantement depuis plusieurs siècles en corbeau, venait à reprendre sa forme, il lui rendrait la couronne (1); ces grossières erreurs, proclamées à la face du monde peu d'années avant la naissance de Bacon, n'empêchaient pas le peuple anglais de subir toutes les influences politiques et religieuses qui devaient plus tard le conduire si loin. Mais en Italie, qu'était devenue l'énergie populaire après la mort des derniers défenseurs de Florence? et qu'attendre d'un peuple qui ne se levait pas tout entier

---

(1) Voici comment Castillo, écrivain contemporain, raconte ce fait curieux dans l'*Historia de los reyes Godos* (Madrid, 1624, in-fol. p. 365).

El anno de 1554 estando viudo el Catolico Rey don Felipe II, por muerte de la Princesa donna Maria, Infante de Portugal, en quien tuvo al principe don Carlos que murio antes de heredar se casò en Inglaterra en Hunchriste donde esta la tabla redonda de los veinte y quatro Cavalleros, que enstituyò y ordeno el rey Artus de Inglaterra, como se ha dicho : la qual mesa es de veinte y quatro girones lo ancho dellos a la parte de fuera, y las puntos adentro que van a dar todas a la Rosa de Inglaterra que està en medio : y el Rey Artus pintado con una espada en la mano, y en lo ancho de lo girones son blancos y verdes : y es fama comun que el Rey Artus està encantado en aquella tierra en figura de cuervo; y que ha de bolver a reynar : e cierto dizen que su Majestad del Rey don Felipe II jurò *(Gentil juramento)* que si el Rey Artus viniesse en algun tiempo, le dexaria el Reyno.

pour courir à la victoire ou à la mort, lorsqu'un vice-roi espagnol répondait à ses plaintes par ces paroles : *Si les impôts vous semblent lourds, cédez-nous vos femmes et vos filles, et nous paierons pour vous!* Il faudrait fermer les yeux à la lumière pour méconnaître la puissance de l'individu en Italie : aux temps les plus reculés, Romulus, disciplinant une poignée de voleurs, les a lancés à la conquête du monde; à la fin du seizième siècle, lorsque le peuple italien ne savait même plus murmurer, Galilée a rendu à sa patrie une gloire qu'elle ne semblait pas pouvoir espérer. Ces exemples devraient de nos jours servir de guide en Italie aux esprits élevés et imposer silence à ces hommes qui attribuent toujours au peuple la cause de leur petitesse , et qui voudraient trouver dans les circonstances politiques une excuse à leur nullité.

Il est difficile de partager l'histoire des sciences en périodes parfaitement distinctes, car la marche de l'esprit humain est presque toujours graduelle, et les découvertes les plus inattendues ont été longuement préparées par des travaux dont la postérité seule peut apprécier l'influence. La naissance de Galilée est une époque chronologique des plus remarquables; mais en nous arrêtant à cette époque dans le volume précédent, nous n'avons pas prétendu que dès ce jour les sciences prendraient une autre direction. Au début de ce troisième livre, nous trouvons les mathématiques au même point où nous les avions laissées à la fin du second, et poursuivant la même carrière : mais la tendance des esprits se modifie peu-à-peu. On a déjà vu que vers le milieu du seizième siècle, l'étude des sciences se répandit généralement ; pour satisfaire ce goût presque universel , les recherches des inventeurs furent réunies et leurs méthodes examinées avec soin ; on composa des traités élémentaires, et, comme cela arrive toujours lorsque beaucoup d'esprits se tournent vers les considérations scientifiques, on abandonna insensiblement les spéculations trop abstraites pour s'occuper surtout des applications. Ce n'est pas que Galilée et Torricelli ne fussent des géomètres du premier ordre ; mais ils étudièrent principalement la philosophie naturelle, et tout le monde les imita. Dans leurs mains, les mathématiques devinrent surtout un moyen de recherche, et la véritable physique , la physique du poids et de la mesure , fut le résultat de l'emploi de cet admirable instrument. Toutefois jusqu'au jour où

Galilée fut proclamé chef de la science, les savans italiens flottèrent au hasard. Au milieu de cette espèce de confusion, il serait difficile d'exposer dans un ordre rigoureusement chronologique les travaux scientifiques faits en Italie dans la seconde moitié du seizième siècle. Nous tâcherons donc de choisir les plus importans parmi ces travaux, et de les présenter de manière que l'on puisse saisir, en général, la marche de la science. Les savans qui n'ont pas subi l'influence de Galilée nous occuperont d'abord, et nous rattacherons à l'histoire de cet homme célèbre toutes les recherches qu'il a pu inspirer et tous les écrivains qui l'ont pris pour exemple et pour guide.

Le résultat le plus remarquable de la tendance qui se manifestait à cette époque d'appliquer les mathématiques aux phénomènes naturels et aux usages de la vie, ce fut la réforme du calendrier, déjà plusieurs fois demandée (1), et que les exigences de la liturgie ainsi que les

---

(1) Voyez à ce sujet *Montucla, histoire des mathématiques,* deuxième édition, tom. I, p. 677 et suiv. — *Delambre, histoire de l'astronomie du moyen âge.* Paris, 1819, in-4, p. 435. — *Tiraboschi, storia della letteratura italiana.* Venezia, 1795, 16 vol. in-8, vol. XI, p. 453 et suiv.

besoins de la société rendaient indispensable. On
sait que César, négligeant la correction d'Hippar-
que, avait supposé la durée de l'année de trois
cent soixante-cinq jours et un quart. Les pères
du concile de Nicée, qui donnèrent des règles
pour la détermination du jour de Pâques, crurent que cette durée était rigoureusement
exacte et que l'équinoxe resterait toujours au 21
mars (1); mais la durée de l'année julienne étant
trop longue de plus de onze minutes, cette supposition donnait environ un jour d'erreur pour
cent trente ans. On ne tarda pas à s'en apercevoir, et plusieurs écrivains tentèrent d'y porter
remède. Au neuvième siècle, on corrigeait déjà,
dans quelques églises, l'erreur provenant de la
précession des équinoxes (2). Quatre cents ans
plus tard, Roger Bacon (3) adressait au pape un
plan de réforme, et deux siècles après, Pierre
d'Ailly et le cardinal de Cusa présentèrent à divers conciles des projets analogues.

---

(1) C'est le jour où se trouvait l'équinoxe en 325.

(2) Voyez l'ancien calendrier de Florence, dont parle Ximenes dans le *Gnomone* (Firenze, 1757; in-4, p. 4 et suiv.).

(3) *Baconis*, *Rog.*, *opus majus*. Venetiis, 1750, in-fol.,
Præf., p. 16.

Sixte IV voulut employer Regiomontanus à cette réforme (1), et le récompensa d'avance en le nommant à l'évêché de Ratisbonne; mais les projets du pape s'évanouirent à la mort du savant astronome. Léon X reprit ce dessein, et ne l'exécuta pas non plus : enfin, les écrits de Gauricus et un projet de Lilio, savant Calabrais (2), décidèrent la question. Grégoire XIII nomma, pour examiner ce projet, une commission composée de Danti, de Clavius, de Ciaconio, du frère de Lilio et de plusieurs cardinaux. Le rapport de la commission fut adopté, et le pape ordonna qu'en 1582, on passerait, sans interruption, du 4 au 15 octobre pour remettre d'accord le calendrier avec l'état du ciel.

---

(1) *Tiraboschi, storia dell. lett. ital.* vol. VII, p. 378. — *Montucla, hist. des math.*, tom. I, p. 678.

(2) Montucla dit que Lilio était de Vérone (*Montucla, hist. des math.*, tom. I, p. 678), mais on a reconnu qu'il était Calabrais. Je ne sais pas où Delambre (*Hist. de l'astron. moderne*, tom. I, p. 5 et 57) a pris que l'auteur du projet de la réforme du calendrier s'appelait *Luigi Lilio Giraldi ;* évidemment il confond ici l'astronome napolitain avec un polygraphe de Ferrare qui s'appelait *Giglio Gregorio Giraldi*, et qui a écrit aussi sur le calendrier grec et latin (*Tiraboschi, storia dell. lett. ital.*, vol. XII, p. 827 et suiv.).

Tant de travaux n'auraient pas été nécessaires s'il ne se fût agi que de profiter des observations astronomiques pour corriger le calendrier; mais la difficulté se trouvait augmentée considérablement par des conditions relatives au jour de Pâques auxquelles on voulait satisfaire. Nous essayerions en vain de donner une idée de ces difficultés qui, même de nos jours, ont occupé les plus savans astronomes (1) : il suffira de dire que la commission suivit les vues de Lilio, et que la nouvelle réforme du calendrier, qui, sans être parfaite, offre de grands avantages sur l'ancienne, fut admise dans tous les pays catholiques. Les protestans la repoussèrent longtemps, et elle n'est pas encore adoptée par l'église grecque, qui suit toujours l'ancien calendrier, comme si une erreur d'astronomie devait jamais devenir un article de foi.

-----

(1) Au commencement de son *Histoire de l'Astronomie moderne*, Delambre a consacré un long chapitre à l'examen de la réforme du calendrier; mais il l'a fait d'une manière si confuse qu'on ne peut guère tirer parti de son exposé. Montucla, sans employer les longues formules de Delambre, avait été plus clair (*Hist. des math.*, tom. I, p. 678 et suiv.). On peut consulter à ce sujet les ouvrages de Clavius, un traité de Ciccolini intitulé *Formole analitiche pel calcolo della Pasqua*, et le *Manuel de chronologie*, par M. Ideler.

L'histoire de la réforme du Calendrier, les discussions animées auxquelles donna lieu cette réforme, ont été souvent exposées ; mais, nous le répétons, il serait impossible d'en donner ici une idée satisfaisante. Mieux vaut parler du plus savant parmi les membres de la commission qui présida à cette réforme, d'Ignace (1) Danti, dominicain, que des travaux de plusieurs genres signalent à l'attention de la postérité.

Ce savant moine appartenait à une famille qui a produit plusieurs hommes distingués dans les lettres et dans les arts (2). Son frère, Vincent, fut un des plus habiles sculpteurs du seizième siècle, et publia un *Traité des proportions* (3) que les ar-

---

(1) Son véritable nom était Pellegrino, mais, en entrant dans les ordres, il le changea en celui d'Ignace (*Vermiglioli, scrittori perugini*, Perugia, 1828, 2 vol. in-4, tome I, p. 366).

(2) Voyez à cet égard l'ouvrage de Vermiglioli , que nous venons de citer. Les femmes elles-mêmes étaient savantes dans cette famille : *Teodora* avait commenté Euclide et composé un traité sur la peinture. Ignace Danti la cite avec éloge dans le *proemio* de la *Sfera di Sacrobosco tradotta da Pier Vincenzio Dante de Rinaldi* (Firenze, 1579, in-4). Ce *Pier Vincenzio* était l'aïeul d'Ignace.

(3) *Danti, Vincenzio, il primo libro delle perfette proporzioni*, Firenze, 1567, in-4. — Cet ouvrage, qui est devenu très rare, devait contenir quinze livres, dont le premier seulement fut imprimé.

tistes estiment beaucoup. Ignace se voua de bonne heure aux mathématiques, et il les professa en Toscane, où le grand-duc, probablement à son instigation, ordonna qu'elles fussent enseignées (1) dans toutes les universités. Côme Ier lui confia le projet, qui ne fut pas exécuté, d'unir l'Adriatique à la Méditerranée, et il lui fit dresser de grandes cartes géographiques (2). La mé-

---

(1) C'est Danti lui-même qui nous l'apprend, dans la dédicace de sa traduction de la sphère de Proclus, où il dit : « Grande e maravigliosa è l'eccellenza delle matematiche Illustriss. Sign. poichè, non solo ci aprono queste la strada alla cognizione, et intelligenze di tutte l'altre scienze, che senza loro non possono perfettamente essere apprese, ma svegliano ancora gl' ingegni nostri, e gli rendono atti alle speculazioni delle cose più alte, per la qual ragione gli antichi usavano avanti ad ogn'altra scienza, intorno all' acquisto di esse affaticarsi : dall' esempio de' quali mosso il Gran Cosimo padre di V. Eccell. Illustriss. ha sempre cotanto amato questa nobilissima facultà, et ha volsuto, che si legga publicamente in tutte le università del suo felicissimo stato, sapendo che questa scienza è quella che ci fa scala a quelle arti et virtù che debbono ornare gli animi nobili. Onde dovendo io quest' anno ricominciare da capo il corso delle matematiche, etc. » (*Proclo, la sfera*, Fiorenza, 1573. in-4. Dedic.). — Il résulte de là que le même professeur enseignait successivement toutes les mathématiques en plusieurs années.

(2) Voyez *Vasari vite*, Fiorenza, 1568, 3 vol. in-4, IIIe part., 2e vol., p. 877.

ridienne que Danti traça à l'église de sainte *Maria Novella* de Florence mérita toujours les éloges des astronomes (1) : celle qu'il construisit à Bologne fut respectée par Cassini, mais elle périt plus tard par des mains moins savantes (2). Le pape appela Danti à Rome pour qu'il coopérât à la réforme du calendrier, et le nomma évêque d'Alatri; mais le savant astronome ne jouit pas long-temps de cette dignité (3) et il mourut en 1586, à peine âgé de cinquante ans.

Danti a traduit et commenté la perspective d'Euclide, avec celle d'Héliodore (4), et la sphère de Proclus (5) : ses remarques sur ces auteurs ne sont pas sans mérite (6); il se plaisait à com-

---

(1) *Ximenes, lo gnomone,* p. XLV-LIV.

(2) *Vermiglioli, scrittori perugini,* tom. I, p. 368.

(3) *Vermiglioli, scrittori perugini,* tom. I, p. 368-369.

(4) *Euclide, la prospettiva... insieme con la prospettiva d'Eliodoro, tradotta da Egnatio Danti.* Fiorenza, 1573, in-4.

(5) Cette traduction, que nous avons déjà citée, se trouve ordinairement réunie au *Trattato de l'uso de la sfera,* par Danti (Fiorenza, 1573, in-4).

(6) On y trouve beaucoup de faits curieux pour l'histoire des sciences : nous citerons à cet égard ce qu'il dit dans ses notes sur la Perspective d'Euclide relativement à la chambre obscure.

Voyez la note II à la fin du volume.

menter : il a donné une édition de la Perspective de Vignole avec des additions (1), et il a travaillé sur un ouvrage d'Orsini (2). On a de lui un livre intitulé : *Les Sciences mathématiques réduites en tables* (3) : c'est une espèce d'*arbre encyclopédique* des mathématiques qui doit intéresser ceux qui s'occupent de la classification des sciences. Il publia aussi un traité de l'Astrolabe (4) où l'on trouve une remarque capitale qui a été toujours attribuée à Tycho-Brahé (5), savoir : la diminution de l'obliquité

---

(1) *Vignola, due regole di perspettiva.* Roma, 1583, in-fol. — M. Chasles a remarqué que les deux règles de Vignole, démontrées par Danti, ont beaucoup d'analogie avec une méthode de Newton pour la transformation des figures (*Chasles, aperçu.* Bruxelles, 1837, in-4, p. 348). J'ajouterai que, dans cet ouvrage, se trouvent des procédés pour tracer des images qu'on ne peut voir distinctement que par réflexion, ou sous un angle déterminé (*Vignola, due regole,* p. 94-96).

(2) *Orsini, Trattato del radio latino.* Roma, 1583, in-4. — Danti, dans la préface, fait le plus grand éloge de cet instrument.

(3) *Danti, Le scienze matematiche ridotte a tavole.* Bologna, 1577, in-fol.

Voyez la note II à la fin du volume.

(4) *Danti, Trattato del' astrolabio.* Fiorenza, 1569, in-4. — Cet ouvrage fut fréquemment réimprimé avec des additions.

(5) *Delambre, hist. de l'astron. moderne,* tome I, p. 182. — *Montucla, hist. des math.,* tome IV, p. 226.

de l'écliptique (1), déduite de la comparaison des anciennes observations avec les modernes.

La perspective, à laquelle Danti s'était appliqué avec une sorte de prédilection, fut cultivée à cette époque par les artistes et les savans, et l'on connaît un grand nombre d'ouvrages publiés en Italie sur ce sujet. Alberti, Léonard de Vinci, Serlio, Barbaro, Vignola, Sirigatti, ont donné différens traités de perspective qui contiennent des remarques intéressantes (2), mais où l'on ne trouve pas encore les principes géométriques de la science (3). Guido Ubaldo del Monte les démontra plus tard dans un livre sur

______

(1) *La... declinatione del Sole la quale continuamente si va scemando par rispetto del moto della trepidatione o di altra cagione posta dal Fracastoro. Perchè al tempo di Arato era gradi 24, et al tempo di Tolomeo gradi 23 minuti 50, et ai tempi nostri è 23 gradi et 28 minuti, et in tanta alteza l'ho osservata io già duoi anni alla fila (Danti, Trattato de l'astrolabio*, p. 86, part. II, pr. 30). — Danti a composé aussi un traité de l'anemoscope, qui renferme des faits curieux sur l'histoire de la division des vents (*Danti anemoscopium*. Bonon. 1578, in-fol., p. 23-25).

(2) *Chasles, Aperçu*, p. 156, 481, etc. — M. Chasles cite Barbaro parmi les géomètres qui s'étaient occupés des polygones étoilés (Voyez *Barbaro, la pratica della perspettiva.* Venetia, 1569, in-fol., p. 27).

(3) Montucla a consacré quelques pages à l'histoire de la

lequel nous reviendrons en exposant les travaux de cet homme célèbre.

Le nombre des auteurs qui écrivirent sur l'astronomie alla toujours en augmentant vers la fin du seizième siècle, mais aucun d'eux ne s'éleva au-dessus de la médiocrité, et d'ailleurs la plupart, encouragés par la crédulité universelle (1), spéculèrent sur la science et se livrèrent à l'astrologie. Antoine Magini de Padoue (2) mérite ce-

---

perspective (*Hist. des math.* tom. I, p. 706 et suiv.); mais son essai est bien incomplet. Il commence par dire qu'excepté quelques phrases de Vitruve, il ne reste plus rien sur la perspective des anciens ; et cependant nous venons de voir que Danti avait traduit et commenté deux ouvrages grecs sur cette matière. Ensuite il donne une liste d'ouvrages modernes sur la perspective , liste qui est évidemment tirée de la préface de Danti à la Perspective de Vignole. Il ajoute seulement que l'ouvrage de Pietro del Borgo (ou, pour mieux dire, de *Pietro della Francesca dal Borgo a san Sepolcro*) n'existe plus. C'est une erreur : cet ouvrage, que Danti dit être le premier traité de perspective moderne et dont il fait beaucoup d'éloges, existe manuscrit à la Bibliothèque royale de Paris. Voyez la note III, à la fin du volume.

(1) On sait que Gauricus fut nommé évêque par Paul III, à cause de ses prédictions astrologiques; et l'on voit par un fragment de lettre que Tiraboschi a rapporté, qu'Hercule II, duc de Ferrare, lui envoya cent ducats, après que sa prédiction de la mort d'Alphonse Ier (père d'Hercule) se fut avérée (*Tiraboschi, storia della lett. ital.* , vol. XI, p. 448-449).

(2) Magini fut pendant très long-temps professeur à Bologne , mais il était né à Padoue, en 1559.

pendant une mention particulière. Ses écrits prouvent qu'il avait fait une étude approfondie des travaux de Copernic. Malheureusement, au lieu d'adopter la théorie du mouvement de la terre, il ne vit dans les ouvrages de l'immortel philosophe de Thorn que des observations plus exactes que celles de tous ses devanciers (1). Il voulut maintenir la terre au centre

---

(1) Les deux ouvrages où Magini a tâché de profiter des observations de Copernic sont les *Tabulæ secundorum mobilium cœlestium congruentes cum observationibus Copernici* (Venet., 1585, in-4); et les *Novæ cœlestium orbium theoricæ* (Mogunt., 1608, in-8). Dans l'intervalle qui sépare la publication de ces deux livres, l'auteur semble avoir modifié son opinion sur la théorie de Copernic, ou, au moins, avoir cédé à des considérations qui, en 1585, ne l'avaient pas encore influencé. Les *Tabulæ* sont dédiées à Grégoire XIII, et, dans une lettre au duc de Sora, frère du pape, Magini s'exprime ainsi: *Nicolaus Copernicus vir in hoc doctrinæ genus cum uno Ptolemæo conferendus ;* et, après beaucoup d'autres éloges, il ajoute : *Qui autem Purbachij theorias, et Alphonsinas tabulas solvebant, inusitatas hasce Copernici hypotheses ; ac peregrinas earum voces non sine maximo negotio percipere poterant;* sans rien dire qui puisse faire croire qu'il rejette la théorie du mouvement de la terre; mais dans l'*avertissement au lecteur* des *Novæ cœlestium orbium theoricæ ,* il dit hardiment: *Non absurdas ad hypotheses quales Copernicus confinxit.* Quelle est la raison de ce changement? Faut-il croire que Magini, ayant à son tour imaginé un nouveau système du monde, se persuada, comme Tycho-Brahé, que celui de Copernic était *absurde?* ou bien doit-on voir en cela l'in-

du monde en introduisant toutefois dans l'astronomie les perfectionnemens dus à Copernic.
Pour y parvenir, il fut forcé de multiplier les
sphères et les orbes, d'où il résulta un système
d'une excessive complication (1). Les ouvrages
de Magini sont fort nombreux ; bien qu'on n'y
trouve guère de recherches originales, ils ont dû
être utiles à l'époque où ils parurent, et l'on y
rencontre des transformations et des théorèmes
que d'habiles astronomes avaient cru de nos
jours découvrir pour la première fois (2). Il était
en correspondance avec Tycho-Brahé et avec
Kepler; et ce dernier faisait grand cas de son
savoir (3). L'université de Bologne, où Magini
avait professé pendant très long-temps, offrit
après sa mort la chaire d'astronomie à Kepler,
qui, malheureusement pour l'Italie, ne voulut
pas l'accepter.

---

fluence de l'Eglise, qui, après avoir d'abord laissé passer
l'ouvrage de Copernic (qui est, comme on le sait, dédié au
Pape), se préparait plus tard à condamner Galilée? Nous
n'osons prononcer.

(1) Delambre (*Hist. de l'astron. du moyen âge*, p. 483-12)
a donné un exposé des recherches et du système de Magini.

(2) Voyez *Delambre*, *hist. de l'astron. du moyen âge*, p. 485.

(3) *Kepleri epistolæ*. Lips. 1718 , in-fol., p. 642.

Il serait inutile de mentionner ici les autres astronomes, ou astrologues italiens, qui ont précédé Galilée, car leurs travaux n'ont guère contribué aux progrès de la science. Nous ferons toutefois une exception en faveur de Pierre Sordi, qui, en 1578, publia à Parme un traité sur la comète de l'année précédente (1). On voit par cet écrit que Sordi, ainsi que d'autres savans de son temps, croyait que l'on peut prédire le retour de ces astres par l'*astronomie et le calcul*.

Les progrès de la mécanique devaient suivre de près ceux des mathématiques, et ils ne se firent pas attendre, au moins en ce qui concerne la pratique. Nous ne parlerons pas des édifices publics ni des immenses constructions qui s'élevaient alors en Italie ; car ces travaux se rapportent plus particulièrement à l'histoire des arts ; mais on ne saurait passer sous silence les auteurs qui ont écrit spécialement sur les machines et sur leur emploi.

On connaît assez généralement un ouvrage de Ramelli intitulé : *Les diverses et artificieuses machines,* qui parut à Paris en 1588, en français et

---

(1) *Tiraboschi, storia della lett. ital.*, vol. XI, p. 452-453.

en italien (1). L'auteur, habile ingénieur militaire, était né non loin de Milan : il servit d'abord sous Charles-Quint et vint ensuite (2) en France, où il entra au service d'Henri III. Son ouvrage, qui a joui d'une grande réputation, ne contient cependant pas d'inventions importantes. On y voit à la vérité une foule d'instrumens et de machines propres aux arts, aux manufactures et au génie militaire; mais il est difficile de porter un jugement sur le mérite de l'auteur, car on ne sait pas bien ce qui lui appartient personnellement et ce qu'il n'a fait qu'emprunter aux autres. Toutefois, le livre de Ramelli peut encore être consulté avec fruit, et nous avons vu de nos jours reproduire quelques-unes des machines qu'il contient par des personnes qui ne le citaient pas. Un ouvrage du même genre, sur lequel il faut s'arrêter bien davantage et d'autant plus qu'il est très rare et qu'il ne se trouve guère indiqué par les bibliographes,

---

(1) *Ramelli, le diverse et artificiose machine*, Parigi, 1588, in-fol. — Ce recueil estimé contient 195 machines, avec les explications en français et en italien.

(2) *Tiraboschi, storia della lett. ital.*, vol. XI, p. 477.

est le recueil intitulé : *Nouvelles machines de Faust Veranzio*, qui contient quarante-neuf planches précédées d'une description en latin et en italien (1). Le volume n'est pas daté; mais, sans aucun doute, il a été imprimé à Venise vers la fin du seizième siècle.

Les inventions si remarquables de cet auteur ne sont pas signalées dans les biographies, qui inscrivent à peine son nom à la suite de celui d'un célèbre primat et vice-roi de Hongrie dont il était neveu. Veranzio a publié un *Diction-naire* en cinq langues, une *Nouvelle logique* (2),

---

(1) Je dois dire ici qu'il existe deux sortes d'exemplaires de ce recueil. Celui que je possède a pour titre *Machinæ novæ Fausti Verantii Siceni;* il se compose de 49 grandes planches in-folio, précédées de la *Declaratio machinarum* en latin, qui contient 19 pages, et de la *Dechiaratione de le nostre machine*, de 18 pages, en italien. La numération recommence dans ces deux *Déclarations*. L'exemplaire de la Bibliothèque royale a pour titre *Machinæ novæ Fausti Verantii Siceni cum declaratione latina, italica, hispanica, gallica et germanica. Venetiis, cum privilegiis.* Il se compose du même nombre de planches, et contient, de plus, la traduction espagnole, française et allemande de la description des machines. Il y a une nouvelle numération pour chaque langue. L'édition est absolument la même : on n'a fait qu'ajouter les trois nouvelles traductions et graver quelques mots de plus sur le frontispice.

(2) La *Logique* parut à Venise en 1616 in-4, sous ce titre ;

et il avait composé (1) une histoire de Hongrie
dont le manuscrit, d'après une disposition de son
testament, fut déposé dans son tombeau. Ses *Nouvelles machines* ne sont qu'une partie de toutes
celles qu'il avait inventées et dont il parle dans une
espèce de ***Prodromus*** placé avant les figures. Elles
mériteraient pour la plupart une description (2)
détaillée; mais nous nous bornerons à en signaler deux qui sont dignes de toute notre attention.
Ce sont les ponts suspendus par des chaînes en
fer exactement comme on en fait aujourd'hui (3),

---

*Logica nova suis ipsius instrumentis formata et recognita
a Fausto Verancio, episcopo Chanadii.* C'est un ouvrage fort
curieux où l'auteur a inséré les critiques qu'on lui avait adressées. A la page 6o, il y a un traité d'*Ethica christiana*, où le
nom de Veranzio est écrit, comme il doit l'être, par un *t.*
Quant au *Dictionnaire polyglotte,* je n'ai jamais pu me le
procurer.

(1) Ces détails sont empruntés à l'article *Veranzio* de la
Biographie universelle; mais, comme on n'y cite aucune
autorité, nous ne pouvons pas en garantir l'exactitude.
Le nom de Veranzio ne se trouve ni dans les *Memorie sulla
Dalmazia,* par Albinoni (Zara, 18o9, 2 vol. in-4), ni dans
les *Notizie storico-critiche* publiées à Raguse en 18o2, par
Appendini, en deux volumes in-4.

(2) Voyez la note IV à la fin du volume.

(3) Voici comment, dans la description française de la figure
XXXIV, Veranzio parle de son pont suspendu :

« Pont de fer. Ce pont s'appelle pont de fer pour autant
qu'il est dépendant de deux tours basties aux deux bords, et

et le parachute, dont la figure est parfaitement
dessinée et sur lequel l'auteur revient à deux reprises (1). D'après l'explication d'une de ses machines (2), on voit aussi qu'il avait voulu donner
à Venise des fontaines jaillissantes ou des puits
artésiens.

On doit vivement regretter de ne pas connaître en détail la vie d'un homme qui, malgré des occupations si diverses, put cultiver
la mécanique avec tant de succès, et qui a
laissé de telles inventions, dont on n'a jamais
parlé à cause peut-être de leur trop grande
singularité, et parce que l'on croyait probablement qu'elles étaient inexécutables. C'est
en effet un spectacle bien singulier que celui d'un prélat (il nous apprend lui-même
qu'il était évêque (3) de Chanadium) qui,

---

pendu au milieu, avecq plusieurs chesnes de fer. Ces tours
icy ont leurs portes qui reçoivent les passans sur le pont ou
les en repoussent. »

(1) Voyez la description de la planche XXIX et l'*Indice des
machines de nostre invention;* mais il vaut peut-être mieux
lire cela en latin, car la traduction française est fautive à cet
endroit.

(2) Dans la description de la seconde planche.

(3) C'est la qualité qu'il prend dans le titre de la *Logica
nova.*

tombé en disgrâce à la cour de Hongrie,
pour l'avoir compromise, à ce qu'on prétend,
avec celle de Rome dans la collation des béné-
fices ecclésiastiques, renonce aux affaires et pu-
blie successivement un Dictionnaire polyglotte,
un Recueil de machines, et une Logique. Ces
trois ouvrages (1) ont paru à Venise : le premier
en 1595, le dernier 1616 : il semble donc que
l'auteur s'était fixé dans cette ville, ou qu'il
y a fait au moins de fréquens séjours, après les
voyages auxquels il fait allusion dans les *Machines* (2), et qui lui avaient fourni le moyen
d'apprendre les cinq langues qu'on trouve réunies dans son Dictionnaire, et d'examiner surtout
les procédés employés dans les arts ou dans les
manufactures par les peuples qu'il avait visités.
Les biographes que nous avons pu consulter ne

----

(1) Je connais les *Machinæ novæ* de Veranzio et sa *Logique;* quant au *Dictionnaire*, je ne l'ai jamais vu. Je le cite
seulement d'après l'article de la *Biographie universelle.*

(2) Voyez dans cet ouvrage la description des machines,
I, III, XXI, XXVIII, XXIX, etc. Bien qu'il ne fût pas Italien,
nous avons cru pouvoir parler ici de Veranzio comme étant
né dans un pays soumis aux Vénitiens, et surtout pour faire
connaître ses machines, dont les historiens des sciences n'ont
jamais parlé.

font pas connaître sa patrie; cependant, nous avons trouvé dans ses *Machines* qu'il était né à Sibenico, petite ville de la Dalmatie. En effet, dans la quatrième planche de cet ouvrage, on voit une église d'une assez belle architecture, et Veranzio dit (1) que c'est l'église de Sibenico, et qu'il la donne comme *ornement de sa patrie.*

C'est par l'originalité (2) surtout que ce recueil

---

(1) Voici la description que l'auteur donne de cette Eglise : « Ecclesia Sibenici.— Hæc ecclesia non est meæ inventionis, nam ante centum quinquaginta annos exstructa fuit. At quia pulcherrimæ atque inusitatæ formæ est ; eam hoc loco , inter mea inventa, Patriæ meæ ornamentum, ponere placuit. Nam præter quod, absque ulla materia lignea constet; testitudinem ipsam, non ut reliqua Templa, ex lateribus fornicatam habet, sed tota ingentibus lapidibus sectis, secundum longitudinem positis, tecta est, qui tam ab interiori, quam ab exteriori parte, ijdem conspicui sunt. Reliqua delineatio demonstrabit. »

(2) Veranzio comprenait fort bien l'importance de ses inventions , et savait apprécier sa propre originalité, mais il semblait faire peu de cas du suffrage du public. Voici comment il s'exprime à ce sujet, au commencement de son livre: « Eam partem Architecturæ, qvæ de Machinis àgit, plerique potiorem posuerunt ; mayori enim acumine ingenij eam perfici yudicarunt. Sed si tantæ laudis est, earum Machinarum qvæ yam olim in usu sunt, artem callere; qvid erit novas post tot secula et quidem non parvo numero, in medium protulisse? Nihilominus tamen scio , homines ita esse affetos, ut mayor pars eorum; qvi has meas Machinas viderint, imò ij ipsi qvi antequàm eas vidissent, catalogum

4.

se distingue, et nous ne connaissons aucun ouvrage de la même époque qui puisse lui être comparé. La *logique* décèle aussi un esprit singulier dans les moindres détails : il serait en effet difficile de trouver un autre livre dans lequel l'auteur ait reproduit, comme l'a fait Veranzio dans celui-ci, les critiques qu'il avait essuyées et même les solécismes qu'on lui avait reprochés. (1)

Bien qu'on ne puisse pas décrire ici toutes les grandes applications de la mécanique qui ont été faites au seizième siècle, il est impossible cependant de passer sous silence Dominique

---

earum legerant, et mirificas censuerunt : postea spernent, et pro vulgaribus habebunt. Cur igitur tantum operis et impensarum, in eis describendis consumpsi? vt nempe mihimetipsi, et ijs paucis, qvi eas aliqvid esse putaverint, satisfacerem. Priores petens ut qvas in promptu habent, meliores proferant, vel in posterum comminiscantur qvò istis reyectis illis utamur. »

(1) Voyez à la page 47 de sa *Logica* les observations *contra logicam* que l'auteur attribue à un archevêque dont il ne dit pas le nom. On a pu voir dans la note précédente que Veranzio avait adopté une orthographe fort singulière : elle est critiquée par l'*Archevêque* à l'article second de ses observations; dans le troisième, le critique dit, à propos de certaines locutions employées par l'auteur : « *Singulare cum plurali non concordat.* »

Fontana, si connu pour le transport de l'obélisque du Vatican. Fontana naquit en 1543 à
Mili, dans les environs du lac de Côme; il s'appliqua d'abord à la géométrie, et au milieu des
grands architectes du seizième siècle, il se fit
bientôt remarquer comme architecte et comme
ingénieur. A vingt ans, il se rendit à Rome et
s'attacha à la fortune du cardinal Montalto,
qui fut si connu depuis sous le nom de Sixte-
Quint; il commença pour lui la construction
d'une chapelle et d'un palais; mais bientôt le
cardinal manqua d'argent et Fontana continua
les travaux à ses frais en y consacrant ses épar-
gnes. Sixte-Quint l'en récompensa en le nommant son architecte et en le chargeant d'achever
la coupole de Saint-Pierre. Fontana doit surtout
sa célébrité au transport du grand obélisque de
Caligula, qui, depuis plusieurs siècles, gisait
enfoui parmi des décombres. Le pape voulut que
cet obélisque fût transporté sur la place du Vatican, mais les difficultés d'une telle opération
effrayaient tout le monde. On fit un appel (1) aux

---

(1) Le 24 août 1585, le pape nomma une commission chargée de diriger cette opération : voici comment Fontana lui-

plus habiles ingénieurs de l'Europe, et l'on reçut
cinq cents réponses ou projets différens. Celui

---

même rend compte de l'espèce de concours qui fut ouvert à
Rome dans cette circonstance : « Nel primo ragionamento
fatto da questi Signori (*les membres de la commission*) in
questa prima congregatione si dichiarò e concluse, che per
essaminare et intendere bene questo negotio, et il fine, che
si desiderava per condurre a salvamento reliquia tanto amata
si dovessero far chiamare tutti li litterati, Mattematici, Archi-
tetti, Ingegnieri, et altri valent' huomini, che si potessero
havere; acciò che ogniuno dicesse il parer suo intorno all' essecutione di tanta impresa, per che sendosi lungamente discorso fra loro de i modi che giudicavano di potersi tenere,
non restavano di alcuno soddisfatti à pieno per li rispetti di
sopra narrati. A questo effetto ordinorno la seconda congregatione nel medesimo luogo vintincinque giorni dopo per dar
tempo à molti valent' huomini forestieri, che di varij luoghi
concorrevano à Roma per mostrar le forze dell' ingegno loro
intorno à cosa tanto desiderata da nostro Signore e quasi dal
mondo tutto, e già molto prima saputa l'intentione di sua Santità erano giunti in Roma diversi tirati dalla fama d'un opera
tale, di modo, che nella sudetta seconda congregatione, che
fu a dì diciotto di settembre seguente comparvero delle sopra
nominate professioni da cinquecento huomini di varij paesi,
alcuni venuti di Milano, altri di Venetia, parte di Fiorenza,
di Luca, di Como et di Sicilia, e sino di Rodi, et di Grecia,
fra quali ancora erano alcuni Frati, et ciascheduno haveva
portato la sua inventione, chi in disegno, chi in modelli, e
chi in scritto, altri esplicò il suo parere in viva voce, et la
maggior parte d'essi concorrevano in questo di trasportare la
Guglia in piedi, giudicando cosa difficilissima il distenderla
per terra, et il tornarla di novo à dirizzare spaventati credo

de Fontana fut adopté, mais comme *on le trouvait trop jeune à quarante-deux ans,* pour une telle entreprise, on confia à deux architectes célèbres, Ammannati et Della Porta, le soin de l'exécuter (1). C'était renouveler l'injustice qu'on avait

---

dalla grandezza, e peso della machina, credendosi forse esser maggior facilità, et sicurezza il condurla diritta nel movimento mezano, che negli altri tre moti di abbassarla, trascinarla e rialzarla : Alcuni altri furono che non solamente volevano portar la Guglia in piedi, ma ancora il Piedestallo e la Base insieme : altri nè ritta, nè stesa per terra, ma pendente à quarantacinque gradi dell' orizonte, che volgarmente si dice a mezz' aria : Altri mostravano il modo di sollevarla, chi con una lieva sola a guisa di statera : chi con le vite et altri con ruote. Io portai il mio modello di legname dentrovi una Guglia di piombo proportionata alle funi, traglie et ordigni piccoli del medesimo modello, che la doveva alzare, et alla presentia di tutti quei Signori della congregatione e de sudetti Maestri dell' arte levai quella Guglia, e l'abbassai ordinatamente, mostrando con parole a cosa per cosa la ragione, et il fondamento di ciascuno di quei movimenti, si come seguì poi apunto in effetto. » *(Fontana, del modo tenuto per trasportare l'obelisco.* Roma, 1589, in-fol., p. 5). — J'ajouterai que parmi les concurrens se trouvait *Camille Agrippa,* de Milan, qui publia son projet à Rome, en 1583, et qui est l'auteur d'un autre ouvrage que j'ai déjà cité ailleurs, et où l'on trouve des idées assez ingénieuses sur les causes des vents périodiques (*Agrippa, della generazione de' tuoni e de' venti,* Roma, 1583, in-4, p. 8 et 9. — *Antologia giornale,* novembre 1831, p. 14).

(1) *Fontana, del modo, etc.,* f. 5.

faite autrefois à Brunelleschi à Florence; mais Fontana plaida avec habileté sa cause devant le pape, et il obtint d'être chargé seul de cette opération, qui fut effectuée avec une grande pompe, au milieu d'un peuple immense auquel on avait commandé le silence sous les peines les plus rigoureuses, à qui Sixte-Quint défendait même de *cracher*, et qui voyait les instrumens du supplice préparés pour quiconque ferait le moindre bruit (1). Ce transport, qui n'avait pas de précédens dans l'histoire de la mécanique moderne,

---

(1) « E perchè popolo infinito concorreva à vedere così memorabile impresa; per oviare à i disordini che potesse causare la moltitudine delle genti, s'erano sbarrate le strade. ch' arrivano sopra la detta piazza, e si mandò un bando, ch' il giorno determinato ad alzar la Guglia nessuno potesse entrar dentro a i riparo salvo, che gli operarij : a chi avesse sforzato li cancelli vi era pena la vita, di più, che nissuno impedisse à qual si voglia modo gli operarij : e che nissuno parlasse, sputasse, o facesse strepito di sorte alcuna sotto gravi pene : acciò non fussero impediti li comandamenti ordinati da me a ministri, e per far subito essecutione di detto bando il Bargello con la famiglia tutta entrò dentro il serraglio, talche sì per la novità dell'opera sì per le pene del bando in tanta quantità di popolo, che concorse fu usato grandissimo silentio. » (*Fontana, del modo ecc.*, f. 13). — On voit par un bref du pape rapporté par Fontana, que celui-ci pouvait entrer partout et prendre tout ce qu'il lui fallait pour opérer ce transport. (*Fontana, del modo, etc.*, f. 6.)

fut achevée le 10 septembre 1586, jour où le duc de Luxembourg, ambassadeur de France, faisait son entrée dans Rome (1). Sixte-Quint accorda à l'ingénieur les récompenses les plus éclatantes; il l'anoblit, l'enrichit, et le chargea de diriger tous ses travaux. Plus tard, sous Clément VIII, Fontana fut accusé de malversation et destitué brutalement. Il se rendit alors à Naples, où on lui offrait le titre de premier ingénieur du roi d'Espagne. Il dirigea plusieurs travaux hydrauliques dans la Terre de Labour, fit construire le palais du roi, et il allait donner un port à la ville de Naples lorsque la mort le surprit à l'âge de 64 ans. Il a décrit le transport de l'obélisque dans un ouvrage (2) qui parut à Rome en 1590. Les moyens qu'il employa ont été simplifiés depuis, mais l'idée première a été suivie encore de

---

(1) *Fontana, del modo etc.*, f. 33.

(2) Il paraît qu'à cette époque les arts étaient cultivés avec succès à Sibenico. Nous venons de voir que c'est là qu'était né Veranzio. Les planches de l'ouvrage de Fontana furent gravées par *Boniface de Sibenico*. On peut remarquer que le frontispice gravé par cet artiste porte la date de 1589, et que la dédicace de Fontana au pape est datée de 1590, ce qui prouve que l'ouvrage éprouva quelque retard dans la publication.

nos jours, car Fontana, contrairement à ce que tout le monde croyait de son temps, voulut que l'obélisque fût transporté dans une position horizontale, et qu'on ne le dressât que sur place. Le transport d'une masse qui pesait plus de huit cent mille livres était une entreprise qui semblait alors surpasser les forces humaines; à la vérité les Romains avaient su transporter cet obélisque de l'Égypte à Rome, mais les moyens qu'ils avaient employés sont tout-à-fait inconnus.

On doit rattacher à l'école de Ramelli et de Fontana, d'autres ingénieurs italiens qui ont contribué par leurs écrits et leurs travaux aux progrès de la mécanique industrielle, et dont nous sommes porté naturellement à parler ici, bien qu'ils aient fait paraître plus tard leurs ouvrages. Zonca, qui était architecte de la commune à Padoue (1), a publié un *Nouveau théâtre de machines*, où l'on en voit quelques-unes de très curieuses. Il suffira de citer un tournebroche mu par l'action de l'air raréfié (2) par le feu,

---

(1) C'est le titre qu'il prend dans son *Novo teatro di machine et edificii* (Padova, 1621 in-fol.), ouvrage qui avait paru d'abord en 1607.

(2) *Zonca, novo teatro di machine*, p. 91.

et une filerie à eau (1). Ce recueil peut être consulté avec fruit par ceux qui voudraient imiter
actuellement quelques produits des manufactures de l'époque où vivait l'auteur.

Branca, architecte de l'église de Lorette, est
l'auteur de plusieurs ouvrages sur la mécanique et sur l'architecture, dont le principal,
intitulé *les Machines* (2), est divisé en trois
parties. La première contient quarante figures
de machines diverses; dans la seconde, on en
voit quatorze destinées à élever l'eau; la dernière renferme vingt-trois machines *spirita-
les,* c'est-à-dire, comme on le lit en tête de
cette partie, *qui ont pour moteur l'air par
le moyen du plein et du vide.* Il y en a une
qui a été plusieurs fois citée et qui mérite
une attention particulière. C'est la machine représentée dans la vingt-cinquième figure de la
première partie. L'auteur annonce qu'elle agit
à l'aide d'*un moteur merveilleux;* ce moteur
n'est autre chose que la vapeur (3). Il est vrai
que la vapeur, qui sort de la chaudière par un

---

(1) *Zonca, novo teatro di machine,* p. 68, 75, etc.
(2) *Branca, le machine.* Roma, 1629, in-4.
(3) Voyez la note V, à la fin du volume.

trou, n'agit que par sa tension et qu'elle est appliquée directement à la roue qui doit être mise
en mouvement; mais, enfin, il s'agit d'une machine mue par la vapeur, et cette idée mérite
d'être remarquée.

Branca a publié aussi un *Manuel d'architecture*, suivi de trente aphorismes sur la direction
des rivières (1). On connaît peu sa vie : dans ses
livres, il s'intitule *citoyen romain*. Il était en correspondance avec les hommes les plus savans de
son temps, et il existe encore des lettres du père
Castelli, qui montrent l'estime qu'il faisait de
l'architecte romain. (2)

Les ouvrages sur l'architecture militaire et sur
les fortifications, si nombreux chez une nation
qui, dans les temps modernes, en a fait si
rarement usage, pourraient, à la rigueur, se
rattacher à la mécanique, mais c'est plutôt
dans une histoire de l'art militaire qu'ils doivent
être jugés et analysés (3). Cependant, parmi les

---

(1) *Branca, manuale d'architettura*. Ascoli, 1629, in-16,
p. 198.

(2) Sur la vie de Branca, voyez *Mazzuchelli, scrittori d'I-
talia*. Brescia, 1753. 2 tom. en 6 part. in-fol. tom. II, 4ᵉ
part. p. 1981.

(3) Voyez la note VI, à la fin du volume.

(61)

livres publiés au seizième siècle en Italie par
des ingénieurs militaires, il en est un que
nous ne pouvons passer sous silence à cause de
son importance et des discussions auxquelles
il a donné lieu. Nous voulons parler de l'*Architecture militaire* de François Marchi, qui parut à Brescia en 1599, après la mort de l'auteur (1). Ce livre contient plus de cent cinquante
modes de fortification, et il a été toujours considéré par les hommes du métier comme un ouvrage capital. Marchi était né à Bologne au commencement du seizième siècle, mais on ne sait
pas exactement en quelle année (2). Il s'appliqua de bonne heure à l'architecture et s'attacha

---

(1) *Marchi, architettura militare*. Brescia, 1599, in-fol. —
Il paraît que l'éditeur avait déjà fait paraître en 1597 quelques
exemplaires des planches seules, sans l'explication.

(2) Il existe trois biographies de Marchi fort étendues :
une dans *Fantuzzi, scrittori Bolognesi* (Bologna, 1781, 9
volumes in-fol.; tom. V, p. 218 et seq.), une autre écrite par
Marini (Roma, 1810, in-4°), et enfin une dernière qui fut rédigée par Venturi sous le titre de *Memorie intorno alla vita
e alle opere del Capitano Francesco Marchi* (Milano, 1816,
in-4); mais aucun biographe n'a pu assigner l'époque exacte
de la naissance ou de la mort de ce célèbre ingénieur. M. Marini a adopté l'année 1506, mais cette date ne semble pas
certaine.

comme ingénieur à Alexandre de Médicis, premier duc de Florence (1); après la mort de ce
prince, il servit sous Pierre-Louis Farnèse (2),
et fut employé aussi par le pape Paul III. En
1559, il se rendit en Flandre (3) avec Marguerite,
sœur de Philippe II, et il servit pendant trente-
deux ans comme ingénieur militaire. On ne sait
pas à quelle époque il mourut; mais cela ne put
arriver qu'après l'année 1574 (4). Au reste, toute
sa vie nous serait inconnue, sans les renseignemens qu'il a laissés dans ses écrits (5); mais ces
renseignemens sont fort incomplets et peuvent
soulever des difficultés chronologiques, qui tiennent probablement à des fautes d'impression.

L'*Architecture militaire* fut pendant long-
temps négligée en Italie, et ce n'est qu'au commencement du siècle dernier que l'on en sentit

---

(1) *Fantuzzi, scrittori Bolognesi*, tom. V, p. 220-221. —
Venturi, memorie, p. 5.

(2) *Venturi, memorie*, p. 5-9.

(3) *Venturi, memorie*, p. 11.

(4) *Venturi, memorie*, p. 14.—Fantuzzi se borne à dire que
Marchi était déjà mort en 1585 (*Fantuzzi, scrittori Bolognesi*,
tom. V, p. 222).

(5) Les biographies que nous avons consultées ne sont for-
mées que d'après des passages tirés des écrits de Marchi.

toute l'importance : ce fut un moine, le père Corazza (1), qui, le premier, s'efforça de rétablir
les droits de l'ingénieur de Bologne. Le marquis
Maffei s'occupa plus tard du même sujet, et voulut prouver que les principales découvertes attribuées à Vauban se trouvaient déjà dans l'ouvrage de Marchi et dans les écrits d'autres architectes italiens. Ces réclamations dégénérèrent
bientôt en une polémique acerbe à laquelle
prirent part plusieurs autres moines et un petit nombre d'officiers. L'ouvrage de Marchi a
été réimprimé dans ce siècle, à Rome, avec un
grand luxe (2), et il semble prouvé qu'effectivement on y trouve plusieurs inventions qui ont
été imitées et perfectionnées depuis par des ingénieurs militaires d'autres nations. Quant à la
rareté de ce livre, que l'on a attribuée à Vauban,
qui en aurait fait, à ce que l'on a prétendu, dé-
truire tous les exemplaires qu'il pouvait se procurer, évidemment c'est une accusation qui n'a
pas le moindre fondement. Pour la réfuter, il

---

(1) On peut voir, sur les discussions qui eurent lieu à propos des écrits de Corazza et de Maffei, les *Scrittori Bolognesi* de Fantuzzi (tom. V, p. 223 et suiv.).

(2) *Marchi, architettura militare.* Roma, 1810, 5 vol. in-fol.

suffira de dire que la première édition, qui est en effet très rare, l'est beaucoup plus en Italie qu'en France, où il y en a toujours eu des exemplaires. (1)

Marchi est aussi l'auteur d'autres ouvrages : dans sa *Relation* des fêtes pour le mariage d'A-lexandre Farnèse avec Marie de Portugal, on lit que ce fut lui qui introduisit dans les Pays-Bas l'usage des carrosses à l'italienne qu'on n'y connaissait pas auparavant (2); mais le plus important de ses travaux se trouve manuscrit à Florence : c'est un traité complet d'architecture(3) civile et militaire dans lequel l'auteur a refondu son *Architecture militaire,* en y réunissant toutes les matières qui se rattachent à son sujet. Ce manuscrit offre la preuve que Marchi,

---

(1) Dans la première édition de son ouvrage, Tiraboschi dit qu'il n'a jamais pu voir l'ouvrage de Marchi : plus tard, il ajouta une note à son histoire pour annoncer qu'enfin la bibliothèque de Modène avait pu se le procurer (*Tiraboschi*, *storia della lett. ital.*, vol. XI, p. 504).

(2) *Fantuzzi, scrittori Bolognesi*, tom. V, p. 222.

(3) Fantuzzi (*Scrittori Bolognesi*, tom. V, p. 228 et suiv.) a donné une analyse du manuscrit autographe de Florence : malheureusement, depuis l'année 1590, on en a perdu quelques parties, qui n'existent plus que dans des copies plus ou moins imparfaites (*Venturi memorie*, p. 19 et suiv.).

comme tous les esprits supérieurs, ne voyait
pas seulement dans son art l'application de certains préceptes à un sujet donné, mais qu'il considérait toujours l'homme comme le principal
instrument de tous les arts et de toutes les
sciences, et comme celui qu'il fallait perfection·
ner avant tous les autres. — *Dessein de ceux qui
élèvent l'esprit à la considération des choses.
— Discours de l'homme. — Par la vertu on ac-
quiert honneur et gloire.* — Voilà les titres (1)
des premiers chapitres de ce traité d'architecture; voilà comment Marchi acheminait ses
élèves à l'étude de la construction des digues
et des bastions. En voyant toujours les grands
artistes du seizième siècle s'appliquer à former
l'homme, à élever son caractère avant de lui apprendre à dessiner, on comprend mieux pour-

---

(1) Voyez *Fantuzzi, scrittori Bolognesi*, tom. V, p. 228-
229. — Venturi a reproduit la figure d'un labyrinthe qui se
trouve dans un recueil excessivement rare que Marchi avait
présenté à Philippe II. Les différentes gravures qui accom-
pagnent cette explication montrent dans Marchi toujours le
même caractère ferme et persévérant (*Venturi, memorie,* p. 17
et 18 et pl. I). Venturi a aussi reproduit le portrait de Marchi qui se trouvait dans ce recueil. C'est une magnifique tête
et du plus beau caractère.

IV.   5

quoi, à cette époque, il y eut des écoles si flo-
rissantes et des élèves qui surpassèrent souvent
des maîtres déjà célèbres. C'est parce que les
grands caractères sont propres à tout. Léonard
de Vinci, dessinant une horloge, écrivait à côté
qu'il fallait employer les heures de manière à
vivre dans la postérité ; Michel Ange disait que
la main n'est rien, et qu'elle obéit toujours à l'esprit quand il sait la diriger : Marchi voulait d'a-
bord former le caractère de ses disciples pour
les préparer à devenir ensuite d'habiles architectes. Dans les planches de son ouvrage il faisait graver ces sentences : *L'homme peut tout
quand il veut : le travail surmonte tous les obstacles.* Il est à regretter qu'à force d'étudier les
arts et les sciences, on soit arrivé à oublier trop
souvent celui qui doit les cultiver. Rien ne saurait remplacer l'effet produit par un maître célèbre qui parle de gloire, de grandeur et de vertu,
avant d'expliquer les préceptes de la science ou
de l'art qu'il doit enseigner.

L'ouvrage de Marchi, resté inédit à Florence, est un traité de tout ce qui a rapport
aux constructions et à la science de l'ingénieur.
Non-seulement on y trouve les élémens de la
géométrie et les préceptes de l'architecture civile

et militaire (1); mais l'auteur y parle des machines qu'on peut employer, et, entrant dans les plus petits détails de son art, il enseigne à faire le ciment, à chercher les sources, à chauffer et à rafraîchir les appartemens et même à défricher un terrain (2). Les constructions hydrauliques, les canaux, la balistique, l'histoire même de l'art, tout se trouve dans cet immense ouvrage, qui, malheureusement, n'a pas été complétement achevé par l'auteur. On y voit que, dès l'année

---

(1) Parmi les figures qui se trouvent dans l'ouvrage de Marchi, il y en a plusieurs qui sont de véritables cartes géographiques. Voyez à ce sujet la planche où il a figuré le lac d'Orbetello et le mont Argentaro (*Marchi, architettura militare*, f. 133).

(2) On trouve l'analyse de cet ouvrage, dans Fantuzzi (*Scrittori Bolognesi,* tome V, p. 228-233). Différens fragmens qui ont été publiés prouvent que Marchi s'occupait des objets les plus divers. On a de lui des observations physiques sur la propagation du son dans l'eau, et sur le froid que l'on éprouve au sommet des hautes montagnes (*Venturi, memorie,* p. 5, 12, 14, 39, etc.). L'étude de l'antiquité l'occupait aussi, et il a laissé une description du lac de Nemi, et du célèbre vaisseau romain qui s'y trouve submergé (*Marchi, architettura militare,* f. 42-44). Les détails sur ce vaisseau, la descente de Marchi au fond du lac dans une cloche, les observations physiques qu'il a faites à cette occasion sont très dignes de remarque.

5.

1564, Marchi avait gravé trente planches de son
ouvrage, pendant qu'il était en Angleterre avec
Philippe II, lorsque ce prince épousa la reine
Marie (1), et que, mécontent de son travail, il
ne voulait pas le faire paraître : des imprimeurs,
dont il se plaint, firent connaître quelques-unes
de ses planches, ce qui donna lieu à d'autres in -
génieurs de s'emparer de ses inventions. Il semble résulter de tout cela que l'ouvrage de Marchi, publié après sa mort à Brescia, n'est qu'un
fragment de celui qu'il préparait : probablement
on n'a donné que les planches laissées par l'auteur. Le génie de la mécanique resta dans la famille de ce grand ingénieur, et la ville de Bologne
a profité à plusieurs reprises du talent de ses
descendans (2). Cette illustre famille s'éteignit
vers la fin du siècle dernier.   -

Les auteurs dont nous venons de parler ne
nous ont laissé dans leurs recueils de machines
que des indications vagues et incomplètes, d'où
l'on peut ne déduire que dans quelques cas seu-

---

(1) *Fantuzzi, scrittori Bolognesi*, tom. V, p. 232.—*Venturi,
memoric*, p. 17 et 18.

(2) *Fantuzzi, scrittori Bolognesi*, tom. V, p. 225.

lement, ce qu'ils ont inventé et ce qui était déjà connu précédemment. Excepté Fontana (1), qui a émis quelques conjectures sur les moyens employés autrefois pour transporter les obélisques, aucun des ingénieurs que nous avons cités ne s'est occupé des machines des anciens. Cependant un ouvrage d'Héron d'Alexandrie, intitulé les *Pneumatiques*, où se trouvent décrites des machines ingénieuses mues par l'action de l'air, attira de bonne heure l'attention des ingénieurs et des érudits, et fut plusieurs fois traduit et commenté. Aléotti, Giorgi et Porta s'y appliquèrent presque simultanément (2). Mais on ne saurait s'arrêter à ces traductions, et d'ailleurs nous aurons l'occasion de parler plus loin de la paraphrase que fit Porta. Aléotti, qui fut maçon dans sa jeunesse (3), et qui, seul et sans secours, parvint à se faire un nom comme architecte et comme écrivain, n'a ajouté que quatre machines (4) plus curieuses qu'utiles aux re-

---

(1) *Fontana, del modo*, etc., f. 16.

(2) Voyez *Tiraboschi, storia della lett. ital.*, vol. XI, p. 479.

(3) *Mazzuchelli, scrittori d'Italia*, tom. I, part. I, p. 431.

(4) *Herone, gli spiritali tradotti da G. B. Aleotti*, Bologna, 1647, in-4, p. 88 et suiv.

cherches de l'auteur grec. Un autre ouvrage
d'Héron, les *Automates*, fut traduit et commenté par Bernardin Baldi, d'Urbin, homme d'un
savoir immense et d'un esprit supérieur, qui sut
cultiver avec un égal succès les sciences et les
lettres.

Baldi est sorti de cette école de Commandin
où se sont formés tant d'illustres disciples, et
dans laquelle il s'était rencontré avec Guido
Ubaldo del Monte et avec le Tasse. Il naquit (1)
à Urbin en 1553, et eut pour précepteur Jean-
Antoine Turoneo, qui lui enseigna le grec et le
latin. Il dit lui-même qu'il avait un goût très
vif pour la peinture, mais que ses maîtres, pour
l'en détourner, employaient même des châtimens
corporels (2). Contrarié dans ses dispositions pour

------

(1) *Affò, vita di B. Baldi*, Parma, 1783, in-4, p. 2.—*Mazzuchelli, scrittori d'Italia*, tom. II, part. I, p. 116 et suiv. —
Je serai forcé de citer souvent le travail d'Affò : car ce savant
biographe a pu profiter d'une vie inédite de Baldi écrite par
Crescimbeni, et il a consulté tous les manuscrits de Baldi
qui se trouvaient au siècle dernier dans la bibliothèque Albani et qui depuis ont été dispersés.

(2) C'est dans son dialogue inédit *de la cour*, que Baldi raconte les persécutions qu'on lui fit souffrir pour le forcer à
quitter les beaux-arts. Elles étaient odieuses et elles furent

les arts, il s'appliqua aux mathématiques, et l'on
assure que Commandin, son maître, se servit de lui
pour dessiner les figures de ses traductions d'Euclide et de Pappus (1). Mais bientôt Baldi fut forcé
par ses parens d'embrasser une profession plus lu-
crative et il se rendit à Padoue pour étudier la médecine (2). Cependant, il lui fut impossible d'abandonner ses études favorites, et les mathématiques
ainsi que la littérature grecque continuèrent à
occuper tous ses loisirs. L'amour le rendit poète (3)
et il se montra de bonne heure écrivain correct
et versificateur élégant. L'épidémie, qui désola
en 1575 la Lombardie, le força de quitter l'université et de retourner dans son pays (4). A vingt
ans, il entreprit la traduction des *Automates*

---

inutiles, car il ne cessa de s'occuper d'architecture. Affò
parle d'un recueil de dessins de Baldi, conservé autrefois
dans la bibliothèque Albani. Ce recueil, que je possède à
présent, montre que Baldi avait surtout le sentiment du gran-
diose (*Affò, vita di B. Baldi*, p. 5 et 229).

(1) *Affò, vita di B. Baldi*, p. 6.

(2) *Affò, vita di B. Baldi*, p. 7.

(3) Affò a cité quelques-unes des compositions adressées
par Baldi à une *Laure* dont on ignore la famille (*Affò, vita di
B. Baldi*, p. 10 et suiv.)

(4) *Affò, vita di B. Baldi*, p. 17.

d'Héron (1), mais avant de la terminer il eut le malheur de perdre son maître, Commandin, dont plus tard il écrivit la vie. Il resta plusieurs années à Urbin, s'occupant toujours des mathématiques et des langues anciennes, et il essaya d'interpréter les tables *Eugubines* (2); c'est à la même époque qu'il composa les *Paradoxes mathématiques* (3), et commença une collection d'inscriptions qu'il ne put pas compléter (4). A vingt-six ans, il fut appelé auprès de Ferrand Gonzague, prince de Mantoue, pour lui enseigner les mathématiques (5), mais son élève étant allé en Espagne, Baldi se rendit à Milan, où il se lia intimement avec Saint-Charles Borromée (6).

---

(1) Baldi nous apprend qu'il acheva cette traduction en 1576 (*Herone, gli automati tradotti del Baldi*, Venetia, 1601, in-4, f. 41); elle parut d'abord à Venise en 1589, mais l'auteur la corrigea et la fit imprimer de nouveau dans la même ville en 1601. Je possède le manuscrit original de cette traduction; c'est celui dont parle Affò (*Vita di B. Baldi*, p. 168) : les figures et les ornemens dessinés à la plume par l'auteur sont d'un fini admirable.

(2) *Affò, vita di B. Baldi*, p. 24 et 182.

(3) *Affò, vita di B. Baldi*, p. 53.

(4) *Affò, vita di B. Baldi*, p. 33.

(5) *Affò, vita di B. Baldi*, p. 28.

(6) *Affò, vita di B. Baldi*, p. 37-38.

Après la mort de celui-ci, il retourna à Guastalla, et en 1586, il fut nommé à l'abbaye de cette ville (1). Pour mieux comprendre la Bible, il s'appliqua à la langue hébraïque et au chaldéen (2). Une discussion qu'il eut avec ses chanoines sur le costume particulier auquel il croyait avoir droit le conduisit à Rome, où il (3) retourna plus tard, appelé par le cardinal Aldobrandini. Ce fut alors qu'il étudia l'arabe et la langue illyrienne sous la direction de Raimondi, qui présidait aux publications orientales de la typographie des Médicis (4). Malheureusement Baldi ne

---

(1) *Affò, vita di B. Baldi*, p. 59.

(2) *Affò, vita di B. Baldi*, p. 61.

(3) Baldi priait qu'on le laissât à Rome pour *pouvoir étudier;* mais le pape ne voulait pas que les ecclésiastiques quittassent leur résidence, et l'abbé de Guastalla reçut l'ordre de partir. Alors, il demanda à rester pour l'affaire du costume, et le cardinal Gonzague lui accorda cette permission, en disant que *ce motif était beaucoup plus légitime* que le premier (*Affò, vita di B. Baldi*, p. 64-65).

(4) *Affò, vita di B. Baldi*, p. 90. — A propos de Raimondi, je dois dire que je me suis aperçu que le catalogue des manuscrits orientaux de l'imprimerie des Médicis, que j'ai donné dans le premier volume de cet ouvrage, avait déjà paru dans la *Bibliotheca nova manuscriptorum* par Labbe (Parisiis, 1653, in-4, p. 250).

se bornait pas aux travaux littéraires. Comme abbé de Guastalla, il se montra sévère et intolérant. Il eut fréquemment recours à l'inquisition, et, par excès de zèle, se brouilla plusieurs fois avec les autorités civiles. (1)

Ces discussions, qui se renouvelèrent souvent, furent probablement la cause qui le détermina, après vingt-cinq ans de possession, à renoncer à sa riche abbaye (2). Il retourna alors dans son pays et se mit au service du duc d'Urbin, qui l'envoya comme ambassadeur à Venise (3). Il passa les dernières années de sa vie à Urbin, traduisant des ouvrages de science du grec et de l'arabe, composant à-la-fois des poèmes philosophiques et des traités de gnomonique, et travaillant toujours à une grande biographie des mathématiciens qui est restée malheureusement inédite et dont le public ne connaît que la partie chronologique (4). Bien que

---

(1) *Affò, vita di B. Baldi*, p. 73 et suiv.

(2) *Affò, vita di B. Baldi*, p. 110.

(3) *Affò, vita di B. Baldi*, p. 119.

(4) La *Cronica de' matematici* parut à Urbin en 1707 (in-4); ce n'est qu'un répertoire fort abrégé. Quant à ses *Vite dei matematici*, auxquelles il avait travaillé quatorze ans, elles sont

distrait par des affaires domestiques, par ses
fonctions auprès du duc d'Urbin et par une correspondance très étendue, Baldi apprenait tous
les ans quelque nouvelle langue; de sorte que
lorsqu'il mourut, à l'âge de soixante-cinq ans,
il n'en possédait pas moins de seize (1). Sa connaissance des langues orientales était telle qu'un
auteur contemporain affirme qu'il avait l'habitude de lire, après dîner, pour récréation, l'*Euclide* traduit en arabe que l'on venait de publier
à Rome (2). Du reste, les nombreuses traductions d'auteurs arabes qu'il a laissées, prouvent
qu'effectivement les langues sémitiques lui
étaient très familières.

Baldi n'a fait aucune de ces découvertes qui
donnent l'immortalité; néanmoins on ne sau-

---

restées toujours inédites, excepté les vies de Commandin,
d'Héron et de Vitruve (*Affò, vita di B. Baldi*, p. 200). Dans
sa traduction des Pneumatiques d'Héron, qui parut en 1592,
Giorgi dit :«Usciranno in breve alla luce le vite de' matematici
illustri... opera del nostro signore Bernardino Baldi» (*Herone spiritali, tradotto dal Giorgi*, Urbino, 1592, in-4, f. 1).

(1) Baldi mourut en 1617. Dans une inscription qui fut publiée alors, on dit qu'il savait douze langues : Crescimbeni en
compte seize (*Affò, vita di B. Baldi*, p. 131 et 145).

(2) *Affò, vita di B. Baldi*, p. 123.

rait s'empêcher d'admirer cette faculté singulière qu'il avait de pouvoir s'occuper avec succès des objets les plus variés et les plus dissem-
blables. Un esprit ferme et souple à-la-fois,
une infatigable activité, une sage distribution
de son temps (1), voilà le secret du talent de cet
homme universel dont on parle si peu aujour-
d'hui et qui pourtant a laissé sur les différentes
branches des sciences et de la littérature quatre-
vingt-dix ouvrages qui sont tous remarquables à
plusieurs égards, et dont quelques-uns forment
jusqu'à douze gros volumes.

La traduction de Quinte Calabre a placé Baldi presque à côté d'Annibal Caro (2) : son *Art
nautique* est un des meilleurs poèmes didasca-
liques qui aient été écrits en langue italienne (3).

---

(1) Il avait écrit un dialogue intitulé *Sopra l'utile che si
cava della vigilanza (Affò, vita di B. Baldi*, p. 215).

(2) Dans la préface de cette traduction, Baldi s'excuse des
imperfections qu'on y pourra remarquer, en disant qu'il a
travaillé à Guastalla dans la solitude, sans pouvoir consulter
personne, et il ajoute :« Scusami dunque, o lettore, o habbimi
compassione » (*Affò, vita di B. Baldi*, p. 155).

(3) Baldi avait composé aussi un poème sur l'origine des canons et un autre sur l'invention de la boussole, avec des commentaires : ces manuscrits existaient dans la bibliothèque Al-

Comme philologue et commentateur, le savant abbé de Guastalla mérite d'être placé au premier rang pour ses traductions des *Automates* et des *Machines de guerre* (1), et pour ses commentaires sur Vitruve, et sur la mécanique d'Aristote (2). Ses écrits sur la gnomonique prouvent qu'il était profondément versé dans les mathématiques (3), et les nombreux travaux historiques qu'il a laissés montrent qu'il possédait les qualités de l'historien (4). Mais c'est surtout comme orientaliste qu'il doit être cité. A l'exemple de Benivieni (5) et d'autres savans italiens, Baldi, qui avait étudié d'abord les langues

----

bani (*Affò, vita di B. Baldi,* p. 196), et ils ont été dispersés depuis. Le dernier se trouvait, en 1830, chez un libraire de Milan.

(1) *Heronis Ctesibii Belopœca, Bern. Baldo interprete,* etc. August. Vindel. 1616, in-4. — Cette traduction fut insérée dans les *Mathematici veteres* , imprimés à Paris en 1693, in-folio.

(2) Voyez *Affò, vita di B. Baldi,* p. 178–182 et 189.

(3) *Affò, vita di B. Baldi,* p. 203 et 221.

(4) Outre ses travaux sur l'histoire des mathématiques, dont nous avons parlé plus haut, Baldi a laissé une histoire de Guastalla manuscrite, et une histoire du calvinisme; il a écrit les vies de Frédéric et de Guidobaldo de Montefeltro et une histoire universelle géographique.

(5) Je possède un vocabulaire hébreu-latin fort étendu, écrit tout entier par Jérôme Benivieni.

sémitiques pour lire en hébreu les Écritures,
ne tarda pas à s'apercevoir de la richesse de
cette littérature orientale que depuis la renaissance des lettres on semblait avoir oubliée. Il
traduisit en italien la géographie d'Edrisi (1), et
c'est probablement par suite de ce travail qu'il
s'appliqua avec ardeur à la géographie. Il commença alors un immense dictionnaire géographique, qu'il ne put conduire que jusqu'à la lettre C, et qui contient cependant quatre énormes
volumes (2). Baldi avait composé une grammaire
et un dictionnaire arabes, une grammaire per-
sane, un vocabulaire turc et un vocabulaire hon-
grois (3); enfin, il avait traduit du chaldéen et
commenté le Thargum d'Onkelos : ce travail immense, qui a mérité les éloges des plus savans
orientalistes (4) fut terminé par Baldi dans l'espace d'une année.

---

(1) *Affò, vita di B. Baldi*, p. 211. — Le manuscrit autographe de cette traduction existait autrefois dans la bibliothèque Albani; il se trouve maintenant à la bibliothèque de
Montpellier (Voyez *Hœnel, catalogi*, Lipsiæ, 1830, in-4,
col. 236).

(2) *Affò, vita di B. Baldi*, p. 227.

(3) *Affò, vita di B. Baldi*, p. 214-215.

(4) *Affò, vita di B. Baldi*, p. 205.

Si nous nous sommes arrêté au savant abbé de Guastalla plus long-temps que ne semblait l'exiger son importance scientifique, c'est que d'abord nous devions payer un tribut de reconnaissance au premier auteur qui s'est occupé sérieusement de l'histoire des mathématiques, et qu'ensuite il nous a semblé que la postérité avait été injuste envers un homme d'une si grande étendue d'esprit et possédant une si prodigieuse variété de connaissances. Il nous a semblé surtout qu'il était nécessaire de montrer combien on peut se rendre utile aux lettres et aux sciences, même sans être doué d'un génie transcendant, lorsqu'on passe sa vie à travailler sans relâche. Les hommes de cette trempe deviennent de plus en plus rares, et il serait bon de les remettre en honneur.

Guido Ubaldo del Monte (1), qui naquit à Pesaro en 1545 (2), fut également disciple de Commandin. Sa famille était une des plus illus-

---

(1) Je ne sais pourquoi on appelle toujours ce géomètre *Guido Ubaldi* : ce ne sont là que ses deux prénoms estropiés d'après la terminaison latine d'un génitif qui se trouve sur les titres de ses ouvrages. J'ai cru qu'il était nécessaire de rétablir ici son véritable nom *del Monte*.

(2) *Mamiani, elogj*, p. 47.

tres de l'Italie et quelques auteurs ont affirmé qu'il descendait des rois de France (1). Quoi qu'il en soit, il s'appliqua de bonne heure aux mathématiques, et après avoir étudié à Urbin et à Padoue, il quitta son pays pour aller combattre contre les Turcs (2). De retour en Italie, il fut nommé, en 1588, inspecteur général des forteresses de la Toscane (3), et c'est probablement à cette époque qu'il se lia avec Galilée, dont il encouragea les premiers travaux, et auquel il prédit de bonne heure une gloire éclatante (4). Il se retira ensuite dans ses terres pour ne s'occuper que des sciences, et il mourut en 1607 à peine âgé de soixante-deux ans. (5)

Del Monte a eu le bonheur de mériter à-la-fois les éloges de Galilée et ceux de Lagrange. Le grand philosophe toscan nous apprend qu'il s'était occupé de la recherche du centre de gravité des solides, aux instances *du marquis Guido Ubaldo del Monte, très grand mathématicien de*

---

(1) *Mamiani, elogj*, Pesaro, 1828, in-12, p. 48.
(2) *Mamiani, elogj*, p. 49.
(3) *Mamiani, elogj*, p. 49.
(4) *Galilei opere*. Padova, 1744, 4 vol. in-4, tom. I, p. IV.
(5) *Mamiani, elogj*, p. 85.

son temps, ainsi que le prouvent ses divers ouvrages (1) : Lagrange l'a cité comme ayant appliqué aux machines simples la théorie des momens et comme ayant découvert, le premier, le principe des vitesses virtuelles dans le levier et dans les moufles. (2)

Les écrits de Del Monte sont fort nombreux : sa Mécanique (3) parut en 1577, et l'on peut dire que c'est le premier ouvrage où l'on ait tenté de déduire rigoureusement des principes de la géométrie, la statique et la détermination de l'effet des machines. Deux ans plus tard parut la *Théorie du planisphère* (4), qui fut suivie

-----

(1) *Galilei, discorsi e dimostrazioni matematiche.* Leida, 1638; in-4, p. 288.

(2) *Lagrange, mécanique analytique.* Paris, 1811, 2 vol. in-4, tom. I, p. 7 et 20. — Au reste, il ne faut pas oublier à cet égard ce que nous avons dit, dans le volume précédent, sur les travaux de Léonard de Vinci.

(3) *Montis (Guidi Ubaldi e March.) mechanicorum liber.* Pisauri, 1577, in-fol. — Dans la préface, l'auteur fait l'historique des recherches des anciens sur la mécanique.

(4) *Montis (Guidi Ubaldi e March.) planisphæriorum theorica.* Pisauri, 1579, in-fol. — On trouve dans ce livre des indications et des théorèmes qui méritent d'être cités. M. Chasles a remarqué à la vérité qu'un mode de construction de l'ellipse que Stevin attribuait à Guido Ubaldo Del

bientôt de la « Restitution du calendrier » (1). En 1588, le géomètre de Pesaro donna son commentaire sur les deux livres d'Archimède *de Æquiponderantibus* (2). En 1600, il fit paraître la *Perspective* (3), où se trouve, comme l'a remarqué Montucla, ce principe (4) utile : « que toutes les lignes parallèles entre elles et à l'horizon, quoique inclinées au plan du tableau, convergent toujours vers un point de la ligne horizontale, et que ce point est celui où cette ligne est rencontrée par la ligne qui est tirée de l'œil parallèlement à ces premières. »

Outre ces livres, qui parurent de son vivant, Del Monte avait composé d'autres ouvrages dont deux furent publiés peu de temps après sa mort. Les *Problèmes astronomiques*, imprimés en 1609,

---

Monte, et qui est exposé dans cet ouvrage (p. 124 et seq.) a été connu des anciens (*Chasles, aperçu*, p. 89); mais on rencontre aussi dans le même ouvrage l'emploi de l'*optique*, et des projections pour démontrer des propriétés relatives à la transformation des figures (*Planisph.* p. 3, 81, etc.).

(1) *Mamiani elogj*, p. 65 et 86.

(2) *Montis (Guidi Ubaldi e March.) in duos Archimedis libros œquiponder. paraphrasis.* Pisauri, 1588, in-fol.

(3) *Montis (Guidi Ubaldi e March.) perspectiva libri sex.* Pisauri, 1600 in-fol.

(4) *Montucla, hist. des math.* t. I, p. 709.

renferment la description de plusieurs instrumens d'astronomie que l'on employait alors, et un grand nombre de problèmes relatifs à la détermination de la position des astres. Le dernier livre est consacré aux observations des comètes (1). Enfin, le traité *de Cochlea* (2) fut publié en 1615, et c'est dans la même année que la Mécanique fut réimprimée en latin et en italien.

Del Monte a laissé plusieurs manuscrits dont quelques-uns existent encore dans différentes bibliothèques (3), et une correspondance avec les hommes les plus célèbres de son temps, correspondance qui, malheureusement, n'a jamais été imprimée. L'étude de quelques-uns de ses écrits inédits nous a fait reconnaître

---

(1) *Montis (Guidi Ubaldi e March.) problematum astronomicorum libri VI.* Venetiis, 1609, in-fol. f. 2-8 et 127-128. — Horace, fils du géomètre, dédia en 1608 cet ouvrage au doge de Venise : dansla dédicace, on parle de Guido Ubaldo comme étant déjà mort.

(2) *Montis (Guidi Ubaldi e march.) de Cochlea libri quatuor.* Venet. 1615, in-fol.

(3). M. Mamiani a parlé de quelques manuscrits inédits et des lettres autographes de Del Monte qui se trouvent encore à Pesaro (*Mamiani elogj*, p. 52 et suiv.) : un autre manuscrit inédit du même auteur est à la Bibliothèque royale de Paris. Voyez la note VII à la fin du volume.

6..

que, jusque dans les moindres détails, on retrouve toujours le même but et la même tendance dans tous les travaux du géomètre de Pesaro, qui semble s'être proposé surtout d'appliquer la géométrie à la mécanique. C'est là le caractère spécial de ses recherches, où l'on ne trouve pas de ces hypothèses ni de ces principes posés *à priori* qui sont si fréquens dans les écrits des savans du seizième siècle, mais dont les géomètres avaient su mieux que les autres se préserver. Les recherches de Commandin et de Del Monte furent continuées avec succès par Valerio, professeur de mathématiques à Rome, qui composa un ouvrage sur le centre de gravité des solides (1), où se trouve la détermination du centre de gravité de plusieurs corps, que ses devanciers n'avaient pas considérés. On lui doit aussi des recherches intéressantes sur les sections coniques. Galilée professait une haute estime pour Valerio, et il l'a appelé *très grand géomètre.* (2)

---

(1) Cet ouvrage parut en 1603, et il fut réimprimé avec le Traité de la quadrature de la parabole, à Bologne, en 1661 (*Valerii de centro gravitatis solidorum.* Bonon., 1661, in-4).

(2) *Galilei, discorsi e dimostrazioni matematiche,* p. 288.

Après Benedetti, dont nous avons précédemment exposé les travaux, plusieurs savans cultivèrent les mathématiques à Venise, mais aucun ne s'éleva au-dessus de la médiocrité, et leurs noms ne méritent guère d'être cités. Nous excepterons cependant François Barozzi, auteur de divers écrits originaux et des traductions de quelques ouvrages de Proclus (1) et d'Héron (2). Barozzi s'est occupé de la manière de tracer des asymptotes, et il a écrit là-dessus un

---

(1) *Procli commentarii in lib. I elementor. Euclidis per J. Barocium.* Patav. 1560, in-fol. — C'est la première traduction latine de ce commentaire si intéressant pour l'histoire des sciences.

(2) *Heronis mechanici liber de machinis bellicis nec non liber de geodesia a F. Barocio latinitate donati et illustrati.* Venet. 1572, in-4. — Dans cette traduction on ne trouve pas la formule qui donne la surface en fonction des côtés : M. Chasles en conclut que le manuscrit dont s'est servi Barozzi était incomplet : mais ne pourrait-on pas en déduire au contraire que cette formule a été introduite plus tard dans d'autres manuscrits? C'est là un simple doute, et je me propose d'étudier plus tard avec soin ce point important de l'histoire de la géométrie. Quant au manuscrit de *San Salvadore* de Bologne qu'avait employé Barozzi, il paraît qu'il était fort bon, d'après ce qu'en dit le traducteur lui-même dans la préface, et rien n'annonce qu'il fût incomplet.

ouvrage spécial (1), où il critique la plupart de ses devanciers, à commencer par Apollonius (2). La *Rythmomachie* est un jeu dont Barozzi attribue l'invention à Pythagore, et qu'il a traduit (3) du latin en italien. On sait que le moyen âge nous a légué plusieurs compositions du même genre dont la plupart n'offrent guère d'intérêt et qui sont à présent oubliées. Malgré les éloges dont il a été autrefois l'objet, malgré un savoir universel qu'on se plaît à lui reconnaître (4), le nom de Barozzi serait à présent ignoré si la persécution ne se fût chargée de le faire parvenir

---

(1) *Barocii admirandum illud geometricum probleme tredecim modis demonstratum, quod docet duas lineas in eodem plano designare, quæ numquam invicem coincidant.* Venetiis, 1586, in-4.

(2) *Barocii admirandum,* p. 131.

(3) Barozzi dit dans la préface de cet ouvrage que l'auteur est Fabre d'Etaples (*Rithmomachia in lingua volgare a modo di parafrasi, per Fr. Barozzi,* Venetia, 1572, in-4). On a du même auteur un traité de Cosmographie pour lequel il eut des discussions avec le père Clavius, un *Commentaire* sur un passage *très obscur* de Platon, quelques *Orationes* et une *Description de l'île de Crète* qui se trouve à la Bibliothèque royale de Paris (*Fonds français,* n. 10181).

(4) *Mazzuchelli, scrittori d'Italia,* vol. II, part. 1a, p. 411. —*Foscarini, della litteratura Veneziana,* Venezia, 1752, in-fol., p. 316.

jusqu'à nous. Cet écrivain, auquel la noblesse de sa famille semblait devoir assurer l'impunité à Venise, fut dénoncé comme sorcier à l'inquisition et condamné à des peines graves. La procédure existe encore (1), et on voit que, pour sauver sa vie, Barozzi fut obligé d'avouer de prétendus crimes. Ses instrumens de mathématiques et d'astronomie, sa belle bibliothèque, ses collections, devinrent un des chefs d'accusation contre lui. On lui reprochait d'avoir caché deux caisses de livres prohibés, et d'avoir, par ses sortilèges, fait cesser la sécheresse qui régnait dans l'île de Candie. On ne sait pas au juste l'époque de sa mort, mais tout annonce qu'il ne survécut pas longtemps à la condamnation prononcée contre lui en 1587.

Après Bombelli, l'étude de l'algèbre déclina en Italie, et l'on ne trouve qu'un seul homme qui s'en soit occupé avec persévérance et succès. C'était un professeur de l'Université de Bologne, nommé Pierre-Antoine Cataldi, sorti de la même

---

(1) Ce procès manuscrit est à la bibliothèque Ambroisienne de Milan (R. n°. 109, in-fol.); Mazzuchelli en a donné quelques extraits fort intéressans (*Mazzuchelli, scrittori d'Italia*, vol. II, part. 1ᵃ, p. 412).

école qui avait déjà produit plusieurs illustres algébristes. Cataldi a écrit un grand nombre d'ouvrages (on en cite plus (1) de trente) qui tous ont pour objet les mathématiques. Il serait inutile de s'arrêter à ceux dans lesquels il n'a fait que reproduire ou exposer seulement avec quelques modifications des travaux déjà connus; mais il y en a plusieurs qui renferment des idées ingénieuses et les germes de découvertes qui ont été attribuées à d'autres savans et qui ont fait leur réputation : ce sont ceux-là que nous allons analyser : ils prouveront que l'on a eu tort de négliger les ouvrages du professeur de Bologne. (2)

La carrière scientifique de Cataldi a été longue et dignement remplie : en 1563, il était déjà professeur à Florence (3), mais il paraît qu'il n'y resta

----

(1) Voyez *Fantuzzi, scrittori Bolognesi*, tom. III, p. 153-157.

(2) Je n'ai trouvé le nom de Cataldi ni dans l'*Histoire des Mathématiques* de Montucla, ni dans l'*Aperçu* de M. Chasles.

(3) Fantuzzi (*Scrittori Bolognesi*, tom. III, p. 152) dit que Cataldi était, en 1569, professeur à Pérouse, mais il se trompe, car dans la dédicace de son *Trattato geometrico dove si essamina il modo di formare il Pentagono sopra una linea retta descritto da Alberto Durero* (Bologna, 1620, in-fol.), Ca-

pas longtemps, car on le trouve en 1572 professant à Pérouse dans l'Académie du dessin et à l'Université (1); en 1584, il fut nommé professeur des mathématiques (2) à l'Université de Bologne, et il semble n'avoir plus changé de résidence jusqu'à la fin de ses jours (3). Son premier ouvrage

---

taldi lui-même dit qu'en 1569, il professait à Florence. En effet, cette dédicace, au sénateur Dell'Antella..... *Luogotenente della medesima Altezza* (il Granduca di Toscana) *nell' Accademia del Disegno di Fiorenza et alli virtuosissimi Signori Accademici di essa,* commence ainsi : « Mentre io Giovanetto gli Anni 1569 et 1570, leggevo Euclide nella celebratissima Accademia loro del Disegno. »

(1) Voyez *Cataldi, prima lettione fatta pubblicamente nello Studio di Perugia il di XII Maggio,* 1572, Bologna, in-4. —*Cataldi, trattato del modo brevissimo di trovare la radice quadra delli numeri,* Bologna, 1603, in-fol., p. 136.—*Cataldi, due lettioni fatte nell' Accademia del Disegno di Perugia,* Bologne, 1577, in-4. — Dans la dédicace de ce dernier ouvrage, l'auteur dit qu'il a composé ces leçons à Pérouse trois années auparavant : c'est-à-dire en 1573.

(2) *Fantuzzi, scrittori Bolognesi,* tom. IV, p. 152. — Fantuzzi dit que Cataldi resta à Pérouse jusqu'en 1583 ; cependant la dédicace déjà citée des *Due lettioni fatte nell' Accademia di Perugia* semble indiquer que son séjour n'y fut pas continu.

(3) Dans la dédicace de sa *Difesa d'Euclide,* qui parut en 1626, Cataldi dit que, depuis quarante-trois ans, il professe sans interruption à l'Université de Bologne (*Cataldi, difesa d'Euclide,* Bologna, 1626, in-fol. Déd.).

est de 1572 (1), et jusqu'à l'année 1626, il ne cessa de faire paraître des écrits scientifiques. Il avait fondé à Bologne une académie de mathématiques qui est peut-être la plus ancienne que l'on connaisse (2); mais elle fut supprimée par ordre du sénat, on ne sait pourquoi (3). En 1588, il

---

(1) Voyez la *Prima lettione* déjà citée. Au reste, Cataldi lui-même dit qu'il composa à l'âge de dix-sept ans la première partie de la *Pratica aritmetica*, cependant cet ouvrage ne fut publié qu'en 1602, sous le nom de *Perito Annotio*, anagramme de *Pietro Antonio* prénoms de Cataldi. Dans la seconde partie, l'auteur reprit son nom , et cita la première partie comme lui appartenant (*Perito Annotio, prima parte della pratica aritmetica*, Bologna, 1602, in-fol. Voyez la *Dedica al Signore Iddio.* — *Cataldi, seconda parte della pratica aritmetica* , Bologna, 1606, in-fol.). La première partie est dédiée à Dieu, et il y a deux sonnets de Cataldi qui témoignent de sa profonde piété.

(2) Fantuzzi cite une édition de 1604 de deux leçons données par Cataldi dans cette académie (*Fantuzzi, scrittori Bolognesi,* tom. III, p. 154); cependant je crains qu'il n'y ait ici quelque faute d'impression, car dans l'édition de 1613, que j'ai sous les yeux, on lit que ces deux leçons ont été données en 1611 (*Cataldi, due lettioni date nell' Accademia Erigenda,* Bologna, 1613, in-4. p. 3).

(3) Voici comment Cataldi termine la seconde leçon donnée dans l'*Academia Erigenda* : « Mi duole bene sommamente, et mi dà grandissimo affanno, il non potere al presente seguire come farei; perchè essendo io in obligo, et come amorevole figlio obediente all'Illustrissimo Senato, Padre, Capo et Rettore della nostra Patria, et come membro da Esso favorito et

avait déjà composé un *Traité des nombres parfaits*, mais on lui déroba son manuscrit, et il fut obligé de l'écrire de nouveau (1). Ce traité parut en 1603, et l'auteur eut plusieurs fois depuis l'occasion de s'occuper de sujets analogues et d'analyse indéterminée (2). Il a écrit aussi divers

---

beneficiato, di adoprarmi sempre in cose, che le siano grate, et desistere da tutto ciò, che non le sia di sodisfattione, sono astretto a soprasedere per hora, intendendo che questa divisione le è molesta, et si spera in breve, mediante la Paterna benigna opera d'esso Illustrissimo Senato, ridurvi a conveniente unione.» (*Cataldi, due lettioni date nell' Academia Erigenda*, p. 8).

(1) On appelle *nombres parfaits* ceux dans lesquels la somme de tous les diviseurs, moindres que le dividende, reproduit le nombre donné : ainsi, par exemple, 28 est divisible par 1, 2, 4, 7, 14, et si l'on fait la somme de ces cinq diviseurs, on retrouve encore le nombre 28. Presque tous les mathématiciens du moyen âge se sont appliqués à rechercher ces nombres : cela constitue un des problèmes les plus difficiles de l'analyse indéterminée. Ce qu'il y a de plus curieux dans l'ouvrage de Cataldi, c'est une table des diviseurs des nombres jusqu'à 1000. Au reste, on voit dans les leçons données à l'Académie de Pérouse que Cataldi s'était occupé des nombres parfaits dès sa première jeunesse (*Cataldi, trattato di numeri perfetti*, Bologna, 1603, in-4, Ded., et p. 28. — *Cataldi, due lettioni fatte nell' Academia di Perugia*, à la fin de la première leçon).

(2) *Cataldi, regola della quantità o cosa di cosa*, Bologna, 1618, in-fol., p. 15 et suiv.

ouvrages sur l'algèbre et sur la résolution des équations, mais ils ne contiennent guère que ce que l'on savait déjà. Son *Traité de la manière expéditive de trouver la racine carrée des nombres* renferme deux idées fondamentales qui auraient dû lui assurer une place distinguée dans l'histoire des mathématiques : ce sont l'emploi des suites indéfinies pour approcher indéfiniment des racines carrées, à l'aide d'un procédé uniforme qui donne successivement tous les termes (1) de la série, et l'emploi des *fractions continues* que

---

(1) **Le procédé de Cataldi** est fort ingénieux : ainsi, par exemple, pour extraire la racine carrée de 44, il fait $44 = 6^2 + 8$, et puis il remarque que $6 + \frac{8}{12}$ qui est la première approximation (et qui n'est autre chose que la somme des deux premiers termes du développement de $\sqrt{6^2 + 8}$ par le binome de Newton) est un nombre plus grand que la véritable racine de 44 : pour avoir une valeur plus exacte, Cataldi divise $\left(6 + \frac{8}{12}\right)^2 - 44$ par le double de $6 + \frac{8}{12}$, il retranche ensuite le quotient de la première valeur, et il obtient une valeur plus approchée, mais toujours plus grande que $\sqrt{44}$. En répétant continuellement cette opération, il arrive toujours à des valeurs plus exactes, et il démontre cependant que, quoique la différence aille sans cesse en diminuant, elle restera toujours positive (*Cataldi, trattato del modo brevissimo di trovare la radice quadra delli numeri*, p. 12 et suiv.). Voici la traduction de cette méthode dans le langage

l'on attribue communément à Brounker. Il est
vrai que les numérateurs des diverses fractions
ne sont pas toujours l'unité, mais cela est sans
importance : l'idée est la même, et l'on ne peut
refuser à Cataldi le mérite de cette découverte,
qui a joué plus tard un si grand rôle dans la
théorie des nombres (1). Il faut même ajouter
que dans l'emploi des séries indéfinies, il a eu

---

algébrique actuel. Chacune des lignes suivantes contient
une nouvelle approximation.

$$N = a^2 + b ; \quad \sqrt{a^2 + b} = a + \frac{b}{2a} = A ,$$

$$\frac{A^2 - N}{2A} = B , \quad \sqrt{a^2 + b} = A - B ;$$

$$\frac{B^2 - N}{2B} = C , \quad \sqrt{a^2 + b} = B - C ;$$

$$\frac{C^2 - N}{2C} = D , \quad \sqrt{a^2 + b} = C - D ;$$

. . . . . etc.

On voit qu'en s'arrêtant à la seconde approximation on au-
rait $\sqrt{a^2 + b} = a + \frac{1}{2}\frac{b}{a} - \frac{b^2}{8\,a^3 + 4\,a^2\,b}$

(1) Voyez *Cataldi, trattato del modo brevissimo di trovare la radice quadra delli numeri*, p. 40 et suiv. — Pour
trouver la racine carrée de 18, Cataldi (*ibid*, p. 70-75) fait

$$\sqrt{18} = 4 + \cfrac{2}{8 + \cfrac{2}{8 + \cfrac{2}{8 + \cfrac{2}{8 \ldots}}}}$$

soin de déterminer les limites des erreurs et les restes des séries. Il a reconnu, dans certains cas, qu'en prenant successivement un terme de plus dans la série, on avait toujours alternativement des résultats plus grands ou plus petits que la valeur demandée (1). Ces recherches sont fort intéressantes, et tous les géomètres y reconnaîtront les premiers germes des plus remarquables découvertes analytiques. On reconnaît là certainement l'emploi des séries dès l'année 1613, c'est-à-dire avant même la naissance de Wallis, à qui on attribue ordinairement cette découverte (2).

---

et il prouve qu'à mesure que l'on considère une nouvelle fraction au dénominateur, on aura des nombres qui seront toujours alternativement plus grands ou plus petits que la véritable valeur, et qui en approcheront sans cesse. Ayant ainsi répété quinze fois la fraction, il arrive à une valeur où l'erreur est représentée par l'unité divisée par un nombre de vingt-trois chiffres.

(1) *Cataldi, trattato del modo brevissimo di trovare la radice quadra delli numeri*, p. 75. — On doit remarquer aussi la comparaison que l'auteur fait des deux méthodes d'approximation dont nous venons de parler (*ibid.* p. 75).

(2) Il faut faire attention à l'expression d'*approximation continue* que Cataldi emploie dans son ouvrage (*Cataldi, trattato del modo brevissimo di trovare la radice delli numeri*, p. 12). L'emploi des suites infinies dans l'analyse signale un tel progrès de l'esprit humain que tout ce qui se rattache à l'histoire du premier passage du fini à l'infini mérite d'être recueilli.

(95)

Parmi ses écrits sur l'algèbre, il faut mentionner spécialement celui où il a traité de l'extrac-
tion de la racine cubique de certains binomes
et même des trinomes (1). Les problèmes de ce
genre avaient occupé beaucoup les géomètres,
surtout à cause des difficultés que présentait la
formule de Cardan, et Cataldi a traité de nouveau ce sujet avec succès. Mais c'est surtout dans
les applications de l'algèbre que Cataldi a montré
la perspicacité de son esprit. Dans son *Algèbre
linéaire ou géométrique*, il s'est proposé, comme
il le dit lui-même, d'employer les lignes au lieu
d'opérer sur des nombres, et il a construit généralement l'équation du second degré (2). C'est
là, comme on le voit, la géométrie analytique.
Son *Algèbre appliquée* contient beaucoup de
choses curieuses (3). Il avait écrit aussi une *Al-*

----

(1) *Cataldi, nova algebra proportionale*, Bologna, 1619,
in-fol., p. 28. — Voyez aussi *Cataldi, elementi delle quantità irrationali*, Bologna, 1620, in-fol.

(2) *Cataldi, algebra discorsiva numerale, et lineare,* Bologna, 1618, 3 part., in-fol. — La troisième partie a pour titre :
« Algebra lineale o geometrica, aggiunta nella quale nelle
operationi algebratiche in vece dell'operare con i numeri,
si adoprano le linee. » On y construit généralement les trois
équations $x^2 + ax = b$, $x^2 = ax + b$, $x^2 + b = ax$.

(3) *Cataldi, algebra applicata*, Bologna, 1622, in-fol.

gèbre triangulaire, dont le titre semble indiquer un supplément à la géométrie analytique,
ou bien un traité de trigonométrie (1); mais nous
n'avons jamais pu voir cet ouvrage, qui paraît
très rare, comme le sont au reste tous ceux
du même auteur.

Cataldi s'était occupé beaucoup d'Euclide. Il
l'a commenté (2) et défendu contre les attaques de Molina comme il défendit Archimède (3) contre les censures de Scaliger. Il a
voulu aussi démontrer le fameux *postulatum*
sur la théorie des parallèles, mais le traité *des
droites équidistantes* qu'il rédigea à ce sujet
renferme un paralogisme qu'il est aisé d'apercevoir. (4)

------

(1) *Fantuzzi, scrittori Bolognesi,* tom. III, p. 157.

(2) *Cataldi, elementi di Euclide,* Bologna, 1620-21-25,
3 vol. in-fol. — Nous avons déjà cité la « Défense d'Euclide »
qui parut en 1626, et qui probablement fut le dernier des
ouvrages de Cataldi.

(3) *Cataldi, difesa d'Archimede, trattato del misurare o
trovare la grandezza del cerchio,* Bologna, 1620, in-fol. —
On a aussi du même auteur un *Traité de la quadrature du
cercle par approximation* (Bologna, 1612, in-fol.).

(4) *Cataldi, operetta delle linee rette equidistanti,* Bologna,
1603, in-4, p. 9. — Cet ouvrage parut la même année aussi
en latin.

Cataldi mérite une place distinguée parmi les géomètres italiens de son siècle : nous venons de voir qu'en plusieurs circonstances il a devancé des mathématiciens qui jouissent d'une grande réputation, et qu'il doit être cité particulièrement pour l'emploi des suites infinies dans l'analyse. Nous ne prétendons pas le comparer aux grands géomètres du dix-septième siècle, mais il y aurait eu injustice à ne pas s'arrêter à des travaux dignes d'intérêt et que l'on a trop négligés. Ce fut sans contredit un homme d'un génie inventif et d'un grand savoir (1); il était si passionné pour la science que plusieurs fois il fit distribuer gratis ses ouvrages dans plus de cent villes de l'Italie pour l'instruction des ouvriers et des pauvres. (2)

---

(1) Cataldi s'occupait de tout ce qui se publiait à l'étranger, et il cite quelquefois même des ouvrages qui venaient à peine de paraître en Hollande. Les écrits de Viete, de Ludolphe Van Ceulen, et des autres principaux mathématiciens lui étaient familiers (*Cataldi, difesa d'Archimede*, Ded. — *Cataldi, trattato della quadratura del cerchio*, p. 10. — *Cataldi, nova algebra proportionale*, p. 1).

(2) *Perito Annotio, prima parte della pratica aritmetica,* voir *l'avertissement aux lecteurs.* — Dans l'*avertissement* placé en tête de son *Traité des droites équidistantes*, il annonce que l'auteur a remis quatre cents exemplaires de

On ne saurait se dispenser de faire remarquer ici combien l'école de Bologne a été utile aux progrès de l'algèbre : c'est de là que sont sortis Ferro, Ferrari, Bombelli et Cataldi, qui tous ont enrichi cette science de quelque notable découverte. Malheureusement leurs concitoyens semblent les avoir tout-à-fait dédaignés. Leur nom est à peine enregistré dans les biographies les plus étendues (1), et pour la plupart d'entre eux on ne sait ni l'époque de leur naissance, ni l'époque de leur mort. Tandis que l'on recueillait avec soin toutes les particularités de la vie d'une foule de mauvais poètes, les géomètres ont passé inaperçus : mais le fruit de leurs travaux ne périra jamais.

Si l'on voulait faire une complète énumération de tous les Italiens qui écrivirent sur les mathématiques vers la fin de seizième siècle, il resterait encore plusieurs noms à citer. Ainsi,

___

son ouvrage entre les mains du père Valentin Pini de Bologne, afin qu'il les distribuât à tous ceux qui en feraient la demande.

(1) Nous avons plusieurs fois cité les *Scrittori Bolognesi de Fantuzzi*, ouvrage en neuf volumes in-folio, et qui sur les mathématiciens de l'école de Bologne ne contient guère que l'indication bibliographique de leurs travaux.

Patrizj, qui est connu surtout pour ses écrits philosophiques, voulut introduire la métaphysique dans la géométrie et démontrer les axiomes (1). Presque en même temps, Peverone, Piémontais, publia à Lyon un ouvrage où sont (2) traitées quelques questions sur les probabilités. Mais les écrits de ce genre figurent mieux dans une bibliographie mathématique que dans une histoire. D'ailleurs nous aurons plus tard l'occasion d'y revenir, en parlant des mathématiciens chez lesquels on peut reconnaître l'influence de Galilée.

Il n'entre pas dans notre plan d'exposer les progrès de l'histoire naturelle; cependant plusieurs branches de cette science sont tellement liées à la physique générale qu'il serait impossible de négliger les principales découvertes qu'on y a faites; et d'ailleurs il y a des hommes qu'on ne peut passer sous silence. Tel fut Césalpin, qui a rendu son nom célèbre par une nou-

---

(1) *Patrici, della nova geometria libri XV.* Ferrara, 1587, in-4.

(2) *Peverone, arithmetica e geometria.* Lione, 1581, in-4. — J'ai déjà cité ces recherches de Peverone dans le troisième volume, p. 159.

7.

velle méthode de botanique (1). Dans ses *Questions péripatétiques,* il a voulu expliquer les mou-
vemens des différens corps qui composent nôtre
système planétaire. Une découverte remarquable
qui paraît devoir lui être restituée, est l'observation de la circulation du sang qu'on attribue toujours à Harvey, et dont cependant Césalpin a
parlé à plusieurs reprises et principalement dans
son *Traité des plantes,* où il l'a énoncée avec
assez d'exactitude (2). Dans ce même ouvrage,
l'auteur, abandonnant la méthode suivie jusqu'a-
lors de ranger les plantes par ordre alphabétique,
adopte une classification uniforme, fondée sur
la forme de la fleur et du fruit et sur le nombre

---

(1) Un savant botaniste moderne, Du Petit Thouars, a inséré dans la *Biographie universelle,* une notice sur Césalpin, d'où nous avons tiré les principaux titres scientifiques
de ce grand naturaliste.

(2) *Cæsalpini de plantis.* Florentiæ, 1583, in-4, p. 3. —
Voyez sur ce point l'article déjà cité de Du Petit Thouars, et
les *Notes* qui se trouvent à la fin de la *Relazione di G. Rondi-
nelli sopra lo stato antico, e moderno delle città d'Arezzo*
(Arezzo, 1755, in-8, p. 105-107). Dans sa *Lezione della Mone-
ta,* le célèbre traducteur de Tacite, Davanzati, qui était
contemporain de Césalpin, fait allusion à la circulation.
(*Davanzati, lo scisma d'Inghilterra ed altre operette,* Padova, 1754, in-8, p. 129).

des graines. Les considérations physiologiques du plus haut intérêt abondent dans ce traité, dont on ne pouvait guère comprendre alors l'importance; mais dans le siècle dernier, Linné a reproduit plusieurs des idées fondamentales du médecin toscan, dont les recherches sur la philosophie des sciences naturelles ont été analysées avec soin par un des plus célèbres botanistes de notre siècle. Césalpin avait imaginé aussi une nouvelle méthode de classification pour les minéraux; mais ayant su qu'un de ses élèves, Mercati, s'occupait d'un travail analogue, il voulut lui en laisser l'honneur, et il arrêta la publication de son ouvrage. Ce ne fut qu'après la mort de Mercati qu'il donna son traité des *Métaux,* et l'on sait que la *Métallothèque* de son élève ne parut à Rome que dans le siècle dernier (1). Césalpin était né en 1519, à Arezzo, petite ville de la Toscane qui avait été autrefois une des principales parmi les villes étrusques, et

___

(1) *Mercati , metallotheca.* Romæ, 1719, in-fol. — Sur les travaux de Mercati on peut consulter les *Elogj degli uómini illustri Toscani.* Lucca, 1772, 4 vol. in-8, tom. III, p. LIV et suiv.

qui dans les temps modernes a produit Césalpin
et Redi, deux des plus grands naturalistes qui
aient jamais existé. Il professa la médecine et la
botanique à Pise ; et sur l'invitation de Clément VIII, dont il devint le premier médecin, il
se rendit à Rome, et y mourut (1) en 1603. Sa
vie est peu connue : des documens qui existent encore prouvent que, malgré la haute position qu'il avait à Rome, il lui fallait une
permission par écrit de l'inquisiteur pour pouvoir lire un ouvrage de botanique composé par
un protestant. (2)

Un autre naturaliste qu'on ne saurait non plus

---

(1) Pour la vie de Césalpin, voyez les *Elogj degli uomini
illustri Toscani*, tom. III, p. CCLVII–CCLXIII.

(2) Je possède un exemplaire du *Brunfelsius, herbarum
veræ icones* (Argentorati, 1530–1536, 3 vol. in-fol.) ayant ap-
partenu à Césalpin, qui a écrit son nom sur le titre du second
volume. Ce même volume, où l'on a effacé et gratté le nom
de l'auteur protestant (ce qui se voit fréquemment en Italie),
porte la note suivante :

« Conceditur licentia D. Andreæ Cesalpini Medicinæ
Doctori tenendi et legendi duos tomos hujus herbarii dele-
tis delendis. Romæ die 15 februarii 1595. »

Fr. Jo. Poragesa Megr., socius Rev. P. Magr. Sacri Palatij.

Cet exemplaire curieux a fait aussi partie de la bibliothèque des *Lincei*.

passer sous silence, c'est Ulysse Aldrovandi, de
Bologne, homme universel, qui avait entrepris
l'ouvrage le plus vaste que jamais savant ait
imaginé. Bien que très volumineuse, son *Histoire naturelle* ne contient pas la dixième partie
de l'encyclopédie qu'il voulait publier et dont il
a laissé le manuscrit. Aldrovandi ne se bornait pas
à la description de l'animal ou de la plante dont
il traitait ; il recueillait tout ce qui avait été
écrit à cet égard dans toutes les langues : travail vraiment prodigieux ! Né (1) en 1522 d'une
famille illustre, il passa sa vie entière, il con-
sacra toute sa fortune à préparer les matériaux
de son immense ouvrage. Sa maison devint à-la-
fois un musée et un atelier où les artistes les plus
distingués s'occupaient à dessiner et à graver
les objets précieux qu'on lui envoyait de toutes
les parties du monde (2). Malgré la constance
de ses efforts, il ne put voir réaliser ce projet
colossal, et lorsqu'il mourut, à l'âge de quatre-

---

(1) Fantuzzi a écrit une vie d'Aldrovandi très détaillée,
et qui mérite d'être consultée (*Fantuzzi, memorie della vita
di Ulisse Aldrovandi*. Bologna, 1774, in-8, p. 1).

(2) *Fantuzzi, memorie*, p. 50-52 et 56.

vingt-trois ans (1), douze volumes (2) seulement
de son ouvrage avaient paru. On a dit que suc-
combant sous le poids d'une entreprise si gigan-
tesque, Aldrovandi était mort à l'hôpital, mais il
paraît démontré que ce grand naturaliste ne
tomba jamais dans un tel dénuement. En effet,
on a son testament fait moins de deux ans avant
sa mort, et l'on y voit qu'il dispose de ses collections, de ses manuscrits, de sa bibliothèque, en
faveur de la ville de Bologne (3). Ces divers objets, dont il donne une indication sommaire,
avaient une grande valeur, et il n'est guère probable qu'un homme réduit à aller à l'hôpital eût
fait un tel legs. La liste des manuscrits inédits
d'Aldrovandi qui existaient encore à Bologne
longtemps après sa mort, se compose de plus
de trente (4) pages : on peut juger par là de
leur nombre. Dans cette liste on voit figurer
quelques ouvrages de mathématiques (5). Ac-

---

(1) *Fantuzzi, memorie*, p. 64.

(2) *Fantuzzi, memorie*, p. 106-108.

(3) *Fantuzzi, memorie*, p. 75 et suiv.

(4) *Fantuzzi, memorie*, p. 114-146. — Ce catalogue ne
renferme que les principaux manuscrits d'Aldrovandi.

(5) *Fantuzzi, memorie*, p. 143-144.

(105)

tuellement ce qu'on verrait paraître avec le plus
d'intérêt ce sont ses lettres et celles des savans
avec lesquels il était en correspondance. Fantuzzi en a publié un petit nombre (1) qui font
vivement regretter les autres. Buffon (2), qui a
signalé les défauts de l'*Histoire naturelle* d'Aldrovandi, dit cependant que l'auteur *a été le
plus laborieux et le plus savant des naturalistes;*
et il ajoute que *ses livres doivent être regardés
comme ce qu'il y a de mieux sur la totalité de
l'histoire naturelle :* un tel éloge justifiera la
mention que nous faisons ici de ce savant, qui
du reste a consigné dans ses écrits une foule de
faits relatifs à la physique et aux sciences mathématiques.

Renfermés dans un cercle d'idées abstraites,
possédant une langue et des notations particulières, les mathématiciens pouvaient, même dans
les siècles les plus ténébreux, s'isoler de la société au sein de laquelle ils vivaient et marcher
avec succès sur les traces des anciens. La seule

----

(1) *Fantuzzi, memorie*, p. 149 et suiv.
(2) *Buffon, histoire naturelle*, Paris, 1749-89, 36 vol. in-4,
tom. I, p. 26.

erreur qu'ils eussent à redouter était l'astrologie, vers laquelle les entraînèrent souvent les
préjugés du vulgaire et les largesses des princes.
L'astrologie était un métier lucratif : plusieurs
l'exercèrent sans y croire, et pour les autres ce
n'était qu'une erreur dans l'application, une
superstition grossière qui les empêcha rarement
de bien connaître les propriétés de la droite
et du cercle, et qui les porta souvent à étudier
la géométrie, que sans cela ils auraient délaissée.
Dans tout ce qui tient aux croyances, l'ascendant
de la société sur l'homme est irrésistible, même
lorsqu'il s'agit d'esprits supérieurs; et s'il fallait n'être imbu d'aucune erreur pour contri-
buer aux progrès des sciences, le progrès serait
impossible, car tout homme a des préjugés
et ne connaît qu'un petit nombre de vérités. Si
telle n'était pas la nature humaine, il faudrait
chasser du domaine de la géométrie Euclide
et Archimède, qui probablement eurent foi aux
idoles qu'on adorait de leur temps, comme Socrate croyait à son génie familier. Les mathématiques ont cela de particulier, qu'étant sépa-
rées des objets réels, l'homme qui s'y livre
peut à-la-fois obéir aux faiblesses de la société
qui l'entoure et en briser les entraves pour

cultiver les vérités éternelles de la géométrie.

Il en est à-peu-près de même pour l'histoire naturelle. Les préjugés et les erreurs populaires sont reproduits, il est vrai, dans les ouvrages des anciens naturalistes, mais ces erreurs portent surtout sur les mœurs des animaux, sur les propriétés des plantes et des minéraux, en un mot, sur la partie physiologique et philosophique de l'histoire naturelle. Cependant, à côté de ces propriétés surnaturelles, de ces prodiges recueillis avidement dans les temps d'ignorance, il y a des descriptions et des observations précieuses pour la postérité. C'est ainsi que des naturalistes du premier ordre, tels qu'Aristote et Albert-le-Grand, peuvent surgir du sein de peuples peu faits pour les comprendre et imbus de préjugés.

Mais il n'en est pas ainsi de la physique; car dès que celui qui la cultive croit à tous les rêves, à tous les prodiges qu'accueille si avidemment la foule, il s'éloigne de la nature et devient incapable de distinguer à quel caractère il doit reconnaître la vérité. Frappé de ces prodiges imaginaires, il ne tient plus aucun compte des faits réels qui s'accomplissent tous es jours sous ses yeux, et dont l'étude cependant doit constituer la véritable physique. La science n'est plus pour lui qu'une série de miracles, elle prend alors le nom de *magie,* et se propose pour but de chercher l'explication de phénomènes qui n'existent pas ; les erreurs théoriques s'ajoutent ainsi aux erreurs de fait, et l'on élève une fausse science qu'il est très difficile ensuite d'abattre. Voilà le chemin que toutes les nations ont suivi dans l'étude de la philosophie naturelle ; voilà pourquoi la véritable physique est la science la plus récente de toutes. A notre avis, c'est la physique surtout qui assure la supériorité scientifique des modernes, et c'est sans contredit Galilée qui l'a créée. Mais avant d'exposer les travaux et les découvertes de cet homme extraordinaire, avant de montrer quelle révolution il produisit dans l'étude de la nature, nous devons consacrer quelques pages à un savant célèbre, à Porta, qui, placé près de Galilée, fera mieux comprendre le philosophe toscan, et donnera une idée plus juste des immenses services que celui-ci a rendus aux sciences.

Jean-Baptiste de la Porta naquit (1) à Naples, en

---

(1) La date de la naissance de Porta a donné lieu à des re-

1538, d'une ancienne famille : il fut élevé avec son frère Vincent par Spatafore, leur oncle paternel, homme fort versé dans l'antiquité, et qui en inspira le goût au frère du physicien (1). Porta s'occupa d'abord de littérature et l'on a de lui un grand nombre de pièces de théâtre (2); ses

---

cherches nombruses et à de vives discussions; mais on peut la déterminer exactement d'après les indications puisées dans ses écrits. Porta se dit *quinquagenarius*, dans la *préface* de la 1re édition de 1589, de la magie naturelle, et il faut remarquer que le *permis d'imprimer*, inséré dans ce volume, porte la date de 1588, ce qui place la naissance de l'auteur à l'année 1538. Cette date est confirmée par le portrait de Porta qui se trouve sur le *verso* du titre de sa *Phytognomonica* (édition de 1588), où on lit *Anno œtatis L°* (*Porta, Magia naturalis.* Neapol., 1589, in-fol.—*Porta, Phytognomonica.* Neapol., 1588, in-fol.). Il faut avoir toujours soin de recourir à l'édition originale quand on veut déterminer l'âge d'un auteur par les portraits; car souvent la même planche sert pour plusieurs éditions, et pour des ouvrages différens. Ainsi pour Porta, non-seulement le portrait inséré dans la *Phytognomonica* (édition de 1588), est reproduit comme nous venons de le voir, dans la *Magie naturelle* (de 1589), avec la même légende, *âgé de 50 ans*, mais un autre portrait où il est dit *âgé de 64 ans*, accompagne les éditions de Rome et de Strasbourg (1608 et 1609, in-4), du *Traité de distillation.* Ces derniers portraits y sont évidemment reproduits d'après un livre plus ancien que je ne connais pas.

(1) *Notice historique sur la vie et les ouvrages de J. B. Porta*, Paris, an IX, in-8°, p. 6.

(2) Dans l'édition des comédies de Porta, donnée à Naples,

comédies doivent être placées parmi les meil-
leures pièces italiennes du dix-septième siècle.
La lecture des écrits des anciens naturalistes
éveilla en lui une insatiable curiosité (1), et

____

en 4 volumes in-12, par *Gennaro Muzio*, en 1726, on a reproduit quatorze pièces dont voici les titres : La Furiosa. —
L'Astrologo. — H. Moro. — La Chiapinaria. — La Cintia.
— I due fratelli rivali. — I due fratelli simili. — La Trip-
polaria. — La Sorella. — La Forca. — L'Olimpia. — La
Fautesca. — La Tabernaria. — La Carbonaria. — Dans la
Drammaturgia dell' Allacci (Venezia, 1755, in-4°), toutes ces
pièces sont mentionnées, plus deux tragédies : *Il Georgio et
l'Ulisse*, et une *tragi-commedia* intitulée *La Penelope*. Mais
le catalogue le plus complet des productions dramatiques de
Porta, se trouve dans une feuille volante in-4°, imprimée à
Rome, par Zannetti, *Kalendis septembris* MDCXI. Cette
feuille contient une liste fort détaillée des ouvrages de
Porta, et d'après une note manuscrite du temps placée à la
fin de mon exemplaire de la *Magia naturalis* (Neapoli, 1689,
in-fol.), je serais porté à croire qu'elle a été publiée par les
Lincei; mais je reviendrai plus loin sur ce point. Pour le
moment, je me bornerai à dire qu'outre les pièces indiquées
ci-dessus (excepté la *Tabernaria* et l'*Ulisse*, qui sans
doute ont été composées après 1611), on trouve dans cette
liste deux tragédies (*Santa Dorotea* et *Santa Eugenia*),
et cinq comédies (*La Notte, Il Fallito, La Strega, L'Alchimista, La Bufalaria*); de plus, une pièce qui se divise en
cinq, et une autre qui se partage en deux. Enfin, on y cite
parmi les ouvrages inédits, l'Art de composer les comédies,
et une traduction italienne de Plaute.

Voyez la note VIII, à la fin du volume.

(1) *Notice historique sur la vie et les écrits de Porta*, p. 7.

depuis lors il s'appliqua sans relâche à rassembler tout ce que ces écrits renfermaient de mystérieux et d'extraordinaire (1). Le désir de s'instruire le porta à voyager (2); il visita tous les savans de l'Europe, et il entretint avec eux une correspondance qui malheureusement n'est pas arrivée jusqu'à nous (3); de retour dans son pays, il vécut avec son frère, s'occupant d'expériences, et accueillant les étrangers dans une terre qu'il possédait près de Naples, et dont il avait fait un séjour enchanteur. C'est là qu'il reçut Peiresc, avec lequel il eut toujours des relations fort suivies (4). Il fonda à Naples une

---

(1) « Requirenti mihi veterum in omni rerum genere quæ- « dam manuscripta monumenta ut arcani quid et abditi inde « depromerem (ita me semper in hoc propensum natura « tulit), etc. » (*Porta, de furtivis literarum notis*. Neapoli, 1602, in-fol.).

(2) *Porta, Magia naturalis*, præf. ad lect. (édit. de 1589).

(3) *Porta, Magia naturalis*, præf. ad lect. (édit. de 1589).

(4) Personne n'ignore la profonde érudition de ce magistrat célèbre, ni le patronage éclairé qu'il exerçait sur les lettres. Ses collections en tout genre, ses manuscrits, sa correspondance, font un des plus beaux monumens qu'on ait jamais élevés aux études sévères. Malheureusement de tout cela on n'a publié que quelques pages, et sans la vie que Gassendi a écrite de son ami, la postérité saurait à peine le nom de Peiresc. Il faut avoir passé plusieurs mois, comme nous l'avons fait,

académie *des secrets* qui a été l'une des plus anciennes parmi les sociétés savantes de l'Italie, et dans laquelle on n'admettait que les personnes qui avaient déjà fait quelque découverte (1) ou qui s'étaient distinguées par des expériences nouvelles. Mais, excepté les travaux de Porta, nous n'avons aucun renseignement sur ce qui s'est fait dans cette académie, et l'on ne cite aucun homme distingué qui en ait fait partie. Porta s'était lié intimement avec Sarpi, dont il fait un magnifique éloge dans sa *Magie naturelle* (2); et c'est peut-être à cette amitié autant

---

à étudier les restes de sa correspondance et de ses manuscrits (qui forment encore plusieurs centaines de volumes), pour se faire une idée de la prodigieuse activité de son esprit, de son immense érudition, de l'influence qu'il a exercée au commencement du dix-septième siècle, et surtout de l'élévation de son caractère et de la bonté de son cœur.

(1) « In patria siquidem sua Neapoli. Academiam extruxe-« rat secretarium nuncupatam, in quam nemini fas erat in-.« sinuare se, qui admirandum aliquod supra vulgi captum « non proferret arcanum, ex quo certissimi, ad salutem cor-« porum, vel ad mechanicarum usum, vel ad rerum com-« mutationem effectus sequerentur. » (*Imperialismu sœum historicum et physicum*. Venet., 1640, in-4°, p. 123).

(2) « Venetiis eidem studio invigilantem cognovimus R. M. Paulum Venetum ordinis servorum, tum provintialem, nunc dignissimum procuratorem, a quo aliqua didi-

qu'aux prodiges dont il parlait, et à sa croyance
dans l'astrologie qu'il dut d'être appelé à Rome
pour justifier ses écrits et sa conduite (1), et
pour expliquer le but de son académie. Plus
tard il fut agrégé à l'académie des *Lincei* (2),
dont nous parlerons dans la suite, et l'on connaît plusieurs ouvrages dédiés par lui (3) au
marquis Cesi, qui fut le créateur de cette il-

---

cisse non solum fateris non erubescimus, sed gloriamus,
quum eo doctiorem, subtilioremque, quotquot adhuc videre contingerit neminem cognoverimus, natum ad encyclo-
pediam. Non tantum Venetæ urbis, aut Italiæ, sed orbis
splendor et ornamentum. » (*Porta, Magia naturalis*, p. 127-
128, édit. de 1589).

(1) *Imperialis musœum hist. et phys.*, p. 123. — Cette persécution est d'autant plus singulière, que toutes les éditions
originales des ouvrages de Porta que j'ai pu consulter portent l'approbation de l'inquisition ou du *maître du sacré
palais*.

(2) *Vandelli, considerazioni sopra la notizia de gli accademici Lincei*, Modena, 1745, in-4°, p. 58.

(3) En 1604, Porta avait dédié son *Traité de distillation*
au marquis Cesi. Cette dédicace se trouve reproduite dans
les réimpressions de cet ouvrage (Voyez *Porta, de distillatione*, Romæ, 1608, in-4°, sive Argentorati, 1609, in-4°, *epist.
nuncup.*), dont je n'ai pu voir la première édition. Six ans
plus tard, Porta dédia également à Cesi la seconde édition
de ses *Elémens des courbes* (*Portæ elementorum curvilineorum libri* III, Romæ, 1610, in-4°, *epist. nuncup.*).

lustre société. Pendant plus de cinquante ans
Porta ne cessa de produire des ouvrages sur
toutes les parties des sciences ; son activité
était infatigable : plusieurs écrits scientifiques
et diverses comédies furent publiées par lui
lorsqu'il était déjà septuagénaire (1). Quand
Porta mourut à Naples (2), en 1615, ses ouvrages avaient été traduits dans presque toutes les langues de l'Europe et même en arabe (3); mais on doit avouer que ses observations ingénieuses ou ses découvertes ne lui
avaient pas valu seules cette réputation si étendue : c'était surtout la partie surnaturelle, la
magie, que l'on cherchait dans ses écrits; aussi,
lorsqu'après sa mort la philosophie eut pris une
autre direction et que les physiciens eurent
préféré l'exactitude et la vérité au merveilleux, la réputation de Porta diminua rapidement, et ce n'est que dans ces derniers temps que
l'on s'est occupé de rechercher dans ses écrits ce

---

(1) *Notice historique sur la vie de Porta,* p. 381-382.
(2) *Imperialis musœum hist. et phys.,* p. 124.
(3) Dans la préface de l'édition de 158. de la *Magie naturelle,* Porta dit que la première édition en quatre livres avait
été traduite en italien, en français, en espagnol, en arabe.

qu'ils contiennent d'utile et d'important. Cependant on doit y procéder avec une grande circonspection, et il sera toujours difficile de discerner ce qui lui appartient exclusivement. En effet, il déclare lui-même qu'il était d'une curiosité insatiable, et que, dans ses voyages, il ne cessait d'interroger tout le monde, les savans comme les ouvriers, pour s'instruire et pour apprendre des *secrets* (1). D'ailleurs Porta possédait une immense érudition; il connaissait tous les ouvrages qui se publiaient dans toutes les langues de l'Europe, avait des correspondans partout, recueillait tout, et cependant il ne citait presque jamais les sources, excepté quand il s'agissait des anciens. Si nous ajoutons à cela la multiplicité des

---

(1) « Toto enim animo, totisque viribus maiorum nostro-
« rum monumenta pervolvi, et si quid arcani, si quid re-
« conditi scripsissent, defloravi; dein quùm Italiam, Gal-
« liam, et Hispaniam peragrassem, bibliothecas, et doctis-
« simos quosque adij, artifices etiam conveni, ut si quid
« novi, curiosique nacti essent, ediscerem quæ longo usu
« verissima, et utilissima comprobassent, agnoscerem. Urbes
« et viros, quos videre non contigit, crebris epistolis solici-
« tavi, ut reconditorum librorum exemplaria, vel si quid
« haberent novi, communicarent, non prætermissis pre-
« cibus, muneribus, commutationibus, arte, et industria. »
(*Porta, Magia naturalis*, præfat. ad lect. édit. de 1589).

8.

éditions de ses ouvrages (qu'il a successivement
enrichies de nouvelles observations à des époques
différentes, et dont on doit toujours déterminer
la date avec soin pour décider les questions de
priorité), et l'obscurité qu'il a répandue dans plusieurs de ses écrits, on verra combien il est difficile de déterminer exactement ce qu'il faut attribuer à Porta, sans le charger d'une gloire qui ne
lui appartient pas.

Le premier des ouvrages de Porta est la *Magie naturelle,* qu'il composa en quatre livres dans
sa jeunesse, et qu'il ne cessa d'augmenter pendant trente-cinq ans pour le faire paraître de
nouveau en vingt livres en 1589. De tous les
écrits de Porta, ce fut celui qui eut le plus de
succès ; dès sa première apparition, on le traduisit
en plusieurs langues, et l'empressement du public fut tel, ce livre fut lu avec tant d'avidité, il
passa par tant de mains, que cet usage continuel a détruit les premières éditions, et que
l'on n'en connaît plus que des réimpressions.
On a de la peine à comprendre aujourd'hui ce
genre de destruction d'un livre, et surtout d'un
livre sur la *Magie naturelle,* mais tous ceux qui
se sont occupés de bibliographie savent que
presque tous les ouvrages sur les *sciences oc-*

cultes ont subi le même sort, et que ce n'est pas toujours aux inquisiteurs seuls qu'il faut attribuer leur grande rareté. Ce qui le prouve surtout, c'est le mauvais état des ouvrages de ce genre qui sont parvenus jusqu'à nous. Les romans à la mode d'aujourd'hui ne sont pas lus avec plus d'empressement que ne l'étaient alors les livres de magie et d'alchimie, et jamais aucune œuvre d'imagination n'a été aussi souvent réimprimée que ce premier ouvrage de Porta. Ces apparitions prodigieuses, ces miracles, étaient le roman de l'époque : et c'est si vrai que lorsque, après de longs travaux, l'auteur le fit imprimer de nouveau avec de si notables additions, en le purgeant d'un grand nombre de prodiges imaginaires, ce livre, qui avait acquis beaucoup plus de valeur scientifique, perdit considérablement de sa vogue, et fut bientôt relégué parmi d'autres ouvrages du même genre (1), tels que la *Subtilité* de Cardan, que personne ne lisait.

____

(1) La *Magie naturelle* en quatre livres fut traduite en italien et imprimée à Venise en 1560, in-8°. Il en existe plusieurs réimpressions, et même en 1628 on l'a publiée en quatre livres.

C'est Porta lui-même qui assure (1) avoir composé la *Magie naturelle* à l'âge de quinze ans ;
son assertion, il est vrai, a trouvé des incrédules,
surtout à cause des *veilles et des longs travaux* (2)
qu'il dit que cet ouvrage lui a coûtés. Mais il
s'agit ici d'une question de fait, et malheureusement il n'est guère possible de la décider sans
savoir en quelle année parut la première édition que personne n'a pu découvrir. La plus
ancienne que nous ayons consultée (3) est
de 1558, et on y trouve une dédicace à Philippe II *roi catholique* : or, comme le fils de
Charles-Quint ne devint roi d'Espagne qu'au

---

(1) Il le dit dans la préface de l'édition de 1589 que nous
avons si souvent citée.

(2) « Accipite igitur, studiosi lectores, labores longos non
« sine studio, vigiliis, sumptibus, et incommodis plurimis. »
(*Porta, Magia naturalis.* Antuerpiæ, 1564, in-16, p. 10).

(3) Elle se trouve à la bibliothèque Sainte-Geneviève, et a
pour titre *Magia naturalis, sive de miraculis rerum natura-
lium, libri IIII. Jo. Baptista Porta, Neapolitano, auctore.*
Neapoli, 1558, in-fol. — Cette édition a été reproduite avec
de très légères variantes par Plantin, dans l'édition d'Anvers
(1564, in-16), qui est la plus ancienne parmi celles que je
possède. Il y manque cependant l'*experimentorum index* qui
occupe cinq feuillets dans l'édition de Naples, mais l'on y
trouve après le mot *finis* une petite addition qui n'est pas
dans celle de 1558.

commencement de 1556, il s'ensuivrait que si,
dès la première édition, l'ouvrage lui avait été
dédié, l'auteur aurait eu au moins dix-huit ans
quand il le fit paraître. Mais comme plus tard la
Magie naturelle a été dédiée à Junius Baboli
de Raguse (1), il serait possible aussi que
la dédicace à Philippe n'eût été insérée que
dans des réimpressions, et d'ailleurs, il y a peu
d'apparence que Porta, dans sa ville natale, eût
avancé un fait inexact dont tout le monde aurait pu démontrer la fausseté. Quoi qu'il en soit,
nous ne donnerons aux observations de Porta
que la date de la première édition de son ouvrage qui soit parvenue jusqu'à nous. Il sera
nécessaire d'analyser séparément l'édition en
quatre livres, et celle qui parut long-temps après
avec tant d'additions; car, à proprement parler,
ces deux ouvrages n'ont de commun que le
titre.

Nous avons déjà dit que Porta s'attachait aux
choses merveilleuses et aux phénomènes extraor-

____

(1) Il est même assez singulier que Porta ait dédié à Baboli
l'édition de 1589, et qu'il ait retranché la dédicace à Philippe II, du vivant de ce prince, et dans une ville qui obéis-
sait à ses lois.

dinaires : voici comment il s'exprime à cet égard
dans la dédicace à Philippe II : « Dès mon en-
« fance, dit-il, j'ai toujours cherché à savoir
« quelle était la science illustre et royale, non
« indigne de moi; et enfin, je me suis convaincu
« qu'il n'y avait rien de plus grand que de faire
« des choses miraculeuses, qui, non-seulement
« nourrissent l'esprit, mais délectent aussi les
« sens. Cette sublime science recherche les
« causes et les effets, et tandis qu'elle veut pé-
« nétrer dans les secrets de la nature, non-seu-
« lement elle conduit à des effets vulgaires,
« mais, sans aucune superstition, elle produit
« des miracles et des monstres, et a la supréma-
« tie sur toutes les sciences. » Il était impossible, avec ces dispositions, que Porta ne se laissât pas entraîner au merveilleux. Aussi son livre
fourmille-t-il des plus grossières superstitions.
Non-seulement l'alchimie et l'astrologie y sont
considérées comme de véritables sciences; mais
il enregistre les secrets les plus extraordinaires(1),
et même pour grossir sa liste, il en rapporte longuement plusieurs auxquels il déclare ne pas

____

(1) *Porta, Magia naturalis*, Antuerp., 1564, in-16, p. 5.

ajouter foi (1). Malgré cela, il y a dans cet ouvrage
des faits curieux qui méritent d'être conservés,
parce qu'ils renferment les germes de plusieurs
découvertes modernes.

Dans le premier livre, qui contient surtout la
recherche des causes et de leur mode d'action, il n'y a guère que de cette physique *à
priori* qu'on faisait alors. Le second renferme
les *opérations* (2), c'est-à-dire la manière de
produire des singularités et des prodiges de tous
les genres. Il serait impossible d'analyser ces secrets, parmi lesquels il y a la manière de construire une lampe telle, que les personnes éclairées par la lumière qui en émane paraissent avoir
la tête d'un cheval (3), et mille autres absurdités
pareilles. Il ne faut pas se décourager cependant,
car quelques pages plus loin, dans le chapitre
où l'on enseigne à reconnaître, à l'aide de l'aimant, si une femme est chaste ou non, se
lit un passage qui prouve que Porta avait quelque idée des variations horaires de l'aiguille

----

(1) Voyez surtout à ce sujet *Porta, Magia naturalis*, lib. I,
c. VIII-XV (édit. de 1564).
(2) *Porta, Magia naturalis*, lib. II, c. 21 (édit. de 1564).
(3) *Porta, Magia naturalis*, p. 71 (édit. de 1564).

aimantée (1). Le troisième livre traite de l'alchimie, et l'on y trouve la description de certains procédés fort curieux pour l'affinage des métaux : l'optique est dans le dernier livre, et c'est là qu'il est question de la chambre noire, qui a été ordinairement attribuée à Porta, mais dont en réalité l'invention est plus ancienne (2). Au reste, Porta lui-même ne dit pas avoir inventé cet appareil (3); ce qu'il paraît s'attribuer, c'est l'usage d'un miroir qu'il croit destiné à rendre l'image plus distincte (4), et l'application de cet instrument aux arts. Plus tard, Porta a dit qu'il faut adapter une lentille au trou de la chambre obscure; et s'il appartient réellement au savant napolitain, ce perfectionnement doit lui assurer une place distinguée parmi les physiciens (5);

---

(1) *Porta, Magia naturalis*, p. 159 (édit. de 1564).

(2) *Porta, Magia naturalis*, p. 181 (édit. de 1564).
Voyez la note II à la fin du volume.

(3) *Porta, Magia naturalis*, lib. IV, c. 2 (édit. de 1564).

(4) Lisez dans le chapitre que je viens de citer le paragraphe qui commence ainsi : *Omnia cum suis coloribus*, et qui est précédé par cette phrase : *Nunc enim enunciabo, quod adhuc semper tacui, et tacendum putavi.*
Voyez la note II à la fin du volume.

(5) *Porta, Magia naturalis*, Neapoli, 1589, in-fol, p. 266.
Voyez la note II à la fin du volume.

mais l'indication de la lentille ne se trouve pas dans l'édition de la *Magie naturelle* dont nous parlons ici. Ce quatrième livre contient aussi des recherches sur les effets des miroirs, et se termine par quelques chapitres fort peu scientifiques sur les vertus de certaines pierres, et sur les caractères des planètes.

En 1589, Porta publia une nouvelle *Magie naturelle* (1), en vingt livres, entièrement refondue et considérablement augmentée. Il dit dans la préface qu'il n'a cessé de lire tous les auteurs anciens, qu'il a voyagé en Italie, en France et en Espagne, qu'il a visité toutes les bibliothèques, tous les savans, tous les artistes, que pour connaître des secrets, il a écrit partout où il n'a pu aller (2); et il ajoute : « Je me

─────────────────

(1) Voici le titre de cette édition que, sauf les cas où il serait dit expressément le contraire, nous citerons dans tout ce qui va suivre (*J.-B. Portæ*, *Neapolitani*, *Magia naturalis* lib. XX, Neapoli, 1589, in-fol.).

(2) Dans cette préface, Porta rend compte, des efforts qu'il a faits pour améliorer son ouvrage ; nous avons déjà cité quelques-uns des passages que nous allons reproduire : « Ab eo igitur, quo primum editum est tempore « (iam quintus et trigesimus agitur annus) si ulli unquam « gravior incubuit cura, ut naturæ secreta patefaceret : ego

« suis surtout appliqué jour et nuit à vérifier par
« l'expérience si ce que j'avais lu ou entendu
« était vrai. » On voit par ce passage que Porta
avait rectifié son premier plan, et qu'à cinquante
ans il cherchait la vérité plutôt que ce merveil-

« eum me esse planè possum profiteri. Toto enim animo,
« totisque viribus maiorum nostrorum monumenta per-
« volvi, et si quid arcani, si quid reconditi scripsissent, de-
« floravi, dein quum Italiam, Galliam et Hispaniam pera-
« grassem, bibliothecas, et doctissimos quosque adij, arti-
« fices etiam conveni, ut si quid novi, curiosique nacti
« essent, ediscerem quæ longo usu verissima, et utilissima
« comprobassent, agnoscerem. Urbes et viros, quos videre
« non contigit, crebris epistolis sollicitavi, ut reconditorum
« librorum exemplaria, vel si quid haberent novi, commu-
« nicarent, non prætermissis precibus, muneribus, com-
« mutationibus, arte, et industria. Hinc universo hoc tem-
« pore quicquid terrarum ubique eximium erat, aut expec-
« tandum, tum librorum, tum præstantissimarum rerum
« mihi cumulatissimè conquisitum est, ut cumulatior, acu-
« tiorque Naturæ hæc suppellex foret. Itaque intentissimo
« studio, pertinacique experientia, perdius atque per nox
« periclitabar quæ legeram vel audieram, vera ne essent an
« falsa, ne intentatum aliquid remaneret. Quum sæpius Ci-
« ceronis sententiæ meminissem, qui sic inquit: Par est eos,
« qui generi humano res utilissimas, et perpensas, explora-
« tosque memoriæ tradere concupierint, cuncta tentare. Qui-
« bus periclitandis, nullis laboribus, nullis sumptibus pe-
« perci, res angustas meas, augusta magnificentia im-
« pendi. »

leux qui l'avait tant séduit dans sa première
jeunesse. Mais, comme nous l'avons déjà fait remarquer, le public n'accueillit pas cet ouvrage sérieux comme il avait reçu la première édition si
remplie de prodiges. Au reste, bien que corrigé,
ce livre contient encore beaucoup de faits que
Porta n'avait certainement pas vérifiés et qui
n'ont aucun fondement.

Un ouvrage où sont rassemblées plusieurs
milliers d'observations ou de recettes qui n'ont
aucun lien et qui ne se rattachent à aucune
théorie se refuse à l'analyse. Ce livre ne peut
qu'être cité à propos des faits intéressans qu'il
contient , et il faudrait l'étudier longuement
pour en extraire tout ce qui peut offrir quelque analogie avec des observations plus ré-
centes.

Nous ne parlerons pas de la première partie de
cet ouvrage (1), car on n'y trouve guère que de

---

(1) Voici les sommaires des vingt livres de la *Magie natu-*
relle, tels qu'on les a indiqués sur le titre de l'édition de 1589 :
— I. De mirabilium rerum causis.— II. De variis animalibus
gignendis. — III. De novis plantis producendis. — IV. De
augenda supellectili. — V. De metallorum transmutatione.
— VI. De gemmarum adulteriis. — VII. De miraculis ma-

l'histoire naturelle; mais on doit s'arrêter au sep-
tième livre, qui est un traité de magnétisme aussi
complet qu'on pouvait le composer au seizième
siècle (1). La détermination des pôles des aimans
et leurs principales propriétés (2) ; la transmission du magnétisme par contact ; l'action magnétique qui se propage à distance à travers tous
les corps, excepté le fer (3) ; enfin la déclinaison
de l'aiguille aimantée différente dans les divers
pays, et qui pour l'Italie était alors de neuf degrés vers l'orient (4) : voilà ce que ce livre

---

gnetis. — VIII. De portentosis medelis. — IX. De mulierum
cosmetice. — X. De extrahendis rerum essentiis. — XI. De
myropœia. — XII. De incendiariis ignibus. — XIII. De raris
ferri temperaturis. — XIV. De miro conviviorum apparatu.
— XV. De capiendis manu feris. — XVI. De invisibilibus
literarum notis. — XVII. De catoptricis imaginibus. —
XVIII. De staticis experimentis (seu de grais et leis). —
XIX. De pneumaticis. — XX. Chaos.

(1) Dans le *procemium* de ce VIIe livre, l'auteur annonce en
ces termes la possibilité de construire une espèce de télégraphe
magnétique : « Et amico longe absenti, etiam carceribus
occluso, possumus incumbentia nuntiare, quod duobus nau-
ticis pyxidis, alphabeto circunscriptis, fieri posse non vereor.»
(*Porta, Magia naturalis*, p. 128).

(2) *Porta, Magia naturalis*, p. 129-135.

(3) *Porta, Magia naturalis*, p. 140.

(4) « In Italia a linea meridiana per novem gradus orien-

renferme de plus intéressant. Il serait inutile de
parler des livres où Porta traite des cosmétiques
et de l'art du cuisinier (1), bien qu'on y rencontre
quelques recherches de chimie qui ne sont pas
sans intérêt. Le sixième livre, qui est intitulé *des
Chiffres*, contient des recettes pour faire des
encres sympathiques (2) ; le livre suivant est un
traité de catoptrique (3), où se trouve un passage
qui a excité l'attention des physiciens, parce
qu'on a cru y voir la description du télescope.
Toutefois, en lisant attentivement ce passage,
on n'y découvre autre chose qu'un assemblage
de deux verres l'un concave et l'autre convexe,

« tem versus declinat » (*Porta, Magia naturalis*, p. 143).
— Cette déclinaison se rapporte probablement à l'année
1588, dans laquelle Porta acheva de préparer cette édition de
la *Magie naturelle* qui ne parut que l'année suivante. J'ai
déjà fait remarquer que l'approbation du censeur qui se
trouve à la fin de l'ouvrage est du 9 août 1588.

(1) Le XIVe livre, qui sur le frontispice est intitulé : *de miro
conviviorum apparatu*, s'appelle dans l'ouvrage plus simplement *de re coquinaria* (*Porta, Magia naturalis*, p. 226
et seq.).

(2) *Porta, Magia naturalis*, p. 248 et seq.

(3) C'est dans cette édition, comme je l'ai déjà dit, que
se trouve l'application de la lentille à la chambre noire
(*Porta, Magia naturalis*, p. 266).

sans que rien indique que le télescope fût
réellement formé par cet assemblage (1). Tout

---

(1) Le passage dont il s'agit fait partie du Xe chapitre du
XVIIIe livre de la *Magie naturelle*. Pour en bien apprécier
l'importance, il est nécessaire de ne pas le séparer de ce qui
précède comme on l'a fait jusqu'à présent. Dans ce chapitre,
Porta indique plusieurs manières de voir de loin, et il ne
semble donner la dernière combinaison, où l'on a cru reconnaître depuis un télescope dépourvu de tube, que comme
un moyen plus parfait que les autres pour voir les objets éloignés. Or, comme les autres moyens ne valent rien, il n'est
guère possible que, si effectivement il y était parvenu, il eût
laissé la découverte merveilleuse du télescope confondue
avec des moyens si grossiers, si imparfaits. Voici tout ce que
le savant Napolitain dit à ce sujet; le dernier paragraphe est
celui où l'on a cru voir le télescope :

« *Lente cristallina nocte intempesta epistolas legere.*

« Ponatur epistola retro lentem in opposito syderum, aut
« luminum longe remotorum, nam in radiorum coitu dictio-
« nis oppositæ clare perspiciuntur, nocte intempesta, et
« clauso cubiculo. Sed id, quod sequitur, longe prestantius
« vobis cogitandi principium affert, silicet :

« *Lente crystallina longinqua proxima vide re.*

« Posito enim oculo in eius centro retro lentem, remotam
« rem conspicator, nam quæ remota fuerint, adeo propinqua
« videbis, si quasi ea manu tangere videaris, vestes, colores,
« hominum vultus, et valde remotos cognoscas amicos.
« Idem erit :

« *Lente crystallina epistolam remotam legere.*

« Nam si eodem loco oculum apposueris, et in debita dis-

cela est bien vague, bien incertain ; mais si l'on y voyait quelque chose de précis, il serait difficile

---

« tantia epistola fuerit literas adeo magnas videbis, ut perspi-
« cuas legas. Sed si lentem inclinabis, ut per obliquam
« æpistolam inspicias, literas satis maiusculis videbis, ut
« etiam per vigenti passus remotas leges. Et si lentes mul-
« tiplicare noveris, non vereor quin per centum passus mi-
« nimam literas conspiceris, ut ex una in alteram maiores
« reddantur characteres : debilis visus ex visus qualitate
« specillis utatur. Quid id recte sciverit accomodare, non
« parvam nanciscetur secretum. Possumus.

« *Lente crystallina idem perfectum efficere.*

« Concavæ lentes, quæ longè sunt clarissimè cernere fa-
« ciunt, convexæ propinqua ; unde ex visus commoditate
« his frui poteris. Concavo longe parva vides, sed perspicua,
« convexo propinquo maiora sed turbida, si utrunque rectè
« componere noveris, et longinqua, et proxima maiora et
« clara videbis. Non parum multis amicis auxiliis præsti-
« timus, qui et longinqua obsoleta, proxima turbida conspi-
« ciebant, ut omnia perfectissimè contuissent. »

Je le répète, il n'est guère possible que si Porta avait construit un télescope, il n'eût donné ce précieux instrument
que comme un moyen plus parfait de lire une lettre avec une
lentille à la distance de vingt pas. Ces mots *non vereor quin
per centum passus,* etc., prouvent qu'il n'était jamais parvenu à une telle distance. Et puis s'il avait connu le télescope, pourquoi aurait-il dit : *multis amicis auxiliis præsti-
timus, qui et longinqua obsoleta, proxima turbida conspicie-
bant,* comme si son instrument ne devait servir qu'aux gens
qui n'y voient pas bien ? Il serait peut-être plus raisonnable
de supposer que l'instrument de Porta n'était qu'un appareil

de ne pas croire que Fracastor avait déjà eu la
même idée (1). Porta, qui était si enclin à donner de l'importance à ses travaux, n'aurait pas
manqué de faire ressortir cette admirable découverte s'il avait effectivement inventé le télescope.
A la vérité, dans une espèce de manifeste
publié en 1611, on semble avoir voulu réclamer
en faveur du savant Napolitain la priorité de
cette invention, mais l'ouvrage qu'on avait annoncé à ce sujet n'a jamais vu le jour (2), et

---

composé de verres concaves et de verres convexes, et qui
pouvait être employé tour-à-tour par les myopes et les
presbytes. Montucla, qui discute les droits que pourrait
avoir Porta à l'invention du télescope, pense avec la Hire
que l'instrument décrit par le physicien napolitain n'était
« qu'une combinaison de verres concave et convexe, par la-
« quelle on éloigne ou rapproche leur foyer commun, de ma-
« nière à faire apercevoir les objets distinctement à diffé-
« rentes distances et à différentes vues. » (*Montucla, hist.
des math.,* tom. I, p. 699).

(1) Cette remarque appartient à Tiraboschi, et elle est fort
judicieuse (*Tiraboschi, storia della lett. ital.,* vol. XI, p. 467).

(2) On trouvera à la fin du volume ce manifeste que j'ai
déjà cité : c'est une pièce extrêmement rare et dont aucun
biographe de Porta ne paraît avoir eu connaissance : voici
le passage relatif au télescope ; c'est Zanetti, imprimeur
romain, qui parle :

« Ab amicis eiusdem doctissimi Portæ monitus, et illud
« subjicio habere ipsum præ manibus, de Lincæo telescopio

il est fâcheux pour Porta qu'il n'ait songé à
faire cette réclamation qu'après la publication
des observations de Galilée, et lorsque tout le
monde connaissait les télescopes que ce grand
astronome venait de construire.

Nous ne pousserons pas plus loin cette ana-

« opusculum. Quod præclarum hoc perspicillum , iam
« pridem ante triginta annos, ab ipso inventum in prænu-
« meratis operibus, non uno in loco pateat, indeq. ab eo
« plurimi uberiorem eius doctrinam efflagitaverint. Vale.
« Romæ Kal. Septembris MDCXI. »

D'après ces mots *iam pridem ante triginta annos,* il est évident que l'on veut faire allusion ici aux passages que nous venons de citer, et qui se trouvent dans l'édition de 1589 de la *Magie naturelle;* mais nous venons de voir combien ces passages
ont peu de valeur, et d'ailleurs comment se fait-il que Porta
n'ait pas parlé du télescope dans son traité *de Refractione
optices ,* publié à Naples, en 1593, in-4, et où un livre entier,
le VIIIe, est consacré aux *Specillis?* Enfin il ne faut pas oublier non plus que l'ouvrage annoncé dans le manifeste de
Zanetti n'a jamais vu le jour. Venturi a réuni plusieurs extraits des lettres de Porta, d'où il résulte que le physicien
napolitain a effectivement voulu revendiquer l'invention du
télescope que Kepler, il faut l'avouer, lui attribuait; mais
qu'il a éprouvé la plus grande difficulté à composer l'ouvrage sur le télescope annoncé par Zanetti, et qu'il semblait
même ignorer la théorie de cet instrument (*Venturi, memorie di Galileo,* Modena, 1818, 2 vol. in-4, part. I^e, p. 82-86,
et 103).

Voyez la note VIII à la fin du volume.

lyse, déjà fort longue. La *Magie naturelle* a joui au seizième siècle d'une telle réputation qu'il était nécessaire d'en faire connaître les parties principales, pour que l'on pût comprendre au moins quelles étaient les causes du succès de ce livre. Nous le répétons, c'est surtout la partie merveilleuse, c'est le titre de *magie* qui alors en a fait la fortune. De nos jours on l'a trop vanté, et l'on n'a pas craint d'attribuer à l'auteur toutes les observations qu'il y a consignées, bien que Porta ait déclaré plusieurs fois que son œuvre était surtout une compilation, et qu'il n'avait rien négligé pour s'emparer, *même par adresse,* des inventions des autres.

Les différens livres de la *Magie naturelle* furent successivement augmentés par Porta, et devinrent plus tard autant d'ouvrages séparés (1).

---

(1) Les ouvrages de Porta ont été si souvent réimprimés, qu'il serait très difficile d'en donner une bibliographie complète. Je me bornerai donc, lorsqu'il ne s'agira pas de discuter quelque question de priorité, à citer les éditions que je possède. On trouvera de plus amples détails dans la *Notice historique sur Porta,* que j'ai déjà citée, mais dont cependant il ne faut adopter les assertions qu'après les avoir vérifiées. Dans l'article *Porta* de la *Biographie universelle,* on se plaint des inexactitudes que contient cette *Notice;* malheureusement cet article lui-même n'est pas exempt d'erreurs.

C'est ainsi qu'ont été formés le *Traité des Chiffres*, la *Phytognomonique*, la *Réfraction optique*, les *Pneumatiques*, le *Traité de la Distillation*, et d'autres ouvrages du même auteur, qui tous contiennent des faits intéressans, mais dont nous ne saurions donner ici l'analyse, attendu qu'à l'exception d'un petit nombre de points importans, ils ne renferment que ce qui se trouve dans la *Magie naturelle*, avec des développemens, qui ne sont pas toujours utiles. Un passage qui a été souvent cité, et qui, dans ces derniers temps, a donné lieu à des discussions, c'est celui où Porta, dans la traduction italienne des *Pneumatiques* (1), parle des moyens à employer pour connaître *en combien d'air se transforme une quantité donnée d'eau.*

---

(1) Cet ouvrage parut d'abord en latin sous le titre de *Jo. Bapt. Porta, Neapolitani, pneumaticorum Libri III, quibus accesserunt curvilineorum elementorum Libri duo,* Neapoli, 1601, in-4°; mais le passage relatif à la *transformation de l'eau en air* ne s'y trouvait pas alors. Il fut introduit dans la traduction italienne publiée cinq ans plus tard, par Escrivano, avec des additions de l'auteur (Consultez *Porta, spiritali*, Napoli, 1606, in-4°, p. 4 et 75).

Voyez la note V à la fin du volume.

Cet *air* n'est autre chose que la vapeur, et l'on ne peut se refuser à voir ici une des premières applications faites par les modernes de ce puissant moteur. Au même endroit, Porta traite de la raréfaction de l'air par la chaleur, et l'applique à un instrument, qui est une espèce de thermomètre. Mais d'abord l'auteur ne parle nullement d'employer cet instrument à la mesure de la chaleur, et d'ailleurs on verra plus loin que, longtemps avant la publication de ce livre, Galilée avait découvert le thermomètre, et il faut toujours se rappeler, quand il s'agit de juger une question de priorité relativement à Porta, qu'il a déclaré plusieurs fois n'avoir jamais épargné aucun soin pour connaître les découvertes et les secrets des autres (1). Dans le *Traité de la Réfraction*, il y a quelques observations sur les couleurs accidentelles et sur des illusions optiques, et des expériences faites avec le prisme, ainsi que par d'autres

---

(1) On peut ajouter que la description de cette espèce de thermomètre n'a paru que dans la traduction italienne, et manque dans le traité latin *de Pneumaticis* (Voyez *Porta, spiritali*, p. 96. — *Porta de aeris transmutationibus*, Rômæ, 1614, in-4°, p. 28).

moyens, sur la composition et la décomposi-
tion de la lumière (1). Le traité des *Trans-
mutations de l'Air* est une météorologie aussi
complète qu'il était possible de la former alors
par de simples observations sans aucun instrument de mesure (2). Malheureusement Porta n'a
fait, en général, qu'extraire ces observations
d'ouvrages plus anciens; il faut cependant mentionner spécialement ce qu'il dit sur les marées (3), dont il s'était occupé à Venise : ce

---

(1) *Porta, de refractione optices*, p. 196-199, 222, etc.

(2) On doit remarquer une *table synoptique des transmu-
tations de l'air*, placée après le *proœmium*, et qui bien
qu'elle renferme des erreurs, décèle dans l'auteur une faculté
éminente de classification (*Porta, de aeris transmutationibus :
synopsis*).

(3) Je crois utile de reproduire ici en entier les observations
de Porta à ce sujet :

« Antiquitus non de maris æstu cognitum erat, num ex
« Indicis navigationibus quamplurima experta sunt, aliqua
« ex noctia experientia addidimus. Tempore quo Venetiis
« commorabamus, videbamus quotidie lunam cum aquis
« maximum commercium habere, in plenilunio, commo-
« veri, et turbari maria in senis quibusve horis accretis, et
« repressus semper pridie ante coniunctionem, et oppositio-
« nem, ac binis diebus postæ. Lunam maxime et velocissimè
« aquam congregare, in quadraturis parcè et tardissimè. Ter-
« tia a coniunctione die aquæ paulatim deficere incipiebant,
« et velocitatem deperdere, et id quinque diebus, nam sep-

sont probablement les plus anciennes observations de ce genre qui soient arrivées jusqu'à nous.

« timo die ad primum quadrantem pervenitur, tum enim
« paucæ et tardæ sunt ut vix primarum medietatem
« æquent, eodemque modo octavo et nono die feruntur, ut
« quasi stare videantur. Nec discrimen inter eas observari
« possibile est. A decimo die augeri incipiunt, et id usque ad
« oppositionem. Pridie augescunt aquæ velociterque acce-
« dunt, et biduo post, ut inter eas discrimen non appareat.
« A decimo octavo demum velocitatem et quantitatem amittere
« incipiunt, usque ad vigesimum primum diem lunæ, quæ
« erit post secundam quadraturam, et similis est primæ, et id
« usque ad viginti quatuor. Mox vigorari incipiunt, velocio-
« risque fieri usque ad ultimum lunæ diem eundem postæ
« ordinem sequuntur, animaduertendo semper græcum ver-
« sus augeri fluxum senis horis, post senis horis, Siloco re-
« fluxus. Animaduertendo id in Hispanico mari succedere
« scribimus, sed ut particulatim rem agamus. In Plenilunij
« die, erit Luna cum Sole in Græco, et tum turgidiora sunt
« maria, senis deinde transactis horis etiam cum Sole erit in
« Siloco, et tum aquo decrescit, post senis deinde horis
« etiam cum Sole in Gabrino, et excudat iterum aqua, post
« senas iterum horas aut in Magistro reversio, eodemque ho-
« rarum spatio redibit in Græcum, et complebitur viginti
« quatuor horarum periodis, et aquæ tum ad summum intu-
« mescunt, et si Luna cum Sole simul continuo inciderent,
« esset semper idem aquarum procursus et recursus. Sed no-
« bilissimum sydus proprio motu in die gradu uno fertur.
« Luna undecimo, ob id post coniunctionem, Luna Orien-
« tem versus a Sole duodecim gradibus elongetur, et ex hoc
« post coniunctionem secundo die serius ad Græcum perve-
« nit, quatuor horarum quintis : nam si 15 gradus unam con—

Dans ses recherches géométriques , Porta n'a pas eu beaucoup de succès. Ses *Elémens des courbes* , publiés d'abord en 1601 , en deux livres , à la suite des *Pneumatiques* , et réim-

----

« stituunt horam duodecim 4/5. Hoc memoravimus ut scia-
« mus quotidie aquos 4/5 horæ tardius exundare. Exempli
« gratia : si hodie in meridie aquæ excrescunt, secundo die
« quatuor horarum quintas tardius crescere hoc modo. Sit
« Luna in Græco primo Novilunij die, tertiam post nortis
« horam, et 4/5. Secundo die quarta hora, et 3/5, nam si 4/5
« addideris tribus horis et 4|5, resultabunt quatuor horas, et
« 3/5. Tertia die horas quinque et 2/4. Quarta die sex horas
« et 1/5. Quinta die septem horas, Sexta septem horas, et 4/5.
« Septima hocto horas, et 3/4. Octava, horas novem, et 2/5.
« Nona, decem horas, et 1/5. Decima , undecim horas, 2/5.
« Undecima, undecim horas, 4/5. Duodecima, duodecim ho-
« ras, 3/5. Tertiadecima, sexdecim horas, 2/5. Quartadecima,
« quatuordecim horas, 1/5. Quintadecima, quindecim ho-
« ras. Decima sexta, horas quindecim, et 4/5. Decima septima
« die, sexdecim horas, 3/5. Decima octava, decem et septem
« horas, et 2/5. Decima nona die, decem et octo horas, 1/5.
« Vigesima die, decem novem horas. Vigesima prima die,
« horas decemnovem, et 4/5. Vigesima secunda die, viginti
« horas, 4/5. Vigesima tertia die, horas viginti una, 3/5. Vi-
« gesima quarta die, viginti tres horas. Vigesima sexta die,
« viginti tres horas, et 4/5. Vigesima septima die, horas vi-
« ginti quatuor, 3/5. Vigesima octava die, horam unam, 2/5.
« Vigesima nona die duos horas, 1/5. Trigesima die, tres
« horas. » (*Porta, de aeris transmutationibus*, p. 148).

J'ai reproduit exactement le texte où il y a quelques fautes d'impression faciles à corriger.

primés, comme nous l'avons déjà dit, neuf ans plus tard en trois livres, contiennent un essai sur la quadrature du cercle, et montrent que l'auteur n'avait pas le génie des mathématiques; car, outre les erreurs, il y a beaucoup de choses insignifiantes dans cet ouvrage. Porta avait composé aussi un traité des nombres qui n'a pas été imprimé. Sa *Catoptrique*, sa *Taumatologie* et son *Abrégé de toutes les sciences*, sont restés également inédits, ainsi qu'un grand nombre de pièces de théâtre, et un traité sur l'art dramatique dont nous n'avons que le titre. A en juger par celles que nous connaissons, ces comédies sont peut-être plus à regretter que les écrits scientifiques qui n'ont jamais été publiés. (1)

La grande réputation de Porta, qu'on a voulu à une certaine époque opposer à Galilée, et auquel on a tenté même d'attribuer quelques-unes des inventions du grand philosophe toscan, nous a porté nécessairement à examiner avec dé-

-----

(1) Nous avons tiré le titre de ces divers ouvrages que Porta a laissés inédits, du manifeste de Zanetti dont il a été déjà question.

Voyez la note VIII à la fin du volume.

tail ses travaux, pour pouvoir montrer ensuite
combien ces deux esprits étaient différens.
Porta fut sans doute un homme éminent, mais
au lieu de s'appliquer comme Galilée à renouveler la philosophie et à donner aux sciences
une base nouvelle, l'expérience et le calcul,
le savant napolitain marcha à la suite de son
siècle, il en adopta toutes les superstitions,
toutes les erreurs, et ne dut qu'à la curiosité insatiable qui le dévorait d'avoir pu, au
milieu d'un nombre prodigieux de faits ras-
semblés sans critique et sans discernement,
laisser quelques bonnes observations, quelques
inventions ingénieuses qui peut-être ne lui appartiennent pas. Porta fut, comme Cardan, un
esprit aventureux dans les sciences, mais il ne
sut pas le surpasser en physique, et il lui fut
bien inférieur en mathématiques. Sous aucun
rapport il ne peut être comparé au grand astronome qui découvrit les satellites de Jupiter.

Les persécutions qu'éprouva Porta sont peu
de chose en comparaison de celles qu'eurent à
souffrir plusieurs de ses contemporains (1). La ré-

---

(1) On a déjà vu plus haut que Porta dut aller à Rome

forme, qui ne put jamais s'introduire publiquement en Italie, s'empara facilement de quelques

---

pour rendre compte de ses opinions. Cela le rendit circonspect, et on s'en aperçoit dans la préface de sa *Magie naturelle*. On lui avait appliqué l'épithète de *Magum veneficum;*
cette qualification, dont on ne ferait que rire aujourd'hui,
était alors une terrible calomnie. Aussi Porta la repoussa-t-il
avec vigueur. Voici comment, dans la préface déjà citée, il
répond à un écrivain français, qu'il ne nomme pas, et
auquel il reproche d'être un de ces huguenots qui ont
manqué de périr le jour de la Saint-Barthélemi, et qui
par conséquent n'ont pas le droit de l'accuser : « Gallus
« quidam in suo libro de œnomania me magum venefi-
« cum putat, librumque hunc meum olim excussum igne
« dignum putat, quod scripserim lamiarum unguentum,
« quod ego ad detestendans dæmonum, strigoniæ fraudes at-
« tuleram, ut quæ natura ipsa eveniunt, in superstitionibus
« abuterentur, quod ex satis laudatorum Theologorum li-
« bris excerpseram. In hoc quid peccavi, cur venefici nomen
« merui? Sed quum multos nobiles, et literatos viros Gallos,
« qui maximo honore me convenire dignantur, percontarer,
« quisnam homo sit iste? Responderunt hæreticum esse,
« quique in festo Divi Bartholomæi, qua die cunctis eius-
« modi impijs hominibus cædis iudicebantur, è specula præ-
« ceps periculum evasit. Ego autem Deum opt. max. rogabo
« (ut virum nobilem, et christianum decet) ad catholicam
« Romanam fidem conversus, ne sit ipse vivus igni dam-
« mandus. »

Plus tard, il renonça même à l'astrologie judiciaire, par
suite des censures ecclésiastiques (Voyez le *procemium* de
l'ouvrage intitulé : *Porta cœlestis physiognomonia*. Neapoli,
1603, in-4).

intelligences privilégiées dans une terre qui avait produit Arnaud de Brescia et Savonarole. D'ailleurs, dès que l'église se sentit menacée par l'esprit du protestantisme, elle interdit tout examen, soit qu'il portât sur Aristote ou sur le dogme; d'où il résulta que les novateurs en philosophie furent si souvent conduits à l'hétérodoxie, et que par suite ils se virent si souvent exposés aux rigueurs de l'inquisition. Nous laissons à d'autres le soin de parler des Vergerio, des Soccini, des Occhino, des Diodati, qui aidèrent tant à la réforme, des Carnesecchi et des autres victimes de leur sympathie pour les protestans : nous ne nous occuperons que de trois philosophes, Giordano Bruno, Dominis et Campanella, qui cultivèrent les sciences avec succès, et qui expièrent si cruellement l'indépendance de leurs opinions.

Giordano Bruno naquit à Nole, dans le royaume de Naples, vers le milieu du seizième siècle (1).

---

(1) La vie de Giordano Bruno a été écrite par un grand nombre d'auteurs qui ne sont pas toujours d'accord entre eux. Les plus utiles à consulter sont : *Tiraboschi, storia della lett. ital.*, vol. XI, p. 435 et suiv. — *Nicéron, Mémoires des hommes illustres.* Paris, 1729-1745, 43 vol. in-12, tom. XVII, p. 201 et suiv. — *Bruckeri, historia philosophiæ.*

(142)

Après avoir étudié les sciences avec succès, il se fit
dominicain; mais bientôt il quitta l'Italie et se retira à Genève, où il embrassa le calvinisme.
Des discussions théologiques le firent expulser
de cette ville : il vint alors en France, et ses opinions religieuses ne lui permettant pas d'obtenir
une chaire, il se fit professeur extraordinaire de
philosophie à Paris (1), où il eut beaucoup de
succès (2). Mais, par suite de ses attaques contre
Aristote, il se vit forcé de se réfugier en Angleterre (3), où il publia le *Spaccio della bestia*

Lipsiæ, 1766, 6 vol. in-4°, tom. IV, part. 2°, p. 12 et seq.
— *Mazuchelli, scrittori d'Italia*, tom. II, part. IV, p. 2187
et suiv.

(1) Bruno était à Paris en 1582. Cette date, qui a été contestée par quelques écrivains, se trouve confirmée par l'é-
dition du *Traité de Umbris idearum*, qu'il publia à Paris
en 1582, ainsi que sa comédie intitulée *Il Candelajo*.

(2) Les opinions de G. Bruno furent soutenues publiquement dans l'université par Hennequin (*Bulæi hist. univer-
sit. parisiensis*. Paris., 1665, 6 vol. in-fol., tom. VI, p.
786-787).

(3) La date de son voyage en Angleterre est douteuse : j'a-
dopte ici l'opinion de Tiraboschi, qui me paraît la plus probable (*Tiraboschi, storia della lett. ital.*, vol. XI, p. 438-439),
et qui d'ailleurs est confirmée par un passage de la *Cena delle
ceneri*, publiée en 1584, où Bruno parle de Londres, d'Elisabeth, des seigneurs de la cour, et particulièrement de Phi-

trionfante, livre très hardi, où, sous prétexte d'attaquer le paganisme, l'auteur sape les fondemens de toutes les religions (1). En 1586, Bruno se rendit en Allemagne, où il résida successivement à Wittenberg, à Prague, à Helmstadt et dans d'autres villes (2). Plus tard, le désir de revoir l'Italie le conduisit à Venise, où il fut arrêté par l'inquisition et transféré à Rome. Après avoir langui deux ans dans un cachot, il fut condamné au feu. La cruelle sentence fut exécutée (3) le 17 février 1600. Avant de monter sur le bûcher, Bruno adressa ces paroles à ses juges : « *Cette sentence vous fait peut-* « *être plus de peur qu'à moi-même.* » (4)

Dans le cours d'une vie si orageuse et si

---

lippe Sidney, dont il dit *ora che siamo nella sua patria* (*Bruno, opere.* Lipsia, 2 vol. in-8, 1830, tom. I, p. 145).

(1) Le *Spaccio della bestia trionfante* parut en 1584 avec la date de Paris, mais on croit généralement que ce livre, presque introuvable, fut imprimé à Londres. Les ouvrages de Giordano Bruno sont tous rares : ceux qu'il écrivit en italien sont les plus difficiles à rencontrer. En les réunissant récemment sous le titre d'*Opere di Giordano Bruno,* M. Wagner a rendu service aux érudits.

(2) *Tiraboschi storia della lett. ital.,* vol. XI, p. 437-438. — *Bruno, opere,* tom. I, p. XXVII-XXX.

(3) *Tiraboschi, storia della lett. ital.,* tom. XI, p. 439.

(4) Voyez la note IX à la fin du volume.

cruellement tronquée, Bruno composa un très
grand nombre d'ouvrages sur les sujets les
plus divers : il écrivit des comédies, des sa-
tires, des poèmes philosophiques, des traités sur
la cabale. Son talent était aussi peu régulier
que sa vie, et il ne faut pas le juger avec une
sévérité géométrique. Mais malgré sa fougue
et ses écarts, on est forcé de reconnaître en
lui un esprit supérieur; jamais peut-être il n'a
paru contre la cour de Rome une satire aussi
mordante que son *Spaccio della bestia trionfante.*
Dans son *Candelajo,* il s'est montré l'émule des
meilleurs auteurs dramatiques de son temps.
Comme philosophe, il a songé aux tourbillons
avant Descartes, et à l'optimisme avant Leibnitz.
Il eut le mérite d'embrasser de bonne heure le
système de Copernic et d'en déduire des conséquences importantes (1); mais dans ses écrits les
idées les plus étranges (2) sont tellement mêlées

---

(1) Voyez à ce sujet l'analyse qu'a donnée Brucker des ouvrages de G. Bruno (*Bruckeri, hist. philosophiæ,* tom. IV,
part. 2ᵉ, p. 31 et seq.), le *Dictionnaire de Bayle* à l'article
Brunus (Giordanus), et les *Acta eruditorum Lipsiensium,*
juin 1682, p. 187.

Voyez la note X à la fin du volume.

(2) Kepler le cite à propos du système de Copernic et de la

aux vérités les plus élevées, que peu de lecteurs ont le courage de pénétrer au fond de sa philosophie et d'y chercher le centre de gravité des astres, les orbites des comètes et le défaut de sphéricité de la terre (1). Cependant il ne faut pas oublier qu'un tel défaut d'ordre et de logique, qu'une telle confusion de l'erreur et de la vérité, se retrouvent chez les esprits les plus éminens de cette époque. Malgré des imperfections qui lui sont communes avec tant d'autres philosophes, on doit reconnaître en Bruno un des hommes les plus remarquables de son siècle.

Le talent, les aventures et les malheurs de Giordano Bruno semblent s'être reproduits dans Marc-Antoine de Dominis, qui lui survécut à

---

pluralité des mondes (*Kepleri Dissertatio cum Nuncio Sydereo, etc.* Pragæ, 1610, in-4, p. 2-3), Bruno semble avoir embrassé *à priori* le système de Copernic par une espèce d'intuition, car il n'était rien moins que mathématicien : ses ouvrages renferment les erreurs les plus singulières en géométrie. Lisez par exemple ce qu'il dit dans la *Cena delle Ceneri*, sur la manière dont un corps lumineux éclaire les autres corps (*Bruno, opere*, tom. I, p. 159).

(1) Voyez la note X à la fin du volume.

peine de quelques années. Dominis était né en 1566 à Arbe, petite île située près de la côte de Dalmatie. Il étudia à Lorette et à Padoue, et entra fort jeune chez les jésuites. Ses progrès dans les sciences furent rapides, et il professa les mathématiques pendant son noviciat (1). Il se lassa cependant de bonne heure de la vie monastique, et ayant obtenu d'être sécularisé, il fut nommé successivement évêque de Segni, archevêque de Spalatro, et primat de la Dalmatie et de la Croatie (2). Il essaya d'abord de ramener son clergé à la pureté de l'église primitive (3); mais ayant pris part au célèbre démêlé entre Paul V et les Vénitiens, il fut obligé bientôt après de se démettre de son archevêché, et il se retira, en 1615, à Venise, où il ne resta pas longtemps (4). Il se rendit successivement à

---

(1) *De Dominis, suæ profectionis consilium*. Londini, 1616, in-4°, p. 11.

(2) *De Dominis, suæ profectionis consilium*, p. 5, 10, 13, etc. — *De Dominis, de radiis visus et lucis.* Veneliis, 1611, in-4°, epist. nunc. Joann. Bartoli.

(3) Dominis, qui raconte ces particularités, ajoute qu'il avait voulu aussi réunir les églises d'Orient et d'Occident (*De Dominis, suæ profectionis consilium*, p. 9-17).

(4) L'écrit où Dominis expose les motifs de sa fuite est daté

(147)

Coire, à Heidelberg et en Angleterre. Jacques Ier,
frappé de ses grands talens, le nomma doyen
de Windsor (1). Dominis acheva (2) à Londres sa
Respublica ecclesiastica, ouvrage qui obtint un
succès prodigieux dans les pays réformés et même
parmi les catholiques. Ne voulant pas laisser un
archevêque chez les protestans, Grégoire XV
lui fit faire les plus brillantes promesses, et parvint de cette manière à l'amener à Rome. Dominis publia alors sa rétractation; mais bientôt, sous prétexte que sa conversion n'était pas
sincère, il fut jeté dans un cachot, et il y mou-

---

de Venise, du 20 septembre 1616 ; il parait donc probable
qu'il ne quitta l'Italie qu'après cette époque, car l'auteur
n'aurait pas choisi pour dater un tel manifeste un jour où
il n'aurait plus été à Venise. Cet écrit est fort remarquable :
Dominis s'y attache surtout à prouver que, revêtu des plus
hautes dignités ecclésiastiques, il n'a cédé qu'à la voix de
sa conscience en prenant une détermination qui devait le
jeter dans la misère (*De Dominis, suæ profectionis consilium*,
p. 5-24 et seq.).

(1) On peut voir une ample biographie de Dominis dans
l'*Illyricum sacrum* de Farlati (Venetiis, 1751, 8 vol. in-fol.
tom. III, p. 481-500).

(2) La *Respublica ecclesiastica* parut en 1618 à Heidelberg en 3 volumes in-fol. ; mais il y avait longtemps que Dominis travaillait à cet ouvrage. Il en parle dans le *Consilium
suæ profectionis*, p. 17 et 33.

10.

rut (1) en 1624. L'inquisition ne voulant pas que la mort lui ravît sa victime tout entière, fit déterrer le cadavre de l'ancien archevêque de Spalatro et le livra publiquement aux flammes.

Dominis a composé un traité d'optique qui parut en 1611, et où l'on trouve une explication de l'arc-en-ciel (2). Pour faire comprendre le mérite de cette explication, il suffira de dire que Newton en faisait grand cas, et qu'il l'a louée dans son *Optique*. (3)

---

(1) *Tiraboschi, storia della lett. ital.*, vol. XIV, p. 100. — Dominis avait soixante-quatre ans lorsqu'il mourut. Il disait en 1616 dans le *Consilium suæ profectionis* (p. 4), qu'il était alors presque sexagénaire.

(2) *De Dominis, de radiis visus et lucis*, p. 4 et seq.

(3) *Newton's optics*. London, 1704, in-4°, p. 126-127 et 132, lib. I, part. 2ᵉ, prop. 9. — Voici comment s'exprime à ce sujet le grand géomètre anglais :

« This was understood by some of the Ancients, and of late « Famous *Antonius de Dominis*, Archbishop of *Spilato*, in « this Book *De Radiis Visus et Lucis*, published by his « Friend *Bartolus* at *Venice*, in the Year 1611, and written « above twenty Years before. For he teaches there how the « interior Bow is made in round Drops of Rain by two refrac- « tions of the Sun's Light, and one reflection between them, « and the exterior by two refractions and two sorts of reflec- « tions between them in each Drop of Water, and proves his « Explications by Expriments made with a Phial full of Wa- « ter, and with Globes of Glass filled with Water, and placed

Bruno et Dominis furent victimes de la cour de Rome ; Campanella a été un martyr politique, que les Espagnols traitèrent de la manière la plus

---

« in the Sun to make the Colours of the two Bows appear in « them. The same Explication *Des-Cartes* hath pursued in « his meteors, and mended that of the exterior Bow. »

On a prétendu que Newton s'était ici laissé aller au désir d'abaisser Descartes, mais il est difficile d'admettre une telle pensée dans l'auteur des *Principes*, et il est plus probable que Newton était véritablement satisfait des idées ingénieuses de l'archevêque de Spalatro. Depuis longtemps Boscovich a rendu justice à Descartes, et a montré que l'ouvrage de Dominis, où l'on trouve l'idée fondamentale qui sert à expliquer l'arc-en-ciel intérieur, renferme cependant des erreurs graves. Montucla a discuté avec détail ce point d'histoire scientifique, mais il s'est trompé en plusieurs endroits. Par exemple, il fait mourir, on ne sait pourquoi, Dominis en 1611, et il l'accuse en quelque sorte d'avoir voulu s'approprier la découverte du télescope ; tandis que Dominis dit formellement qu'il n'a fait que donner la théorie de cet instrument après l'avoir vu : « *Sed cum primum illud vidi (erat autem valde imperfectum) effectum duorum vitrorum aperté cognovi.* » (*De Dominis, de radiis visus et lucis*, p. 37-38 ; voyez aussi *epist. nunc*). Au reste, pour compléter cette discussion, il faut lire ce que Venturi dit de l'explication de l'arc-en-ciel donnée au commencement du quatorzième siècle, par Théodoric de Saxe, de l'ordre des frères prêcheurs (*Tiraboschi, storia della lett. ital.*, vol. XIV, p. 210. — *Montucla, hist. des math.*, tom. I, p. 703-705. — *Venturi, commentarii sopra la storia dell' Ottica*. Bologna, 1814, in-4, tom. I, p. 149 et suiv.).

Voyez la note XI à la fin du volume.

inhumaine, et qui dut en partie sa délivrance au pape. Né en Calabre (1), en 1568, avec un caractère indomptable et l'imagination ardente de ce climat, il apprit de bonne heure à détester les satellites de Philippe II, qui opprimaient sa patrie. Dominicain à quinze ans, il obtenait de grands succès dans la chaire (2). A vingt ans, il attaquait Aristote, et, en 1591, il fit paraître sa *Philosophie démontrée par les sens* (3), qui lui valut une accusation de magie. Quittant alors Naples à la hâte, il se rendit successivement à Rome, à Florence, à Venise, à Padoue et à Bologne (4); dans cette dernière ville, on lui vola des manuscrits qui furent déférés à l'inquisition. De retour en Calabre, il fut taxé de magie et d'hérésie (5), et accusé en outre d'avoir voulu

———————————————

(1) *Cypriani vita et philosophia Th. Campanellæ.* Amstelod., 1705, in-8°, p. 2.

(2) *Cypriani vita Th. Campanellæ*, p. 2 et 7.

(3) *Campanellæ philosophia sensibus demonstrata.* Neapol., 1591, in-4°.

(4) *Cypriani vita Th. Campanellæ*, p. 11.

(5) Voici, d'après le récit de Campanella, la première des accusations dirigées contre lui : « Quinquies citatus in iudi-« cium, primo caussam dixi interrogantibus, qui litteras scit, « cum non didicerit? Ergo ne demonium habes. At ego res-

chasser les Espagnols d'Italie , en insurgeant le
peuple et en appelant les Turcs à son aide (1).
Cette accusation a paru dénuée de fondement
à quelques écrivains; mais, en considérant la
manière dont il fut traité , il est difficile de ne
pas voir en lui un martyr de l'indépendance italienne (2). En 1599 , on le condamna à une détention perpétuelle. Il raconte lui-même les traitemens barbares auxquels il fut soumis. Sept fois

---

« pondi me plus olei, quam ipsi vini comsumsisse. » Cette
étrange accusation s'était plusieurs fois renouvelée : c'est la
plus amère critique des gens qui prétendaient , comme le dit
Campanella lui-même , « que la sagesse est un don du diable
et non un présent de Dieu. » Les autres charges sont à-peu-
près toutes de la même force, excepté l'accusation de rébellion,
dont Campanella ne dit que quelques mots et d'une manière assez vague. Ce récit se trouve dans une préface de l'*Atheismus
triumphatus* qui ne parut pas avec cet ouvrage, mais que
Struve découvrit dans un manuscrit autographe envoyé par
Campanella à Scioppius (Voyez *Struvii acta litteraria* Jenæ,
1703-1705, 7 fasc. in-8°, fasc. II, p. 17 et seq. — *Campanella,
de libris propriis*. Paris., 1642 , in-8°, p. 9-26 , etc.).

(1) On s'est récrié beaucoup contre cette idée d'appeler les
Turcs pour chasser les Espagnols; mais malheureusement
l'Italie est depuis trois siècles dans un tel état, que presque
toutes les tentatives d'affranchissement ont eu pour base le
secours d'autres étrangers pour chasser les oppresseurs.

(2) *Cypriani vita Th. Campanellæ*, p. 15-17. — *Tiraboschi,
storia della lett. ital.*, vol. XIV, p. 152.

torturé, à la dernière il resta attaché pendant quarante heures à l'instrument du supplice, et il perdit dix livres de sang (1). Le récit de ses souffrances, la fermeté *plus que Spartiate* (2) avec laquelle il les supporta, pénètre l'âme d'horreur et d'admiration. Il passa vingt-sept ans en prison, et n'en sortit, en 1626, que sur la demande du pape. On ne sait pas si la cour de Rome intercéda pour lui ou bien si elle le réclama comme hérétique (3). Cette dernière supposition toutefois est la plus probable, puisqu'on le retint

---

(1) « Vide quæso simne asinus ipsorum, qui quidem iam in « quinquaginta carceribus hucusque clausus afflictusque fui « septies tormento durissimo examinatus. Postremumque per- « duravit horis quadraginta, funiculis arctissimus ossa usque « secantibus ligatus, pendens manibus retro contortis de fune « super acutissimum lignum, qui carnis sextertium in poste- « rioribus mihi devoravit et decem sanguinis libras tellus « ebibit : sanatus tandem post sex menses divino auxilio in « fossam demersus sum. » (*Struvii acta litteraria*, fasc. II, p. 69. — Voyez aussi *Cypriani vita Th. Campanellæ*, p. 18).

(2) C'est l'expression dont se sert un auteur contemporain : « Quo in carcere ubi plusquam Spartana nobilitate crudelia « tormentorum, genera superavit, de Proregis sententia ad « perpetuam custodiam condemnatus. » (Voyez *Cypriani vita Th. Campanellæ*, p. 17).

(3) *Tiraboschi storia della lett. ital.*, vol. XIV, p. 154. — *Cypriani vita Th. Campanellæ*, p. 23-24.

trois ans à Rome, dans les prisons de l'inquisition. Enfin il fut relâché, et le pape lui accorda
même une pension ; mais bientôt, tremblant
de nouveau pour sa liberté, il s'échappa, caché dans la voiture de l'ambassadeur de France (1). Arrivé en Provence en 1634, il fut accueilli
avec empressement par Péreisc et par Gassendi (2). En 1635, il se rendit à Paris : Louis XIII lui
fit une pension ; mais il n'en jouit pas long-
temps, car il mourut, en 1639, dans le couvent
des Jacobins de la rue Saint-Honoré (3).

Ce qui frappe le plus en Campanella, c'est l'inébranlable fermeté de son caractère. Dans les ca-
chots des Espagnols, dès que les plaies qu'avaient
laissées sur son corps les instrumens de supplice
se fermaient, il reprenait la plume et poursui-
vait ses travaux. Il a composé ainsi plusieurs ouvrages qu'il faisait passer à ses amis, et qui ont
été publiés. Le nombre de ses écrits est prodi-

---

(1) *Cypriani vita Th. Campanellæ*, p. 24-25.
(2) *Cypriani vita Th. Campanellæ*, p. 26.
Voyez la note XII à la fin du volume.
(3) *Campanella, de libris propriis*, p. 14-29. — *Cypriani
vita Th. Campanellæ*, p. 22. — *Struvii acta litteraria*, fasc.
II, p. 45, 50, etc.

gieux. La théologie, la philosophie, la politique, étaient ses sujets favoris (1). Il a écrit en italien des poésies philosophiques qui ont beaucoup de mérite (2). Son traité *de ses ouvrages et de la manière de travailler* est fort intéressant. Dans sa *Ville du Soleil* ou *République philosophique* (3), il a annoncé le progrès indéfini de l'humanité : du fond de son cachot il éleva courageusement la voix pour prendre la défense de Galilée (4). Malheureusement, Campanella croyait à l'astrologie, et ses ouvrages sont entachés des erreurs

---

(1) Campanella s'occupa aussi de médecine et de chimie. Il tenta d'extraire le mercure des cadavres des hommes qui avaient été traités par les frictions mercurielles (*Campanella, de libris propriis*, p. 27). Une chose assez remarquable, c'est l'animosité contre Machiavel qui perce dans tous les écrits de Campanella.

Voyez la note XIII à la fin du volume.

(2) *Campanella, de libris propriis*, p. 13. — Quelques-unes de ses poésies italiennes ont été réimprimées récemment.

(3) Cet ouvrage parut d'abord à Francfort en 1625, in-4, dans la *Realis philosophia epilogistica* du même auteur ; il forme l'*appendix* à la troisième partie. On sait du reste que Pomponaccio avait aussi proclamé la théorie du progrès.

(4) Voyez *Campanella, apologia pro Galileo*. Francofurti, 1622, in-4.

du temps (1). Cet homme de fer mérite une place dans l'histoire, parmi les philosophes, toujours peu nombreux, qui ne se sont pas bornés à dire aux autres ce qu'il fallait faire. Campanella a payé chèrement le droit d'être placé au premier rang de ceux qui ont souffert pour l'indépendance de l'Italie.

Les savans dont nous avons parlé jusqu'ici avaient pu, par la pénétration de leur esprit, découvrir des vérités importantes; mais ces succès n'étaient dus qu'à des efforts individuels, et, malgré leurs travaux, la véritable philosophie naturelle n'était pas encore créée. Il n'y avait pas de méthode; l'erreur était partout mêlée à la vérité, et l'on ignorait encore les règles qui doivent guider l'esprit dans l'étude de la nature. Le défaut de philosophie est ce qui frappe surtout dans les ouvrages scientifiques du seizième siècle, et l'on comprend à peine comment des hommes qui, dans les arts et dans les lettres, faisaient preuve d'un talent

______

(1) Au reste, c'est comme astrologue surtout qu'il sut se concilier l'intérêt d'Urbain VIII et du cardinal Richelieu (*Cypriani vita Th. Campanellæ*, p. 24 et 26).

si admirable, d'un goût si exquis, pouvaient adopter, sans examen, les opinions les plus erronées, et paraître quelquefois même indifférens à l'erreur et à la vérité. Dans l'antiquité comme au moyen âge, en Orient comme en Occident, on a cherché le merveilleux dans la nature plutôt que le vrai, qui semblait vulgaire et peu digne de l'attention des philosophes. On s'est aperçu bien tard que les phénomènes les plus extraordinaires sont dus généralement aux mêmes causes qui produisent les effets que nous observons tous les jours, et que, pour appliquer les uns, il était indispensable d'étudier les autres. Ces faits étranges et rares qui frappent l'imagination exercèrent seuls pendant longtemps les esprits, et tel savant qui passait sa vie à rechercher et à expliquer des espèces de miracles, aurait cru déroger en étudiant la chute d'une pierre, phénomène qui cependant devait conduire à la découverte des principales lois de la nature. Non-seulement on admettait deux physiques, l'une *illustre et royale*, comme l'appelait Porta (1), l'autre vulgaire; non-

____

(1) Voyez ci-dessus, p. 140.

seulement on supposait que des causes particulières et distinctes présidaient aux phénomènes
les plus remarquables, mais on croyait encore
que les forces qui agissent sur notre globe sont
bien différentes de celles qui animent les autres
astres. Cette absence de lien, ces fausses idées,
qui tendaient à multiplier outre mesure les
causes physiques, et à séparer les phénomènes
les uns des autres, ne permettaient point de
poser les véritables bases de la philosophie
naturelle. Les qualités occultes qui avaient
envahi la physique, l'autorité d'Aristote sou-
tenue par l'Église, qui semblait s'opposer à
tout changement, à tout progrès, étaient des
obstacles encore plus graves qu'il fallait vaincre
pour opérer la révolution qui devait changer la
face des sciences.

Cette grande révolution est due à Galilée, immortel génie qui a fait et préparé tant de belles
découvertes, et qui doit surtout être signalé à la
reconnaissance de la postérité pour avoir banni
l'erreur de son école et créé la philosophie des
sciences. Il a été dans les sciences le maître de
l'Europe. Avant lui, nous l'avons déjà dit, les
hommes les plus éminens paraissaient incapables de distinguer l'erreur de la vérité, et ne

cherchaient que l'extraordinaire(1). Après Galilée,
on s'appliqua surtout à éviter les erreurs en physique; et, à mesure que son influence se fit sentir,
on vit diminuer le nombre de ces esprits qui ad-
mettaient les faits sans critique. Ses adversaires
seuls restèrent attachés aux anciennes doctrines,
mais en Italie, comme dans le reste de l'Europe,
les principes de Galilée furent adoptés par tous les
hommes qui ont contribué aux progrès des sciences. Le caractère spécial de ce brillant génie, c'est
la critique des faits; son œuvre, la philosophie
scientifique. Il n'a pas été seulement astronome
ou physicien, il s'est montré grand philosophe, et c'est pour cela qu'il disait *avoir étudié
plus d'années la philosophie que de mois les mathématiques* (2). Il a régénéré les sciences, et
il est le maître de tous ceux qui, depuis deux
siècles, cultivent la philosophie naturelle. D'autres auraient pu calculer la chute des graves ou
découvrir les satellites de Jupiter; mais aucun de

----

(1) Galilée disait, au contraire, que la nature *opera molto
con poco, e che le sue operazioni erano tutte in pari grado
meravigliose.* (*Nelli, vita di Galileo.* Losanna, 1793, 2 vol.
in-4°., tom. I, p. 31.)

(2) *Lettere inedite di uomini illustri.* Firenze, 1773-75
2 vol. in-8., tom. I, p. 21.

ses rivaux, pas même Kepler ni Descartes, n'a su s'astreindre à ne chercher comme lui que la vérité. On ne peut assez le répéter, car le caractère de son esprit ne semble pas avoir été bien saisi, Galilée ne fut pas seulement géomètre, astronome et physicien, il fut le réformateur de la philosophie naturelle, qu'il assit sur de nouvelles bases, l'observation, l'expérience et l'induction, et dans laquelle il introduisit le premier l'esprit géométrique et la mesure.

Des écrivains peu familiarisés avec ces matières ont avancé à tort que le renouvellement des sciences était dû à François Bacon. D'abord il faut remarquer que l'antériorité appartient à Galilée, qui, depuis quinze ans, répandait du haut de la chaire sa nouvelle philosophie sur des milliers d'auditeurs de toutes les nations, et qui avait découvert les lois de la chute des graves, observé l'isochronisme des oscillations du pendule, et inventé le thermomètre long-temps avant que le chancelier d'Angleterre eût commencé à publier ses ouvrages philosophiques (1). Lorsque le *Novum organum* parut

---

(1) Le premier ouvrage philosophique de Bacon parut en

pour la première fois (1), Galilée avait publié le
Compas de proportion, le *Nuncius sidereus*, le

---

anglais en 1605 : c'est le traité de l'accroissement des sciences,
qui n'est au reste qu'un essai. Jusqu'alors Bacon n'avait publié que des écrits politiques dont quelques-uns ne lui font pas
grand honneur. Le projet de la réforme des sciences qu'il avait
imaginé, dit-on, à seize ans ; son *Eloge de la science* et le
Greatest birth of time qu'il avait composés dans sa jeunesse,
et qui n'ont paru qu'en 1740, n'étaient que des essais incomplets que le public ne connaissait pas. Excepté le traité de
l'accroissement des sciences, Bacon n'avait rien fait paraître
sur la philosophie quand il publia le *Novum organum*.

(1) Cet admirable ouvrage fut imprimé d'abord à Londres,
in-folio, en 1620. Le premier écrit de Bacon sur la philosophie
générale est, comme nous venons de le dire, son essai *On
the proficience and avancement of learning*, London, 1605,
in-4° qu'il refondit ensuite dans son traité *De dignitate et
augmentis scientiarum*, publié en 1623. Cet essai contient
une classification savante où l'auteur commence à s'essayer,
mais qui est bien loin d'avoir l'importance des autres ouvrages que Bacon publia dans la suite. Au reste, il faut remarquer que Bacon connaissait les écrits de Galilée et qu'il les
a souvent cités (Voyez à ce sujet *de Vauzelles, Histoire de la
vie et des ouvrages de François Bacon*, Paris, 1833, 2 vol. in-8,
tom. I, p. 236). Il résulte d'une lettre écrite en 1619 par Toby
Mathiew à Bacon, qu'au moins un an avant la publication du
Novum organum non-seulement le philosophe anglais devait
connaître les ouvrages que Galilée avait fait paraître jusqu'a-
lors, mais qu'on lui donnait même communication de tous
les ouvrages *manuscrits et inédits* de Galilée. Cela montre
avec quelle rapidité se répandaient les travaux du grand
physicien italien, et doit rendre encore plus circonspect

Discours sur les corps flottans, l'*Histoire des taches solaires;* il avait deviné le télescope, inventé le microscope, découvert les phases de Vénus et les satellites de Jupiter; il avait posé les bases de la mécanique; il s'était appliqué à toutes les branches de la physique et de la philosophie naturelle, et, par ses succès, il était parvenu à soulever contre lui les moines et les péripatéticiens et à provoquer une sentence de l'inquisition. Qu'a fait Bacon pour les sciences ? Les admirables préceptes répandus dans ses écrits, et qui avaient pour objet de faire de l'observation (1) la base de toutes nos

---

dans les questions de priorité, lors même que d'autres écrivains auraient publié avant le philosophe toscan quelques-unes de ses découvertes. Mathiew s'est trompé en disant que Galilée avait répondu à Bacon dans son *Discours inédit sur le flux et reflux :* Galilée n'avait fait qu'exposer des idées différentes. Dans la lettre de Mathiew on doit remarquer la mention du traité de Galilée *sur l'alliage des métaux,* traité qui paraît s'être perdu depuis, à moins qu'on ne veuille le retrouver dans la *Bilancetta* (*Bacon's works*, London, 1825, 10 vol. in-8., tom. VI, p. 217).

Voyez la note XIV à la fin du volume.

(1) Dans le cinquième livre de son traité *De augmentis scientiarum,* Bacon propose une foule d'expériences : on ne conçoit pas pourquoi il n'en fait aucune. Sa *Sylva Sylvarum*

connaissances, ne l'ont pas empêché de se tromper fréquemment dans les applications. Bacon a nié le mouvement de la terre, et dans les ouvrages où il a traité des sujets scientifiques, il est resté dans les généralités et n'a su s'élever à aucune découverte. Il a dit aux autres, avec un talent admirable, comment il fallait marcher, mais il n'a pas fait un pas ; tandis que Galilée s'est avancé rapidement de découverte en découverte, joignant le précepte à la pratique et détruisant partout les vieux préjugés. L'influence de Bacon s'est fait sentir surtout au dix-huitième siècle : l'empirisme et l'école sensualiste en sont les résultats. Mais la grande révolution scientifique du siècle précédent s'est opérée sans que cet

---

est un recueil immense de faits qu'il a tirés sans beaucoup de critique d'autres auteurs, et de projets d'expériences. Ici le philosophe anglais a voulu s'occuper spécialement de physique et d'histoire naturelle, et il n'est arrivé à aucun résultat important. Souvent il a cherché la cause de phénomènes imaginaires, et souvent aussi il explique des faits véritables par des qualités occultes qu'il attribue à certains corps (Voyez les §§ 26, 33, 45, 46, 73, 74, 75, 78, 327, 353, 364, etc., etc. de la *Sylva Sylvarum*). Galilée n'aurait jamais écrit la dixième centurie de cet ouvrage, où l'auteur expose les *Experimenta varia spectantia transmissionem et influxum immaterialarum virtutum et vim imaginationis*.

illustre philosophe y ait pris part; cette révolution est due à Galilée. Pour s'en convaincre, il suffit de consulter les écrivains qui, au dix-septième siècle, ont contribué le plus au renouvellement des sciences. Tous parlent de Galilée, ils s'appuient sur ses découvertes, ils adoptent sa philosophie, tandis qu'ils ne citent Bacon que bien rarement (1). Bacon a été sans doute un des plus

---

(1) Dans son *Histoire de la vie et des ouvrages de François Bacon* (tom. II, p. 246 et suiv.), M. de Vauzelles a réuni des *témoignages* qui ne font que prouver la vérité de mon assertion. Gassendi, Descartes, Bayle, Leibnitz, sont les seuls philosophes qui semblent avoir connu Bacon au dix-septième siècle; mais s'ils admirent son génie et son savoir, ils ne lui attribuent pas une grande influence, et l'on sait que Descartes s'est bien gardé de suivre ses préceptes. Quant à ces savans qui passèrent leur vie à interroger la nature et à changer au dix-septième siècle la face des sciences, ils ont pris Galilée pour guide et ne connaissaient guère Bacon. Aussi c'est en Italie, et non pas en Angleterre, que s'est opéré le renouvellement de la philosophie naturelle. On a souvent cité un passage du *Novum organum* où il est parlé d'une force magnétique qui pourrait agir sur les corps et les précipiter vers la terre (*Novum organ.*; lib. II, aph. 36); mais l'idée de l'attraction s'était déjà présentée plusieurs fois à l'esprit des philosophes. Anaxagore avait entrevu cette grande loi, et Lucrèce en déduisit la conséquence que l'univers est sans bornes. Copernic et Kepler avaient reproduit cette idée lorsque parut le *Novum organum* Voyez à ce sujet *Montucla, hist. des math.*, tom. II, p. 601). L'expérience de l'hor-

beaux génies qui aient brillé sur la terre, cependant on n'a compris toute l'importance de ses ouvrages que lorsque la révolution qu'il voulait produire s'était accomplie déjà dans la philosophie naturelle. Les physiciens, les géomètres, obligés de résister aux attaques et aux persécutions des péripatéticiens, crurent pendant longtemps que la philosophie rationnelle leur était toujours hostile, et c'est peut-être là une des causes qui les ont éloignés de Bacon. Galilée se garda d'exposer son système d'une manière abstraite, et se borna à déclarer qu'il n'y avait d'autre livre infaillible que la nature (1), où toute la philosophie était écrite en caractères mathé-

---

loge, placée à différentes hauteurs, n'a été proposée par Bacon que parce qu'il croyait avec le vulgaire que le poids d'un corps pouvait varier d'une manière très notable en le transportant à de petites distances (*Sylva Sylvarum*, cent. I, § 33). D'ailleurs il n'avait aucune idée exacte de l'attraction; il croyait que la terre ne tombait pas parce que, en augmentant un corps, on lui faisait perdre l'attraction; et il dit à ce sujet *latio ad centrum terræ res futilis est* (*De augment. scient.*, lib. V, cap. 3, § 4.) On voit même qu'en 1623 il ne savait pas que tous les corps tombent de la même hauteur dans le même temps (*De augment. scient.*, lib. V, cap. 3, § 3).

(1) *Galilei, opere*, Firenze, 1718, 3 vol. in-4., tom. II, p. 285.

matiques. Ce fut un grand trait d'habileté de sa part, voulant combattre les scolastiques, d'opposer l'univers à leurs livres au lieu d'attaquer l'autorité par l'autorité.

Les services immenses rendus par Galilée à la philosophie ont été proclamés dans la patrie même de Bacon. Il suffira, à cet égard, de citer Hume (1), historien subtil et philosophique, qui

____

(1) « The great glory of literature in this island, during the reign of James, was Lord Bacon. Most of his performances were composed in Latin ; though he possessed neither the elegance of that, nor of his native tongue. If we consider the variety of talents displayed by this man, as a public speaker, a man of business, a wit, a courtier, a companion, an author, a philosopher, he is justly the object of great admiration. If we consider him merely as an author and philosopher, the light in which we view him at present, though very estimable, he was yet inferior to his contemporary Galilæo, perhaps even to Kepler. Bacon pointed out at a distance the road to true philosophy : Galilæo both pointed it out to others and made, himself, considerable advances in it. The Englishman was ignorant of geometry : The Florentine revived that science, excelled in it, and was the first who applied it, together with experiment, to natural philosophy. The former rejected with the most positive disdain the system of Copernicus : The latter fortified it with new proofs derived both from reason and the senses. Bacon's style is stiff and rigid : His wit though often brilliant, is sometimes unnatural and far-fetched ; and he seems to be the original of those pointed similies and long-spun allegories, which so much distinguish the English authors :

a déclaré sans hésitation que Galilée était supérieur à Bacon, et que le philosophe anglais doit

---

Galilæo is lively and agreeable, though somewhat a prolix wri-
ter. But Italy, not united in any single government, and perhaps satiated with that literary glory, which it has possessed
both in ancient and modern times, has too much neglected the
renown, which it has acquired by giving birth to so great a
man. That national spirit, which prevails among the English,
and which forms their great happiness, is the cause, why
they bestow on all their eminent writers, and Bacon among
the rest, such praises and acclamations, as may often appear
partial and excessive » (*Hume*, *History of Great Britain*,
London, 1770, 8 vol. in-4, vol. VI, p. 215, appendix to the
reign of James I).

Ce jugement impartial d'Hume, reproduit par M. Biot
dans l'article *Galilée* de la *Biographie universelle* et adopté
par l'auteur de la *Vie de Galilée* insérée dans le *Cabinet
cyclopœdia* du docteur Lardner (*Biography : eminent literary and scientific men of Italy, Spain,* etc. London, 1835,
3 vol. in-12, tom. II, p. 62) a été combattu par des écrivains qui ont prétendu *qu'on ne pouvait comparer Bacon à
un astronome.* Il faut ne jamais avoir lu aucun des ouvrages
de Galilée pour voir seulement un astronome dans ce grand
esprit, et pour méconnaître les immenses services qu'il
a rendus à la philosophie. Quant à ce que dit Tenison
que Galilée a eu des loisirs qui manquaient à Bacon, cet
écrivain avait oublié probablement que l'inquisition s'était
chargée d'ôter à Galilée non-seulement le loisir, mais
encore le repos. Tenison est également injuste lorsqu'il prétend que Galilée a été précédé par Bacon (Voyez *de Vauzelles, Histoire de la Vie et des Ouvrages de François Bacon,*
tom. II, p. 262-264); nous avons déjà prouvé le contraire. Si

principalement sa gloire à l'esprit national de son pays; car, plus heureuse que l'Italie, l'Angleterre peut également protéger les hommes illustres pendant leur vie, et les honorer après leur mort.

Galileo Galilei naquit (1) à Pise le 18 février 1564, d'une famille de Florence qui avait figuré autrefois sous la république, mais à laquelle il ne restait plus qu'une noblesse sans fortune. Vincent Galilei son père était instruit dans les littératures grecque et latine, et très versé dans la musique pratique et théorique, sur la-

---

l'on voulait pousser plus loin la comparaison, on pourrait dire que Bacon aussi s'est occupé d'astronomie, de mathématiques et de physique, et qu'il s'est presque toujours égaré dans ces sciences où Galilée a su s'illustrer. Malgré son génie, le chancelier d'Angleterre est tombé dans l'erreur des péripatéticiens, qui croyaient qu'avec des généralités philosophiques on pouvait écrire sur des matières dont on n'avait qu'une connaissance superficielle.

(1) Viviani crut d'abord que la naissance de Galilée avait précédé de trois jours la mort de Michel-Ange; mais plus tard, il reconnut son erreur. Ces deux événemens arrivèrent le même jour. Voyez à cet égard *Galilei, opere*, tom. I, p. LXI et XCI. — *Nelli, vita di Galileo*, tom. I, p. 20 et suiv. — *Viviani, divinatio in quinque libros amissos Aristœi senioris*, Florentiæ, 1701, 2 part., in-fol. pars II, p. 126.

quelle il a fait paraître des ouvrages estimés (1).
Soit qu'à l'époque de la naissance de son fils
il se trouvât à Pise pour y exercer le commerce (2), soit, comme quelques écrivains
l'ont affirmé, qu'il occupât dans cette ville un
emploi du gouvernement, il n'y fit qu'un court
séjour et retourna promptement à Florence,
où il devint père de plusieurs autres enfans (3).
C'est à Florence que Galilée fut élevé. Il montra
dès son enfance une grande disposition pour
la mécanique, et on le voyait sans cesse occupé
à construire des modèles de machines (4).

Son père, qui voulait l'appliquer au commerce (5), commença cependant par lui faire

---

(1) Le père de Galilée avait été élève de Zarlino, avec lequel il eut dans la suite des discussions animées. Il mit en
musique le chant du *conte Ugolino* de Dante (*Nelli*, *vita*,
tom. I, p. 9 et suiv.).

(2) *Nelli*, *vita*, tom. I, p. 23.—Rossi a prétendu que Galilée
était un enfant naturel, mais il s'est trompé : Julie Ammannati avait épousé Vincent Galilei dix-huit mois avant la
naissance de Galilée (Voyez *Erythræi pinacotheca*, Col. —
Agripp., 1643-48, 3 vol. in-8, tom. I, p. 276. — *Nelli*, *vita*,
tom. I, p. 23-26).

(3) *Nelli*, *vita*, tom. I, p. 15.

(4) *Galilei*, *opere*, tom. I, p. LXI.

(5) *Targioni*, *notizie degli aggrandimenti delle scienze fisi-*

apprendre le latin sous la direction de Jacques
Borghini (1), maître inhabile dont la médiocrité
n'empêcha pas l'élève de faire de rapides progrès. Galilée étudia les classiques latins ; il
s'appliqua ensuite au grec et devint ainsi par
ses propres efforts très habile dans les langues d'Athènes et de Rome (2). De telles études
lui furent d'une grande utilité dans la suite :
elles contribuèrent sans doute à former ce style
admirable auquel le grand philosophe toscan
doit en partie ses succès. Les progrès qu'il fit
dans les langues savantes et dans la logique,
qu'il étudia sous un moine de Vallombrose (3);
son aptitude à la peinture et à la mécanique (4), ses succès étonnans dans la musique (5), élevèrent les espérances (6) de son
père, qui, abandonnant l'idée de faire de lui

---

che in Toscana, Firenze, 1780, 3 tom. in-4, tom. II, part. 1,
p. 64.

(1) *Nelli, vita,* tom. I, p. 26.

(2) *Targioni, notizie,* tom. II, part. 1, p. 64.— *Nelli, vita,*
tom. I, p. 27.

(3) *Nelli, vita,* tom. I, p. 27.

(4) *Nelli, vita,* tom. I, p. 28.

(5) *Nelli, vita,* tom. I, p. 27.

(6) *Targioni, notizie,* tom. II, part. 1, p. 64.

un marchand de laine, voulut qu'il se livrât
à la médecine, seule science qui pût alors
mener à la fortune. On ne saurait s'empêcher de remarquer ces facultés multiples d'un
homme destiné à produire une révolution complète dans les sciences, et à devenir en même
temps le premier écrivain italien de son siècle;
d'un homme qui a mérité que les plus illustres peintres, les Bronzino, les Cigoli (1), le
consultassent avec déférence, et qui était à-
la-fois le plus habile joueur de luth (2) et le plus
rude dialectitien de son temps; esprit singulier
capable de méditer profondément sur les plus
sublimes vérités de la philosophie naturelle, et
d'improviser une comédie (3). Ces facultés si é-
minentes et si diverses ne pourraient-elles pas
faire penser qu'il y a dans l'homme un principe

---

(1) *Galilei, opere,* tom. I, p. LXII. — Cigoli avait appris
de Galilée la perspective.

(2) *Galilei, opere,* tom. I, p. LXII.

(3) *Venturi, memorie di Galileo,* part. I, p. 356. — Torricelli aussi avait écrit des comédies (*Targioni, notizie,* tom. I,
p. 182): elles sont restées inédites comme celle qu'avait composée Galilée. Celle-ci était une *commedia a soggetto* fort
libre : le manuscrit autographe se conserve à la bibliothèque
Palatine de Florence.

unique susceptible d'être appliqué à toute chose
sans que les dispositions qu'on appelle naturelles soient appelées à jouer un rôle prédo-
minant? Sans sortir de l'Italie, Dante, Politien,
Léonard de Vinci, Galilée, Magalotti, Redi et
mille autres qu'on pourrait nommer, ne semblent-
ils pas prouver qu'une haute intelligence, réunie
à une volonté forte, triomphe de tous les obstacles, et que les hommes ainsi doués peuvent
s'illustrer également dans toutes les branches des
connaissances humaines?

Envoyé à dix-sept ans (1) par son père à l'université de Pise pour y étudier la médecine, Galilée
suivit d'abord les cours de philosophie, qui comprenaient alors les sciences métaphysiques et mathématiques. Excepté un seul, tous ses professeurs, qui étaient péripatéticiens, expliquaient
Aristote. Jacques Mazzoni (2), qui exposait les
doctrines des pythagoriciens, devint le guide de
Galilée. Il lui enseigna cette physique que l'on

---

(1) Dans un registre d'inscriptions de l'université de Pise,
on lit cette note : « Galilæus Vincentii Galilæi Florentinus
Scholaris Artista, 5 novembr. 1581 » (*Nelli, vita*, tom. I,
p. 29).

(2) *Nelli, vita*, tom. I, p. 30.

connaissait alors ; et Galilée se livra d'abord aux généralités et aux applications avant de posséder cet instrument précieux, les mathématiques, que dans la suite il ne cessa d'appliquer à l'étude de la philosophie naturelle. Cependant son esprit observateur devança les années, et il n'étudiait encore que la médecine (1), qu'un jour ayant vu dans la cathédrale de Pise une lampe suspendue que le vent agitait, il remarqua que les oscillations, grandes ou petites, s'effectuaient en des temps sensiblement égaux. Cette remarque, qui a eu de si importantes conséquences, fut dès l'origine appliquée par l'inventeur à la médecine et particulièrement à la mesure de la vitesse du pouls (2).

Une circonstance singulière porta bientôt Ga-

---

(1) *Galilei, opere,* tom I, p. LXIII-LXIV. — *Fabroni, vitæ Italorum,* Pisis, 1778, 20 vol. in-8, tom. I, p. 4.

(2) Cet instrument fut publié pour la première fois, en 1603, par Santorius, qui l'appela *pulsilogium :* mais tous les témoignages se réunissent pour prouver que Galilée avait fait cette observation pendant qu'il étudiait à l'université de Pise (*Venturi, memorie,* part. II, p. 286.—*Nelli, vita,* tom. I, p. 31). Galilée parle de l'isochronisme des oscillations du pendule dans une lettre du 29 novembre 1602, adressée au marquis Del Monte (*Galilei, opere,* tom. II, p. 716).

lilée vers l'étude des mathématiques (1). Son père
connaissait l'abbé Hostilius Ricci, qui enseignait
la géométrie aux pages du grand-duc, et qui
les accompagnait l'hiver à Pise lorsque la
cour s'y rendait. Dès que l'abbé Ricci fut arrivé
à Pise, Galilée s'empressa d'aller le visiter, mais
il le trouva donnant sa leçon aux pages dans une
salle où les étrangers ne pouvaient pénétrer. Il
renouvela plusieurs fois ses visites, et comme il
trouvait toujours le professeur avec ses élèves,
Galilée, s'arrêtant à la porte, se mit à écouter
ce que l'on disait dans la salle. La géométrie

----

(1) Ce récit se trouve dans la vie de Galilée composée par Ghérardini et publiée par Targioni (*Notizie*, tom. II, part. 1, p. 62
et suiv.). L'écrit de Gherardini contient quelques inexactitudes : elles ont été relevées avec amertume (*Nelli, vita*, tom. I,
p. 99), par Nelli, qui n'aimait pas Targioni : mais bien que
Ghérardini ait pu se tromper dans des matières scientifiques auxquelles il était étranger, il faut avouer qu'il a traité
la partie biographique avec plus de franchise et de liberté
qu'aucun autre des historiens de Galilée, dont il avait été
le confident et l'ami. Viviani, qui n'a pu dire toujours la vérité, a rapporté ce fait d'une manière différente ; mais Ghérardini est tout-à-fait explicite : il raconte *ce que lui avait
dit Galilée*, et il faut ajouter qu'il ne destinait pas son
écrit au public (*Targioni, notizie*, tom. II, part. 1, p. 65. —
Nelli, vita, tom. I, p. 55 et 45. — *Galilei, opere*, tom. I,
p. LXIIII).

était faite pour plaire à son esprit; il retourna fréquemment au palais, et ces leçons d'un nouveau
genre se continuèrent pendant deux mois. Bientôt il se procura un Euclide, et sous prétexte de
consulter Ricci sur une difficulté, il lui fit connaître par quels moyens il s'était introduit dans
l'étude de la géométrie. Fier d'un tel élève, Ricci
l'engagea à suivre ouvertement le cours et s'offrit à lui aplanir les difficultés qu'il pourrait
rencontrer.

Galilée avait alors dix-neuf ans (1), et la géométrie captiva tellement son attention que bientôt il négligea tous ses autres travaux. Informé
de ce relâchement sans en connaître la cause,
son père vint à Pise pour le ramener à l'étude,
mais il fut bien surpris de le trouver plus appliqué que jamais (2). Après des combats inutiles on
permit à Galilée de suivre exclusivement les
sciences, et Ricci lui fit cadeau d'un Archimède (3). Le jeune mathématicien fut tellement
stimulé par la lecture des écrits de l'illustre géo-

---

(1) *Viviani, quinto libro degli elementi d'Euclide*, Firenze,
1674, in-4, p. 81.

(2) *Targioni, notizie*, tom. II, part. 1, p. 66.

(3) *Targioni, notizie*, tom. II, part. 1, p. 66.

mètre de Syracuse, que désormais il ne voulut
plus avoir d'autre guide, disant que quiconque
suit Archimède peut marcher hardiment sur la
terre et dans le ciel (1).

Sous ce grand maître il fit des pas de géant;
à vingt-et-un ans il avait perfectionné la théorie des centres de gravité des solides (2), et
comme le bruit de ses succès commençait à se répandre, Vincent Galiléi, qui succombait sous la
charge d'une nombreuse famille, demanda une
bourse pour son fils ; le grand-duc la lui refusa (3). Pauvre et ne recevant aucun encouragement, Galilée se vit bientôt forcé de quitter
l'université sans s'être fait recevoir docteur (4).

Cependant son nom devenait célèbre. A vingt-
quatre ans il était en correspondance avec Clavius, Ortelius, Riccoboni (5), savans bien dignes
d'apprécier son talent. Mais le plus ardent de ses
admirateurs, le plus utile de ses amis, fut le mar-

----

(1) *Targioni, notizie,* tom. II, part. 1, p. 67.

(2) *Viviani, quinto libro,* p. 81. — *Venturi, memorie,*
part. I, p. 7-8.

(3) *Nelli. vita,* tom. I, p. 32.

(4) *Nelli, vita,* tom. I, p. 33.

(5) *Nelli, vita,* tom. I, p. 36-39. — *Venturi, memorie,*
part. I, p. 7-8.

quis Del Monte, qui l'appelait l'*Archimède de son temps* (1), et qui affirmait que depuis la mort du géomètre Sicilien, on n'avait jamais vu un génie pareil. Les mathématiciens jugeaient du mérite de Galilée d'après des ouvrages que, trop pauvre pour les faire imprimer, il leur communiquait en manuscrit (2). Après plusieurs tentatives inutiles de Del Monte et de son frère le cardinal, pour faire nommer Galilée professeur à Bologne (3), ses amis parvinrent (4), en 1589, à lui faire obtenir la chaire de mathématiques dans l'université à Pise avec soixante écus de traitement (5).

---

(1) *Nelli, vita,* tom. I, p. 36-37 et 49.

(2) *Nelli, vita,* tom. I, p. 37. — *Venturi, memorie,* part. I, p. 7-8.— C'est alors qu'il composa la *Bilancetta,* écrit où il se proposait de déterminer le poids spécifique des corps et des alliages, et qui ne fut imprimé que longtemps après (*Galilei, opere,* tom. I, p. lxv et 624).

(3) *Nelli, vita,* tom. I, p. 40.

(4) Ce fut encore Del Monte qui obtint cette chaire pour lui. Viviani, qui, en flattant le grand-duc, voulait se faire pardonner le culte qu'il rendait à la mémoire de Galilée, a avancé que Jean de Médicis avait aidé Galilée dans cette circonstance; mais ce fait est inexact (*Galilei, opere,* tom. I, p. lxvii. — *Targioni, notizie,* tom. II, part. 1, p. 67. — *Nelli, vita,* tom. I, p. 41).

(5) Mercuriale recevait dans la même université deux

Bien que son cours n'ait pas été imprimé, on
sait par quelques fragmens qui restent encore,
que Galilée se déclara ouvertement contre Aristote (1). Nous avons déjà vu que Benedetti avait
voulu démontrer par le raisonnement que tous
les corps tombent de la même hauteur dans des
temps égaux (2). Galilée agrandit le sujet, et après
avoir confirmé ce résultat par l'expérience, il
prouva, chose bien plus importante et plus difficile, que dans la chute des graves les vitesses sont
proportionnelles aux temps, et que les espaces
parcourus par le mobile sont entre eux comme
les carrés des vitesses (3). Ces propositions sont la
base de la dynamique, science que Galilée créait
ainsi à vingt-cinq ans. Dans ces recherches il appelait à son secours l'expérience et le raisonne-

---

mille écus par an, et l'on donnait à Galilée un franc
par jour à-peu-près : aussi Del Monte lui écrivait *qu'il ne
pouvait pas le voir en cet état* (*Nelli, vita*, tom. I, p. 41-48).

(1) *Venturi, memorie,* part. II, p. 330.—*Nelli, vita*, tom. I,
p. 42 et 44.

(2) Voyez le tom. III, p. 122 de cet ouvrage. Les mêmes
idées se retrouvent dans les dialogues de Moleti qui se conservent manuscrits à la bibliothèque Ambroisienne de Milan
(*Venturi, memorie*, part. I, p. 8).

(3) *Nelli, vita*, tom. I, p. 44.

ment. Il faisait tomber des graves de la tour penchée de Pise, qui est très propre à ces sortes d'observations. Les élèves et les professeurs qui assistaient à ces belles expériences (1) n'y étaient guère préparés, et l'on dit qu'irrités contre ce fier adversaire d'Aristote, ils l'accueillirent plusieurs fois par des sifflets. Une chose digne de remarque, c'est que ces découvertes, qu'il avait consignées dans des dialogues conservés encore inédits à Florence (2), n'aient été publiées par lui que vers la fin de ses jours. Nous verrons plus d'une fois ce fait se renouveler dans la vie de Galilée : et comme il communiquait très volontiers des recherches (3) qu'il ne faisait pas imprimer, il eut souvent à se plaindre de certaines personnes qui abusaient de sa confiance. Si on n'a pas cherché à lui dérober toutes ses inventions, c'est qu'il y en avait de tellement

---

(1) *Nelli, vita,* tom. I, p. 44. — *Galilei, opere,* tom. I, p. LXVI.

(2) *Venturi, memorie,* part. II, p. 330. — Ces recherches parurent en 1638 dans les *Discorsi e dimostrazioni matematiche interno a due nuove scienze,* publiés à Leide, par les Elzeviers.

(3) *Galilei, opere,* tom. I, p. LXVII.

extraordinaires que ceux qui auraient pu être tentés de se les approprier, les regardèrent d'abord comme des erreurs.

Dans ces premiers *Dialogues,* dont il inséra une partie dans les *Discours sur deux nouvelles sciences* qui parurent cinquante ans après, Galilée traitait des oscillations du pendule, de la chute des graves suivant la verticale et sur un plan incliné, et des principes du mouvement (1). On doit vivement désirer que ces essais soient enfin publiés. Car, indépendamment de la vénération bien naturelle qui nous porte à recueillir les moindres productions des hommes de génie , rien ne serait plus intéressant comme étude philosophique, que de connaître les premiers pas de Galilée dans ce monde inconnu où il a fait tant d'admirables découvertes. Ses méthodes méritent toute notre attention : et chez les inventeurs elles se révèlent

----

(1) *Venturi, memorie,* part. II, p. 33o. — *Nelli, vita,* tom. I, p. 43-45. — Voyez au sujet de l'équilibre et du mouvement sur le plan incliné, *Lagrange, mécanique analytique,* tom. I, p. 9-10. Il paraît qu'à la même époque, Galilée avait fait quelques recherches sur la cycloïde (*Fabroni, vitæ Italorum,* tom. I, p. 12).

12.

principalement dans les premières tentatives.

A cette époque les professeurs étaient encore, comme au moyen âge, engagés pour un temps déterminé. L'engagement de Galilée ne durait que trois ans (1), et, bien que son traitement fût si modique, les besoins de sa famille lui faisaient vivement désirer de voir renouveler cet engagement (2). Cependant il n'hésita pas à risquer son avenir par amour pour la science et pour la vérité : Jean de Médicis, cet enfant naturel de Côme Ier, qui se croyait un grand architecte et un très habile ingénieur, avait inventé une machine à draguer dont Galilée, chargé de l'examiner, fit connaître les défauts (3). Une telle franchise blessa l'auteur, qui se plaignit au grand-duc ; et comme tous les péripatéticiens de la Toscane appuyaient ces réclamations, Galilée se vit au moment d'être renvoyé. Il céda donc à l'orage, et se retira à Flo-

---

(1) *Galilei, opere*, tom. I, p. LXVII.

(2) Son père venait de mourir, et Galilée se trouvait alors l'unique soutien d'une nombreuse famille (*Nelli, vita*, tom. I, p. 47-48).

(3) *Nelli, vita*, tom. I, p. 46-47.—*Targioni, notizie*, tom. II, part. I, p. 67. — Viviani ne nomme pas Jean de Médicis (*Galilei, opere*, tom. I, p. LXVI-LXVII).

rence (1). Le marquis Del Monte vint encore une fois à son secours et l'aida (2) à obtenir à Padoue la chaire de mathématiques, devenue vacante par la mort de ce Moleti (3) que nous avons déjà mentionné pour ses écrits sur la chute des graves (4). Le grand-duc, qui fut consulté (5), laissa partir sans regret un homme dont il ne comprenait pas le mérite. Galilée se rendit à Venise dans l'été (6) de 1592, et il se plaisait à raconter dans sa vieillesse que la malle qu'il emporta en partant de Florence ne pesait pas cent livres : elle renfermait tout son avoir (7).

Après s'être arrêté peu de temps (8) à Venise, Galilée se rendit à Padoue, pour ouvrir son

---

(1) Ghérardini parle ici de Salviati comme ayant appuyé Galilée en cette circonstance. Mais il paraît certain que la liaison de Salviati avec Galilée n'a commencé que longtemps après (*Targioni, notizie*, tom. II, part. 1, p. 68. — *Nelli, vita*, tom. II, p. 768).

(2) *Nelli, vita*, tom. I, p. 49.

(3) *Nelli, vita*, tom. I, p. 49.

(4) Voyez ci-dessus p. 177.

(5) *Nelli, vita*, tom. I, p. 51. — *Galilei, opere*, tom. I, p. 67. — *Fabroni, vitæ Italorum*, tom. I, p. 13.

(6) *Nelli, vita*, tom. I, p. 49.

(7) *Targioni, notizie*, tom. part. 1, p. 69.

(8) Ce fut pendant le séjour qu'il fit à Venise que Galilée

cours (1). Tous les écrivains contemporains s'accordent à proclamer le succès de ses leçons (2). Dans une science difficile et à la portée d'un petit nombre d'esprits, il s'attacha un nombre d'auditeurs qui parut extraordinaire, même à l'université de Padoue, alors si célèbre et si fréquentée (3).

Pendant les premières années de son engagement, Galilée composa : le *Traité des fortifi-*

---

reçut sa nomination : il fut d'abord engagé pour six ans (*Nelli, vita*, tom. I, p. 49-50).

(1) Suivant Nelli, après avoir obtenu cette chaire, Galilée serait retourné à Florence pour demander l'autorisation du grand-duc; mais ce voyage ne me semble pas suffisamment démontré. Viviani n'en parle pas, et Gherardini dit que Galilée resta à Venise jusqu'à la fin des vacances. (*Nelli, vita*, tom. I, p. 51. — *Galilei, opere*, tom. I, p. LXVII. — *Targioni, notizie*, tom. II, part. I, p. 69). D'ailleurs la lettre d'Uguccioni, citée par Nelli, est du 21 septembre, et le décret du doge, qui nomme Galilée professeur à Padoue, est du 26 du même mois. Il n'est pas possible que dans l'intervalle Galilée soit allé en Toscane, et ait fait savoir à Venise qu'il avait obtenu la permission de Ferdinand de Médicis.

(2) Sa première leçon eut un succès extraordinaire et lui valut l'amitié de Tycho-Brahé (*Gassendi opera*, Florentiæ 1727, 6 vol. in-fol. tom. V, p. 384-385).

(3) *Galilei, opere*, tom. I, p. LXVII-LXIX et LXXXVII. — *Targioni, notizie*, tom. II, part. I, p. 69. — *Venturi, memorie*, part. I, p. 11.

cations, la *Gnomonique,* un *Abrégé de la sphère*
et un *Traité de mécanique* (1); mais, bien qu'il
donnât copie de ces ouvrages à tous ceux qui
le désiraient, et qu'il ne cessât d'en exposer la
substance dans ses leçons (2), il n'en fit imprimer
aucun. Le *Traité de mécanique,* où il appliquait
le principe des vitesses virtuelles, qu'il considéra
le premier comme une propriété générale de
l'équilibre des machines (3), ne parut qu'environ
quarante ans après, traduit en français par les

----

(1) *Nelli, vita,* tom. I, p. 53, 57, 59, 60. — *Galilei, opere,*
tom. I, p. LXVII.

(2) Quand on veut traiter les questions de priorité relatives à Galilée, il ne faut jamais oublier qu'avant de publier
son premier ouvrage, le Compas de Proportion imprimé en
1606, ce grand philosophe avait professé pendant dix-sept ans
à Pise et à Padoue, et qu'il avait communiqué ses découvertes
à des milliers d'élèves qui les répandirent dans toute l'Europe. Ce fut un appât auquel on ne sut point résister : de
nombreux plagiaires tentèrent de s'enrichir aux dépens de
Galilée. D'autres professeurs célèbres ont eu à se plaindre
d'avoir été dépouillés ainsi : dans l'avertissement au lecteur
qui précède les *Commentaria in primam Fen Avicennæ* (*Venetiis,* 1620, in-fol.), Sanctorius s'exprimait ainsi : « Audio disci-
pulos meos in varias terrarum partes dispersos, quos, summa caritate, et gratuita benevolentia docui, horum multorum
(*instrumento*) sibi inventionem attribuere, quorum inhuma-
nitas silentio certè non erat obvolvenda. »

(3) *Lagrange, mécanique analytique,* tom. I, p. 9 et 20.

soins du père Mersenne (1). Le *Traité des forti-*
fications n'a été imprimé que dans notre siècle (2).
La *Gnomonique* est perdue, et le *Traité de la*
Sphère qu'on a publié sous le nom de Galilée,
n'est certainement pas de lui ; car non-seulement
on y trouve des opinions diamétralement oppo-
sées à celles qu'il professa toujours ; mais on y remarque aussi une méthode de raisonnement qui
ne pouvait être la sienne (3). Cette indifférence
pour la publication de ses ouvrages, et cette

---

(1) *Galilée, les Méchaniques.* Paris, 1634, in-8. — Cet ouvrage fut publié en italien pour la première fois à Ravenne
en 1649, in-4., sous le titre suivant : *Della scienza mecanica*
e delle utilità che si cavano da gl' Istrumenti di quella, opera
cavata da manuscritti dell' Eccellentissimo Matematico
Galileo Galilei.

(2) Ce traité, dont Tiraboschi avait donné un extrait,
parut dans l'ouvrage de Venturi (Voyez *Tiraboschi, Storia*
della lett. ital., vol. XIV, p. 183. — *Venturi, memorie,*
part. I, p. 25 et suiv.). Outre l'écrit qui a été publié, Galilée avait composé pour ses élèves un abrégé qui existe
encore inédit (*Nelli, vita*, tom. I, p. 57. — *Venturi, memorie,*
part. I, p. 25) : suivant Gherardini, le célèbre professeur de
Padoue dirigea plusieurs fois les fortifications construites
dans les états vénitiens (*Targioni, notizie*, tom. II, part. I,
p. 73).

(3) Dès ses premiers pas dans la carrière des sciences
Galilée avait adopté le mouvement de la terre (Voyez, *Ke-*
pleri epistolæ, p. 91). Or non-seulement la *Sphère* qu'on lui a

libéralité de communication caractérisent Galilée. Nous ne nous lasserons jamais de constater
ce fait, afin de pouvoir plus facilement combattre les prétentions de ceux qui ont voulu
lui ravir la gloire de ses découvertes.

Suivant tous les biographes, ce fut pendant
les premières années de son séjour à Padoue
que Galilée imagina un instrument fort important en lui-même, et plus important encore parce
que c'était un des premiers exemples (1) de l'ap-

---

attribuée suppose l'immobilité de la terre, mais cet ouvrage
renferme les argumens les plus ineptes contre le système de
Copernic. Viviani , Grandi et Nelli l'ont cru apocryphe, et
il n'a été imprimé avec les œuvres de Galilée qu'en 1744 dans
l'édition de Padoue (Voyez, *Nelli*, *vita*, tom. I, p. 59). Cet
opuscule fut publié d'abord à Rome en 1656, in-12, par le
père Daviso, qui se cacha sous un anagramme et qui y ajouta
un traité d'*astrologie*. Cet empressement d'un moine péripatéticien pour faire paraître un écrit de Galilée est fort suspect,
et l'on pourrait y voir une fraude pieuse, destinée à faire
croire au public que Galilée avait changé d'opinion sur ce
point capital (*Galilei, trattato della sfera*, Roma, 1656, in-12,
p. 35, 39, 273, etc.).

(1) Les instrumens destinés à mesurer les propriétés physiques des corps , ou l'intensité des causes des phénomènes naturels , étaient alors en très petit nombre, fort
imparfaits, et d'un usage peu fréquent. C'étaient principalement l'hydroscope de Synesius, l'hygromètre de Léona_rd

plication d'un phénomène physique à la mesure de l'intensité d'une cause. Il s'agit ici du thermomètre, dont l'invention a été attribuée à un si grand nombre de personnes, mais qui semble indubitablement appartenir à Galilée.

Jusqu'alors on s'était presque toujours borné à estimer l'intensité des causes physiques et des forces qui agissent sur les corps naturels, d'après l'impression qu'elles produisent sur nos sens. Cette évaluation ne pouvait avoir rien de précis; car il aurait fallu avoir, de plus, un autre instrument propre à mesurer les rapports des sensations entre elles. Et d'ailleurs les hommes ne conservant qu'imparfaitement le souvenir des impressions qui se succèdent, toute comparaison devenait impossible, même dans un seul individu, et pourtant on ne peut mesurer sans établir des rapports. Quant aux sensations éprouvées par différentes personnes, il n'y avait aucun moyen de les comparer entre elles. Parmi les phénomènes qu'on observe habituellement, il

de Vinci, et les anémomètres de Danti et de Volpaja (Voyez, *Diophanti arithmeticorum libri sex*, Tolosæ, 1670, in-fol. pièces prélimin. — *Venturi , Essai sur Léonard de Vinci*, Paris, 1797, in-4., p. 28. — *Danti, anemographia;* p. 18-20.

n'y en a pas qui aient plus d'importance pour nous que les phénomènes calorifiques. La santé des hommes et des animaux, les travaux de l'agriculture, les arts les plus utiles et les plus nécessaires dépendent de la chaleur; et cependant jusqu'au moment où Galilée inventa le thermomètre, il n'y avait aucun moyen de déterminer la température, et tout se bornait à dire : « J'ai chaud ou j'ai froid. » Ce grand physicien ayant remarqué que l'air, comme tous les corps en général, se raréfie par la chaleur et reprend son volume primitif en se refroidissant, fonda sur cette observation très simple l'instrument destiné à rendre sensibles à la vue les variations de la température. Cet instrument se composait (1) d'un tube de verre de petit diamètre, ouvert à l'une de ses extrémités, et terminé à l'autre bout par une boule. Après y avoir introduit un peu d'eau, on plongeait l'extrémité du tube dans une position verticale. La pression de l'air extérieur retenait le liquide dans le tube, et le thermomètre était construit. En effet, en approchant

---

(1) On trouve dans Nelli (*Vita*, tom. I, p. 70 et suiv.) la figure de cet instrument, que le père Daviso avait décrit en 1656 (*Galilei, trattato della sfera*, p. 189).

un corps chaud de la boule de cet instrument ,
l'air intérieur se dilatait, et chassait le liquide,
qui descendait dans le tube et qui remontait
ensuite par le refroidissement. Galilée avait gra-
dué le tube pour pouvoir faire des observations (1). Cet instrument n'était pas *comparable;*
car il était dépourvu de points fixes dans l'é-
chelle: c'était un thermoscope plutôt qu'un thermomètre. De plus, il servait à-la-fois de thermoscope et de baromètre. Le liquide montait ou
descendait dans le tube, suivant les variations
du poids de l'atmosphère et d'après l'évaporation
qui s'opérait à l'intérieur. On était encore loin
des thermomètres actuels, et pourtant la véritable physique, la physique du poids et de la
mesure, ne prit naissance que du jour où cet instrument fut inventé; car jusqu'alors les instrumens qu'on avait imaginés pour mesurer les
effets naturels ou les propriétés des corps étaient
des objets de curiosité qu'on n'employait presque jamais, tandis que le thermomètre devint
bientôt d'un usage journalier (2) par l'influence

----

(1) *Nelli, vita,* tom I, p. 70.— *Venturi, memorie,* part. I,
p. 20.

(2) *Venturi, memorie,* part I, p. 20.

de Galilée, qui ne se lassait pas d'inculquer la
nécessité d'introduire la mesure dans la philosophie naturelle et qui ne cessa pendant toute sa
vie d'imaginer de nouveaux instrumens propres
à l'observation (1) et à la mesure des effets
naturels.

Il n'existe peut-être pas une découverte qui
ait eu autant de prétendans que celle-ci. Elle fut
attribuée à Bacon, à Fludd, à Drebell, à Sanctorius, à Sarpi. Mais des témoignages irrécusa-
bles (2) prouvent que Galilée avait construit son
thermomètre avant 1597, et il résulte de pièces
authentiques, qu'en 1603 au plus tard, il en avait
montré les effets au père Castelli (3). On voit par
une lettre de Sagredo que dès 1613, cet ami
zélé de Galilée faisait à Venise des observations

---

(1) Galilée a perfectionné tous les moyens d'observation,
il a inventé ou perfectionné les principaux instrumens de
mesure; le pendule, le compas, le télescope, le thermomètre,
le microscope, etc., etc. Ses efforts constans pour introduire
la mesure dans la philosophie naturelle et pour l'enrichir de
nouveaux instrumens de recherche montrent quel était le but
général de ses travaux.

(2) *Galilei, opere*, tom. I, p. LXVII. — *Nelli, vita*, tom. I,
p. 72.

(3) *Nelli, vita*, tom. I, p. 69.

avec le thermomètre *inventé* (1) par Galilée, et qu'il avait déjà déduit de ces observations des résultats fort importans pour la météorologie. Il est vrai qu'on ne lit pas la description du thermomètre dans les œuvres de Galilée ; mais on sait aussi que la plupart des ouvrages du grand philosophe toscan ont péri (2) ; et il ne faut pas s'étonner si, préoccupé de ses découvertes sur le système du monde, il ne songea pas à imprimer la description d'un instrument qu'il avait communiqué à un si grand nombre de personnes. D'ailleurs, on ne doit jamais oublier qu'un professeur n'a pas besoin d'imprimer ses travaux pour les rendre publics : du haut de sa chaire, il les expose, et les répand ainsi dans le monde. Pendant vingt ans, Galilée ne cessa de publier de cette manière ses découvertes, et l'on conçoit que les idées d'un

---

(1) *Nelli, vita,* tom. I, p. 71-72. — *Venturi, memorie,* part. I, p. 20-21.

(2) Non-seulement plusieurs de ses ouvrages ont disparu, mais depuis la mort de Viviani on a perdu encore la plupart des pièces qui avaient servi à déterminer la date des inventions de ce grand philosophe, et que son illustre élève voulait publier. C'est pour cela qu'en fait de dates les assertions de Viviani méritent une grande confiance.

maître célèbre auprès duquel les élèves ac-
couraient de toutes les parties de l'Europe,
devaient se propager avec une merveilleuse rapidité. C'est ce qui arriva pour les expériences
sur le pendule qu'il avait faites à Pise, et pour
le thermomètre, qu'on ne trouve cependant
mentionné chez d'autres auteurs que longtemps
après.

Bacon n'a parlé qu'en 1620 des *Vitra Kalen-
daria*, et il les cite comme une chose déjà connue (1). Fludd, qui voyagea en Italie et qui était

---

(1) « Facillime omnium corporum apud nos et excipit et
« remittit Calorem Aër, quod optime cernitur in vitris Ca-
« lendariis. Eorum confectio est talis : Accipiatur vitrum
« ventre concavo, collo tenui et oblongo ; resupinetur et de-
« mittatur hujusmodi vitrum ore deorsum verso, ventre sur-
« sum, in aliud vasculum vitreum ubi sit Aqua ; tangendo
« fundum vasculi illius recipientis, extremo ore vitri im-
« missi, et incumbat paululum vitri immissi collum ad os
« vitri recipientis, ita ut stare possit ; quod ut commodius
« fiat, apponatur parum ceræ ad os vitri recipientis, ita
« tamen ut non penitus obturetur os ejus, ne ob defectum
« Aëris succedentis impediatur motus de quo jam dicetur,
« qui est admodum facilis et delicatus. »

« Oportet autem ut vitrum demissum antequàm inseratur
« in alterum, calefiat ad ignem à parte superiori, ventre scili-
« cet. Postquàm autem fuerit vitrum illud collocatum, ut dixi-
« mus, recipiet et contrahit se Aër (qui dilatatus erat per cale

de retour en Angleterre en 1605, n'a commencé
à publier ses travaux que beaucoup plus tard (1).

« factionem) post moram sufficientem pro extinctione illius
« ascititii Caloris, ad talem extensionem sive dimensionem,
« qualis erit Aeris ambientis aut communis tùnc temporis,
« quando immittitur vitrum, atque attrahit aquam in sursum
« ad hujusmodi mensuram. Debet autem appendi charta an-
« gusta et oblonga, et gradibus (quot libuerit) interstincta. Vi-
« debis autem prout tempestas diei incalescit aut frigescit
« Aërem se contrahere in augustius per frigidum, et extendere
« se in latius per Calidum, id quod conspiceretur per aquam
« ascendentem quando contrahitur Aër, et descendentem
« sive depressam quando dilatatur Aër. » (*Baconis novum
organum*, lib. II, aph. XIII, § 38). — Bacon parle ici de cet
instrument comme d'une chose connue déjà, et effectivement elle l'était depuis longtemps en Italie, où Sanctorius en avait publié la description dès l'année 1612. Nous
verrons que le thermomètre avait déjà été notablement perfectionné en 1610; mais Bacon ne décrit que le plus ancien
et le plus inexact de ces instrumens. Dans une courte introduction, placée en tête de la neuvième centurie de sa *Sylva
sylvarum*, Bacon nomme les *thermomètres* sans les décrire,
et l'on voit, par le § 811 du même ouvrage, que ces instrumens avaient toujours l'ancienne forme.

(1) La *philosophia moysaica*, où l'on trouve la description du thermoscope ne parut qu'en 1638, et l'on ne comprend pas comment le jésuite Lana a pu attribuer cette
découverte à Fludd (*Lana, prodomo dell' arte maestra*,
Brescia, 1670, in-fol., p. 62, cap. VII); d'autant plus que
celui-ci ne décrit que le plus ancien instrument, qu'il indique comme étant déjà connu : « *Vulgo speculum Calenda-*

Drebell fit paraître en 1621 la description de ce qu'on a appelé son thermomètre et qui n'était qu'un appareil destiné à montrer la faculté qu'a l'air de se dilater en s'échauffant (1) : au reste, Drebell semble avoir presque copié une indication dont nous avons déjà signalé l'existence dans les *Pneumatiques* de Porta (2). Avant tous ces auteurs Sanc-

---

rium dictum » (*Fludd, philosophia moysaica*, Goudæ, 1838, in-fol., § 1, 2, 4, 28, etc.).

(1) On ne saurait assez s'étonner de la facilité avec laquelle les erreurs se propagent et se reproduisent dans l'histoire des lettres et des sciences, par des écrivains qui se copient continuellement sans se donner même la peine de voir les ouvrages qu'ils citent. Drebell, auquel on a attribué si souvent et jusque dans la *Biographie universelle* l'invention du thermomètre, n'a fait paraître qu'en 1621 (c'est-à-dire après la publication des écrits de Porta, de Sanctorius et de Bacon), l'ouvrage qu'on a toujours cité à ce sujet. Il y a plus, dans ce livre, Drebell ne parle nullement du thermomètre ni de la mesure de la chaleur : il se propose seulement de montrer que l'eau échauffée se transforme en air (*Drebell, de natura elementorum,* etc. Genevæ, 1628, in-12, p. 24-27). Je n'ai jamais vu l'édition originale de cet ouvrage : dans l'édition que je viens de citer, la dédicace du traducteur est datée de 1621. Je connais aussi une traduction différente, du même ouvrage, imprimée à Francfort, en 1628, in-8.

Voyez la note XV à la fin du volume.

(2) Voyez ci-dessus p. 133.

torius (1) avait décrit cet instrument dès l'année
1612; et enfin, Sarpi, qui n'en parla jamais
dans ses ouvrages imprimés, paraît s'en être
occupé (2) en 1617.

Ces dates suffisent pour assurer la priorité à Galilée; mais il n'est pas moins vrai que
cette invention fut divulguée par d'autres, et
qu'on ne la trouve pas dans les ouvrages de

---

(1) Sanctorius était un homme du plus grand mérite, qui a
répandu dans ses ouvrages une foule d'idées ingénieuses.
Tout le monde connaît sa médecine statique. Non-seulement
il a publié le thermomètre et le pendule appliqué à la médecine, que Galilée avait inventés, mais il a imaginé d'autres
instrumens de physique, parmi lesquels l'hygromètre à corde
mérite d'être cité (Voyez les recherches physiques de cet illustre médecin dans *Sanctorii commentaria in primam Fen
Avicennæ*, col. 22-23, 78, 215, 219-221, 305, 500, 512, 636, etc.).
Suivant Nelli, le thermoscope à air se trouve dans les *Commentaria in artem medicinalem Galeni* qui parurent à Venise, en 1612, in-folio. C'est pour cela que j'ai dit que Sanctorius avait décrit cet instrument en 1612, mais je dois déclarer que je n'ai jamais pu consulter cette édition, et que
je la cite ici d'après Nelli (*Nelli, vita*, tom. I, p. 80). Ces
commentaires ont été réimprimés dans le premier volume
des œuvres complètes de Sanctorius (Venetiis, 1660, 4 vol.
in-4), et c'est là que j'ai vu l'indication du thermoscope (*Sanctorii opera*, tom. I, p. 358, 365, 538, etc.).

(2) *Foscarini, della letteratura veneziana*, p. 307. — *Nelli,
vita*, tom. I, p. 87-88.

ce grand physicien. Cependant, on a toujours omis de mentionner l'écrivain qui l'a d'abord fait connaître (1). Comme nous l'avons déjà dit, c'est dans la traduction italienne des *Pneumatiques* de Porta qu'en 1606 parut pour la première fois l'indication d'une espèce de thermomètre (2). On se tromperait cependant si l'on voulait attribuer à Porta une telle découverte. Nous avons déjà insisté sur l'habitude qu'avait

---

(1) Nelli, qui a fait beaucoup de recherches pour assurer à Galilée l'invention du thermomètre, n'a pas parlé de Porta, que je n'ai jamais vu cité à propos de cet instrument. Il ne s'est pas arrêté non plus à Sébastien Bartoli, auquel quelques auteurs ont attribué cette invention , mais qui ne paraît y avoir aucun droit si, comme le dit Mazzuchelli, il florissait en 1666, c'est-à-dire plus de soixante ans après que Galilée avait communiqué le thermoscope à Castelli (*Tiraboschi, storia della lett. ital.*, vol. XIV, p. 173. — *Mazzuchelli, scrittori*, tom. II, part. I, p. 451-452.)

(2) *Porta, spiritali*, p. 76-77. — Porta dit ici qu'il a déjà parlé de cet instrument dans les *Météores* ; mais évidemment il fait allusion à son manuscrit, car cet ouvrage, qu'il intitula aussi *de Aeris transmutationibus*, ne parut qu'après la traduction des Pneumatiques. Je possède l'édition qui parut à Rome en 1610 (in-4), et on y a répété la première approbation du maître du sacré palais datée du 22 novembre 1608. Dans cette édition le thermoscope est indiqué au chapitre xvi du premier livre.

Voyez la note XV à la fin du volume.

le physicien napolitain de reproduire les inventions de ses contemporains sans les citer. D'ailleurs le thermomètre ne se trouvant pas indiqué dans la première édition (1) de cet ouvrage, qui avait paru en latin en 1601, il est bien probable que, dans l'intervalle, l'auteur avait eu connaissance, d'une manière imparfaite au moins, de l'instrument que Galilée montrait à Castelli en 1603.

Si nous nous sommes arrêté sur ce point, ce n'est pas seulement à cause de l'importance du

---

(1) Voyez *Porta, pneumaticorum*, libri III, Neapoli 1601, in-4. — On doit remarquer, à propos du thermoscope, que Galilée semble l'avoir inventé à une époque où il s'occupait d'Héron (*Venturi, memorie*, part. I, p. 12), que Porta l'a placé d'abord dans une espèce de paraphrase du livre de l'ingénieur grec, et que Sanctorius dit (*Commentaria in Fen*, col. 23) qu'il l'a déduit d'un instrument d'Héron. Or, comme dans les *Spiritalia* on voit diverses machines qui agissent par l'action de l'air raréfié par la chaleur, il ne serait pas absolument impossible que Porta et Sanctorius eussent trouvé le thermoscope sans connaître l'invention plus ancienne de Galilée. Un perfectionnement important fut introduit dans cet instrument par un autre commentateur d'Héron, dont l'ouvrage est resté toujours inédit et inconnu, mais qui, dès l'année 1610, avait soustrait le thermoscope à l'influence de la variation de la pression atmosphérique.

Voyez la note XVI à la fin du volume.

sujet, mais encore afin de prouver par cet exemple combien de prétentions mal fondées on a élevées contre Galilée. Heureusement, pour revendiquer sa propriété, l'illustre professeur de Padoue n'a eu que rarement besoin d'invoquer le témoignage de ses amis : le plus souvent on n'a réclamé la priorité que pour des savans qui avaient fait paraître leurs écrits après la publication des ouvrages de Galilée, ou lorsque ses découvertes étaient connues et répandues généralement.

Non-seulement ce grand observateur se livrait à l'étude de la physique et de la mécanique rationnelle, mais il s'occupait aussi de mécanique appliquée. En 1594 il obtint du doge de Venise un privilège de vingt ans (1) pour une machine hydraulique de son invention, et peu de temps après il imagina le *compas de proportion* (2) instrument fort utile aux ingénieurs, qui eut alors un succès extraordinaire, et dont Galilée enseigna la pratique à un grand nombre de personnes (3).

______

(1) Ce privilège a été publié par Nelli (*Vita*, tom. I, p. 62).
(2) *Nelli, vita*, tom. I, p. 65.
(3) *Nelli, vita*, tom. I, p. 65.

En 1599, il avait pris un artiste chez lui pour
lui faire construire ces instrumens (1). Après en
avoir envoyé dans toute l'Europe, il en donna (2)
enfin la description en 1606, et cependant il se
trouva des personnes qui voulurent se l'approprier. De ce nombre fut Balthazar Capra, Milanais, qui en 1607 publia la description d'un
instrument semblable. Galilée, qui avait été déjà
attaqué par Capra, en 1604, à propos d'une question d'astronomie (3), se plaignit hautement de
ce plagiat. Une commission fut chargée d'examiner cette affaire (4), et Capra fut accablé.
Galilée prouva lumineusement que l'ouvrage
de ce plagiaire était une copie du sien, auquel une main ignorante n'avait fait qu'ajouter
de lourdes bévues. Il donna dans cette dispute le premier exemple de la dialectique irré-

---

(1) *Nelli, vita,* tom. I, p. 65-66.

(2) *Galilei, le operazioni del compasso geometrico e militare,* Padova 1606, in-fol. — Cette édition ne fut tirée qu'à
soixante exemplaires, j'en possède un avec des corrections
autographes de l'auteur.

(3) *Nelli, vita,* tom. I, p. 113.

(4) *Galilei, difesa contro alle calunnie di B. Capra,* Venetia, 1607, in-4. f. 12 et suiv. — J'ai aussi un exemplaire de
cet ouvrage avec des notes autographes de Galiléc.

sistible qu'il devait employer plus tard contre les péripatéticiens. Se servant surtout de la méthode socratique, s'armant tour-à-tour du ridicule et de la géométrie, il confondit son adversaire, qui fut condamné publiquement (1).

La relation authentique de ce débat a été publiée : il en résulte que Capra ignorait les élémens de la géométrie, et il peut sembler extraordinaire que le philosophe toscan consentît à lutter contre un tel adversaire. Mais il paraît qu'il y avait derrière Capra un ennemi plus redoutable, que Galilée ne nomme pas (2). D'ailleurs, non-seulement celui-ci aimait la discussion (3) qui lui donnait de nouvelles forces, mais dans la position où il se trouvait, critiquant Aristote et voulant tout réformer, il était forcé de

---

(1) *Galilei, difesa,* f. 22. — Dans cette affaire Galilée fut soutenu par plusieurs nobles vénitiens et par Sarpi (*Galilei, difesa,* f. 7, 10, 11, 14.)

(2) *Galilei, difesa,* f. 2-3. — Une note autographe de l'auteur nomme dans mon exemplaire *Simone Mario Gantsecusano.*

(3) Gherardini dit que quelquefois Galilée s'abstenait à dessein de perfectionner ses ouvrages pour être attaqué et avoir occasion de répondre (*Targioni, notizie,* tom. II, part. I, p. 70).

repousser les attaques pour faire triompher son système, et de ne jamais refuser le combat.

Après les six premières années, Galilée fut confirmé dans sa chaire pour un temps égal avec une augmentation de traitement (1). Son enseignement avait tant de succès que plusieurs princes du Nord quittèrent leur patrie pour aller écouter cet illustre professeur. (2) : de ce nombre fut Gustave de Suède (3). Galilée était suivi constamment par des élèves avides de l'entendre et tellement nombreux qu'on ne trouvait point de salle assez vaste pour les contenir tous (4). Ils l'entouraient même à table ; et, comme ce grand homme n'avait guère de linge, il donnait à ses trop nombreux convives des feuilles de papier en guise de serviettes (5).

---

(1) *Nelli, vita*, tom. I, p. 95-96.

(2) *Nelli, vita*, tom. I, p. 131 et 135.

(3) *Nelli, vita*, tom. I, p. 129-130. — On a cru pendant longtemps que le héros de Lutzen avait été élève de Galilée ; mais il semble plus probable que ce fut un autre prince de Suède du même nom qui suivit les leçons de ce grand physicien (*Venturi, memorie*, part. I, p. 19, et part. II, p. 186. — *Galilei, opere*, tom. I, p. LXXXVI. — *Targioni, notizie*, tom. II, part. I p. 71.)

(4) *Galilei, opere*, tom. I, p. LXXXVII.

(5) *Targioni, notizie*, tom. II, part. I, p. 69.

Ses leçons sur la nouvelle étoile du Serpentaire eurent surtout un succès extraordinaire et lui suscitèrent de bien vives oppositions (1). Dans ces leçons, il s'était proposé de prouver, contrairement à la doctrine d'Aristote, que les cieux ne sont pas incorruptibles, puisqu'ils admettent des changemens. Cette étoile, qui fut visible pendant dix-huit mois, et qui disparut ensuite, avait été considérée par les uns comme une lumière située dans les régions inférieures du ciel, et par les autres comme une ancienne étoile. Galilée démontra (2) que c'était une véritable étoile, et qu'on ne l'avait jamais vue auparavant. Il fut combattu à ce sujet par Cremonino et par Delle Colombe (3); et ce fut là, comme nous l'avons dit, le premier motif de ses disputes avec Capra. Les leçons qu'il fit sur ce sujet n'ont pas été imprimées (4); on en trouve un extrait dans la réponse

---

(1) *Nelli, vita,* tom. I, p. 99-101. — *Galilei, difesa,* f. 3.

(2) *Galilei, difesa,* f. 5, 7. — *Galilei, opere,* tom. I, p. LXVIII.

(3) *Nelli, vita,* tom. I, p. 101.

(4) *Nelli, vita,* tom. I, p. 100. — *Venturi, memorie,* part. II, p. 331.

de Galilée à Capra, relative au compas de proportion.

Dès sa première jeunesse (1), Galilée avait adopté le système de Philolaus et de Copernic (2); et
en 1597, il écrivit à cet égard une lettre à Kepler,
qui lui répondit en l'encourageant à publier ses
méditations en Allemagne. Mais Galilée refusa de
suivre ce conseil, dans la crainte, disait-il, d'être,
comme Copernic, couvert de ridicule (3). Bientôt
cependant, un instrument nouveau dont il devina la construction, et qu'il dirigea le premier
vers le ciel, lui permit de donner à l'hypothèse
du mouvement de la terre un plus grand degré
de probabilité.

____

(1) Galilée a raconté lui-même que c'est à l'occasion de
quelques leçons de Wurtessen qu'étant *assai giovinetto* il
commença à réfléchir sur le système de Copernic (*Galilei,
dialogo sopra i due massimi sistemi*, Fiorenza, 1632, in-4,
p. 121).

(2) Voyez *Kepleri epistolæ*, p. 91. — *Venturi, memorie*,
part. I, p. 14-19.

(3) « Multas conscripsi et rationes et argumentorum ac
« contrarium questiones, quas tamen in lucem ucusque pro-
« ferre non sum ausus, fortuna ipsius Copernici præceptoris
« nostri perterritus : qui licet sibi apud aliquos immortalem
« famam paraverit, apud infinitos tamen (tantus enim est
« stultorum numerus) ridendus et explodendus prodiit. »
(Voyez *Kepleri epistolæ*, p. 91).

Après la publication du *compas de proportion,* Galilée avait continué avec un succès toujours croissant ses leçons à Padoue, sans cesser pour cela de s'occuper de physique et de mécanique. La chute des graves, l'isochronisme des oscillations du pendule, les centres de gravité des solides, la théorie de l'aimant, l'occupèrent tour-à-tour. On a publié deux lettres où ce grand physicien décrit des effets singuliers qu'il avait observés, à cette époque, dans un aimant (1). Ces observations, qui ont excité l'attention de Leibnitz (2), mériteraient encore de nos jours d'être étudiées et répétées par les savans, car elles semblent présenter de graves difficultés (3). En 1609, les travaux de Galilée prirent tout-à-coup une nouvelle direction : au commencement de cette année (4), la nouvelle se répandit à Venise

----

(1) *Galilei, opere,* tom. III, p. 470-474.

(2) *Epistolæ clarorum germanorum ad Magliabechium,* Florentiæ, 1746, 2 vol. in-8, tom. I, p. 87.

(3) Galilée avait fait des expériences sur un aimant appartenant à Sagredo qui avait la propriété singulière d'attirer le fer de loin et de le repousser de près (*Galilei, opere,* tom. III, p. 471. — *Venturi, memorie,* part. I, p. 91-92).

(4) Sarpi, qui en parle dans une lettre à Groslot, du 6 janvier 1609, dit qu'il en avait reçu l'avis depuis un mois, mais

qu'on avait présenté en Flandre, à Maurice de Nassau (1), un instrument construit de manière que les objets éloignés se voyaient comme s'ils étaient rapprochés. On n'ajoutait rien sur la forme de cet appareil. Dans un voyage qu'il fit à Venise, Galilée apprit cette nouvelle, qui lui fut confirmée par une lettre de Paris (2). De retour à Padoue, il y réfléchit une nuit entière, et le lendemain le télescope qui a pris son nom était construit. Cet instrument, qu'il perfectionna bientôt de manière à pouvoir obtenir un grossissement de mille fois en surface (3), produisit à Venise la plus grande sensation et excita un enthousiasme universel (4). Le sénat décréta que désormais Galilée garderait sa

---

d'après les remarques qu'il fait à cette occasion, on voit bien qu'il n'y croyait guère et qu'il n'avait aucune idée de la construction de cet instrument (*Sarpi, lettere italiane,* Verona, 1673, in-12, p. 118 et 247. — *Sarpi, scelte lettere inedite,* Capolago, 1833, in-12, p. 72).

(1) *Nelli, vita,* tom. I, p. 164.

(2) *Galilei sidereus nuncius,* Venetiis, 1610, in-4., f. 6. — *Galilei, il saggiatore,* Roma, 1623, in-4., p. 62. — *Nelli, vita,* tom. I, p. 164. — *Galilei, opere,* tom. I, p. LXIX.

(3) *Galilei sidereus nuncius,* f. 6.

(4) *Nelli, vita,* tom. I, p. 165.

chaire durant toute sa vie, avec un traitement de
mille florins (1). Les tours et les clochers de
Venise étaient couverts de gens qui, le télescope
en main, regardaient les vaisseaux voguant
sur la mer Adriatique (2). A l'aide de cet instrument merveilleux, les Vénitiens espéraient
pouvoir toujours surprendre ou éviter leurs ennemis.

L'histoire de cette invention a été racontée
par Galilée lui-même, qui ne s'en est jamais attribué le premier honneur, mais qui a toujours
affirmé, et ses assertions sont appuyées par tous
les témoignages contemporains, qu'il avait deviné le secret et perfectionné la construction de
cet instrument. L'artiste du comte de Nassau fut
bientôt oublié, et de tous les points de l'Europe
on s'adressa à Galilée pour avoir des télescopes (3). Des documens authentiques prouvent
que celui qui avait d'abord construit le télescope
en Hollande pouvait à peine grossir cinq fois le

---

(1) *Nelli, vita,* tom. I, p. 167.

(2) *Nelli, vita,* tom. I, p. 166-167. — *Erythraei pinacotheca,* tom. I, p. 280.

(3) *Nelli, vita,* tom. I, p. 186.

diamètre des objets (1). En 1637 , on ne savait
pas encore faire en Hollande des lunettes propres à observer les satellites de Jupiter (2), qui
sont cependant si faciles à voir. Ce fait démontre les droits incontestables de Galilée à l'invention du télescope, qui sans lui serait resté long-
temps inutile entre les mains d'un ouvrier inex-
périmenté (3).

---

(1) *Nelli, vita,* tom. I, p. 187-188.

(2) *Galilei, opere,* tom. III, p. 434.

(3) Un savant illustre, après avoir exposé les découvertes
que Galilée avait faites à l'aide de cet instrument, ajoute
avec raison : « Après tant et de si admirables découvertes on
« a droit de s'étonner que l'on ait voulu contester à Galilée
« l'invention du télescope, comme si, en pareil cas, l'inven-
« teur n'était pas celui qui, guidé par des règles certaines et
« par de grandes vues, a su tirer des merveilles de ce que le
« hasard avait jeté brut en d'inhabiles mains. Si celui qui,
« en Hollande, joignit par hasard des verres d'inégale cour-
« bure fut réellement l'inventeur du télescope, pourquoi
« donc ne le tourna-t-il pas vers le ciel, la plus belle et la plus
« sublime application de cet instrument? Pourquoi laissa-
« t-il à Galilée le bonheur et la gloire de renverser aux yeux
« de tous les préjugés antiques, de consolider par des preuves
« évidentes l'édifice de Copernic, et d'agrandir les espaces
« célestes au-delà de tout ce que pouvait supposer l'imagina-
« tion ? Quoi qu'il en soit, on comprend aisément jusqu'à
« quelle hauteur tant et de si belles découvertes durent élever
« les vues de Galilée, » (*Biographie universelle,* article *Ga-*

Le sénat de Venise songeait surtout à s'assurer, par le télescope, la domination de la mer : à l'aide de cet instrument Galilée voulut régner dans le ciel. Ce fut certes une idée aussi simple que féconde qui porta ce grand astronome à tourner son télescope vers les astres. On avait pensé jusqu'alors que le ciel offrait des phénomènes tout particuliers, et que par leur constitution et par la distance à laquelle ils étaient placés, les astres se trouvaient hors de l'atteinte des mortels. Ce fut donc un beau jour pour le philosophe, que celui où l'on démontra que l'homme pouvait franchir les barrières qui le séparent du ciel.

Galilée avait construit son premier télescope au mois (1) de mai 1609. Il dut passer quelque temps à le perfectionner, et cependant son ardeur fut telle que moins de dix mois après (2), il publiait un livre rempli des plus belles découvertes astronomiques. Dirigeant d'abord son télescope vers la lune, il y vit des montagnes plus

---

lilée.— Voyez aussi *Bailly, histoire de l'astronomie moderne,* Paris, 1779, 3 vol. in-4., tom. II, p. 25 et suiv.).

(1) *Nelli, vita,* tom. I, p. 165. — *Galilei, opere,* tom. I, p. LXIX.

(2) *Galilei sidereus nuncius,* f. 6.

élevées que les montagnes de la terre (1), et
y reconnut des cavités et des aspérités considérables ; cependant il ne se laissa pas entraîner par cette analogie du corps lunaire et
du globe terrestre : il fit remarquer (2) qu'un
astre dans lequel chaque point de la surface
restait quinze jours dans les ténèbres, après
avoir été éclairé par le soleil pendant un égal
intervalle de temps, devait éprouver de telles
variations de température qu'aucun des corps
organisés qui se rencontrent à la surface de la
terre n'aurait pu les supporter. Ces premières
observations de Galilée furent critiquées par
divers professeurs et par des jésuites qui ne les
comprenaient pas (3), et qui, par leur opposition,
portèrent ce grand astronome à les reprendre
et à les continuer. Pendant près de trente ans, la
lune fut pour lui un champ de découvertes remarquables, parmi lesquelles il faut principalement mentionner la libration (4).

---

(1) *Galilei sidereus nuncius*, f. 7 et seq.

(2) *Galilei, dialogo*, p. 93.

(3) *Galilei, opere*, tom. II, p. 79 et suiv., et p. 444, 473. —
Nelli, vita, tom. I, p. 216 et suiv.

(4) *Galilei, opere*, tom. II, p. 47-51.

En publiant ses premières observations sur la lune, Galilée y joignit d'autres découvertes encore plus importantes. Après avoir reconnu que la voie lactée est un amas de petits astres, et que les lunettes ne grossissent pas les étoiles fixes (1), il découvrit le 7 janvier 1610, trois des satellites de Jupiter; six jours après, il observa le quatrième (2). Bientôt il détermina les orbites et les temps des révolutions de ces satellites, et il appliqua les éclipses de ces astres à la recherche des longitudes, problème de la plus haute importance pour la navigation et dont tous les savans cherchaient depuis longtemps la solution (3). Malgré les motifs qu'avait eus Galilée de se plaindre du grand-duc de Toscane, il voulut rendre immortelle une famille à laquelle il devait si peu, et les satellites de Jupiter reçurent de lui le nom d'*astres des Médicis* (4).

---

(1) *Galilei sidereus nuncius*, f. 16 et seq.

(2) *Galilei sidereus nuncius*, f. 17 et 18.

(3) *Venturi, memorie*, part. I, p. 177 et suiv.

(4) Galilée était dans l'incertitude s'il les nommerait *Cosmici* du nom du grand-duc, ou *medicei*. On choisit à Florence le second nom comme plus clair (*Lettere inedite di uomini illustri*, tom. I, p. 22-23).

Après la publication de l'ouvrage qui contenait des observations si intéressantes, si inattendues, Galilée s'occupa de Saturne (1); et l'imper-
fection de son télescope, qui n'avait pas un grossissement suffisant, ne lui permettant pas de
distinguer la forme de l'anneau, il crut que les
deux parties de cet anneau qu'il voyait en saillie
sur le corps de la planète y adhéraient, et que cet
astre était *tricorps*. Il annonça cette observation
par un anagramme que personne ne devina (2), et
dont l'empereur Rodolphe II fit demander l'explication (3). Ces découvertes, qui se succédaient
avec une si étonnante rapidité, excitèrent à-la-fois
l'émulation et l'envie de plusieurs savans (4),
l'admiration des amis (5) de Galilée et les clameurs de ses ennemis. On fit des tentatives mal-
heureuses pour trouver de nouvelles planètes,
ou du moins des satellites (6); et dans l'impossi-

---

(1) *Lettere inedite di uomini illustri,* tom. I, p. 29.

(2) *Galilei, opere,* tom. II, p. 59.

(3) *Galilei, opere,* tom. II, p. 39.

(4) *Venturi, memorie,* part. I, p. 120 et suiv. — *Nelli, vita,* tom. I, p. 216 et suiv.

(5) *Venturi, memorie,* part. I, p. 14 et suiv.

(6) *Nelli, vita,* tom. I, p. 216.

bilité d'y réussir, on annonça avec pompe des astres qui n'étaient point nouveaux. Le grand-duc de Toscane témoigna par de riches présens sa satisfaction au professeur de Padoue (1), et le roi de France lui fit demander des astres qui porteraient son nom (2). Les poètes célébrèrent à l'envi les découvertes de cet illustre astronome; et on représenta les satellites de Jupiter dans des mascarades (3). Ces faits divers montrent quelle était l'impression produite par ces découvertes dans toutes les classes de la société. Cependant les péripatéticiens les nièrent avec colère. Il semblait qu'il n'y eût qu'à regarder pour être convaincu de leur réalité; mais les uns ne voulurent pas mettre l'œil à une lunette, les autres prétendirent que ce n'étaient là que des espèces d'illusions diaboliques produites par les verres des télescopes (4). L'i-

----

(1) *Nelli, vita*, tom. I, p. 220.

(2) *Nelli, vita*, tom. I, p. 217.

(3) *Nelli, vita*, tom. I, p. 221. — *Targioni, notizie*, tom. I, p. 23. — *Venturi, memorie*, part. I, p. 150.

(4) *Venturi, memorie*, part. I, p. 142 et 185. — *Nelli, vita*, tom. I, p. 218 et suiv. — *Galilei, opere*, tom. I, p. LXXI. — Le père Clavius disait que, pour voir les satellites de Jupiter, il

gnorance le disputait ainsi à la mauvaise foi.

Devenu célèbre par de si brillans travaux, vivant dans l'aisance que lui procurait l'exercice de ses talens, entouré d'amis puissans et dévoués, Galilée semblait irrévocablement fixé à Padoue, et destiné à vivre désormais sous les lois de la république de Venise; car nulle part il ne pouvait trouver autant de liberté pour ses opinions philosophiques ni des amis tels que Sagredo et Sarpi. Admirateur de ce grand astronome, et plein d'enthousiasme pour la nouvelle physique (1), Sagredo n'avait pas cessé un seul instant de l'appuyer dans le sénat de toute l'autorité de son nom,

---

fallait d'abord fabriquer un instrument qui les pût créer (*Ibid.*).

(1) Sagredo, que Galilée a rendu immortel en le choisissant pour un des interlocuteurs de ses dialogues, a fait différentes observations qui méritent d'être citées. Il a modifié le thermomètre, et on lui doit les plus anciennes observations météorologiques dont le souvenir soit arrivé jusqu'à nous. Il s'est occupé de magnétisme, et lors de son voyage en Orient, il détermina la déclinaison de l'aiguille aimantée à Alep. Il fit aussi des observations sur les satellites de Jupiter et sur les taches solaires. Une question d'astronomie qu'il adressa au père Scheiner excita la colère de ce jésuite, qui ne put la résoudre (*Nelli, vita,* tom. I, p. 71, 72, 81, 90, 105, 107, 108, 224, 294, 336, 341.—*Venturi, memorie,* part. I, p. 20).

de toute l'influence de sa famille. Sarpi, que son Histoire du concile de Trente a rendu si célèbre, aimait et cultivait les sciences avec succès : esprit universel, il s'est occupé à-la-fois d'astronomie, d'algèbre, de physique, d'anatomie (1), et s'est associé à quelques-unes des plus importantes

---

(1) Je regrette de ne pouvoir consacrer quelques lignes à cet homme inébranlable qui, dans le siècle de Giordano Bruno et de Dominis, osa combattre le pouvoir des pontifes, et que la cour de Rome, même à l'aide de sicaires, ne put réduire au silence. Sa vie politique et littéraire a été écrite plusieurs fois; elle se résume en deux mots : il dirigea pendant quinze ans les conseils de la république de Venise, et composa l'Histoire du concile de Trente. Sarpi s'occupa aussi des sciences exactes, il les cultiva avec succès, mais on ne peut plus aujourd'hui apprécier ses travaux scientifiques. Car, tandis qu'on imprimait de tous côtés des ouvrages apocryphes, dont son nom faisait tout le succès, et qu'on lui attribuait un livre abominable composé par un bâtard de la maison Canale (Voyez *Cicogna, iscrizioni veneziane*, Venezia, 1824, 3 vol. in-4, tom. III, p. 507), on laissait dans l'oubli tous ses écrits scientifiques, qui furent perdus pour toujours, en 1769, dans l'incendie de la bibliothèque des *Servi* à Venise. Sarpi s'était occupé de la résolution des équations, des marées, de l'aimant et de la lumière. Il avait tracé une carte de la lune; et fait des expériences sur la dilatation et l'élasticité de l'air (Voyez *Tiraboschi, storia della lett. ital.*, vol. XI, p. 468 et suiv. — *Bianchi-Giovini, biografia del Sarpi*, Zurigo, 1836, 2 vol. in-12, tom. I, p. 68-81, et tom. II, p. 456-59); mais comment apprécier des travaux dont il ne reste aucune

découvertes qui ont été faites de son temps (1).
La grande réputation dont il jouissait comme
théologien et comme homme d'état, le rendait
très influent à Venise, et il usa de son crédit

---

trace? Les biographes de Sarpi, qui ont parlé de ses écrits
avant qu'ils fussent détruits, auraient dû les publier, plutôt
que d'en donner un exposé qui parfois n'est pas exact. On a
dit que Gilbert avait appris du théologien de Venise beaucoup de choses sur le magnétisme; mais ce fait n'est pas démontré. Une analyse que Grisellini a donnée des recherches
de Sarpi sur l'aimant prouve qu'elles avaient de l'importance
(*Grisellini, memorie aneddote*, Losanna, 1760, in-8, p. 35 et
suiv.) : Gilbert les a citées (*Gilberti di magnete*, Londini,
1600, in-fol., p. 6). Les philosophes doivent regretter la
Métaphysique, dont Foscarini a donné un extrait fort
intéressant (*Foscarini, della lett. veneziana*, p. 309-310).

(1) Gassendi affirme dans la vie de Peiresc que Sarpi
avait découvert les valvules des veines (*Gassendi opera*,
tom. V, p. 262.—Voyez aussi *Foscarini, della lett. veneziana*,
p. 308. —*Tiraboschi, storia della lett. ital.*, vol. XI, p. 595-
597).—Il est certain que cet esprit encyclopédique s'occupait
d'histoire naturelle et d'anatomie. Un médecin célèbre, Aquapendente, avoué, dans un ouvrage publié d'abord en 1600,
qu'il lui devait une observation importante sur le mécanisme
de l'œil : *Quod arcanum observatum est, et mihi significa-
tum a Rev. patre Magistro Paulo Veneto, Ordinis, ut ap-
pellant, Servorum, Theologo Philosophoque insigni, sed
Mathematicarum disciplinarum, ut præsertim Optices,
maxime studioso* (*Aquapendente (ab), opera omnia*, Lipsiæ,
1687, in-fol., p. 229).

pour protéger Galilée contre les attaques dont celui-ci était l'objet; et pourtant, malgré tant de motifs qui devaient le retenir à Padoue, Galilée commit la faute irréparable de retourner en Toscane : une telle faute a été la source de tous ses malheurs. Les causes qui le portèrent à cette fatale détermination ne sont pas bien connues; mais on pourrait croire que, fatigué par un enseignement qui lui prenait une partie notable de son temps (1), il désira s'en affranchir, et que

(1) Dans une lettre qu'il écrivit au secrétaire du grand-duc, Galilée disait qu'à Padoue, il n'était obligé qu'à donner soixante leçons par an, d'une demi-heure chacune, mais que les leçons particulières lui prenaient beaucoup de temps; et il ajoutait : « Però quando io dovessi rimpatriare, deside-« rerei che la prima intenzione di S. A. S. fusse di darmi ozio « e comodità di potere tirare a fine le mie opere senza occu-« parmi in leggere... Ed in somma vorrei, che i libri miei « indirizzati sempre al serenissimo nome del mio Signore « fussero quelli che mi guadagnassero il pane; non restando « intanto di conferire a S. A. tante e tali invenzioni, che forse « niun altro Principe ne ha delle maggiori. » (*Lettere inedite di uomini illustri*, tom. I, p. 16-17).—D'après une autre de ses lettres, il paraîtrait que Galilée, qui ne tenait aucun compte de l'argent (Voyez *Galilei opere*, tom. I, p. LXXXV. — *Targioni, notizie*, tom. II, part. I, p. 73), avait besoin de deux années de traitement anticipé pour achever de payer la dot de ses sœurs, et qu'il en fit la demande au grand-duc (*Lettere inedite di uomini illustri*, tom. I, p. 27).

ne pouvant y parvenir à Padoue, il chercha à s'entendre avec le grand-duc. On ne sait pas bien de
quel côté vinrent les premières propositions (1);
déjà Galilée avait profité, à plusieurs reprises, des
vacances pour aller passer quelques mois en
Toscane. Dans ces voyages, il avait été reçu à la
cour, et avait même donné des leçons aux
fils du grand-duc (2). Ces rapides excursions
durent réveiller en lui l'amour du pays natal,
qui devient toujours de plus en plus vif chez les
hommes obligés à vivre longtemps parmi des
étrangers. D'ailleurs les Médicis éprouvaient le
désir de rappeler à Florence un homme si célèbre : après l'avoir délaissé lorsque leur appui lui
aurait été utile, ils voulurent partager sa gloire

----

(1) *Nelli, vita,* tom. I, p. 254 et suiv. — Dans une lettre
que Nelli a publiée (*ibid.*), on trouve la phrase suivante :
« Acciocchè in altra occasione, che si presentasse all'Illustrissimo Signore Enea, possa con la sua prudenza e des-
trezza rispondere più determinatamente al serenissimo nostro Signore. » Ce qui paraît indiquer que le grand-duc avait
d'abord manifesté le désir que Galilée rentrât en Toscane.

(2) *Venturi, memorie,* part. I, p. 89-92.—*Nelli, vita,* tom. I,
p. 131 et suiv. — *Galilei, opere,* tom. I, p. LXXXVIII. — La
grande-duchesse Christine lui demandait des prédictions
astrologiques (*Nelli, vita,* tom. I, p. 133).

et son éclat quand il n'avait plus besoin de protection. Cependant ils ne se laissèrent pas entraîner trop loin , car, après d'assez longs pourparlers, Galilée, qui venait de faire de si étonnantes découvertes , et qui en avait préparé beaucoup d'autres (1), fut nommé, le 10 juillet 1610, premier mathématicien et phi-

---

(1) Nelli a publié une lettre qu'on croit être de l'année 1609, où Galilée dit qu'il avait entrepris *trois grands ouvrages* dont il ne donne pas les titres, et qu'il voudrait que le grand-duc lui fournît les moyens de les terminer (*Nelli, vita,* tom. I, p. 256). Nous avons déjà plusieurs fois cité une lettre adressée au secrétaire Vinta et dans laquelle Galilée parle longuement de ses travaux : il dit qu'il veut achever son traité *de systemate seu constitutione universi,* en deux livres, trois livres *de motu loculi* qu'il appelle avec raison une science nouvelle, et la *mécanique* également en trois livres; et il ajoute qu'il a composé divers ouvrages *de sono et aere, de visu et coloribus, de maris æstu, de compositione continui, de animalium motibus,* et sur d'autres sujets; qu'il veut écrire un traité de fortification et d'artillerie, et qu'il prépare les tables des satellites de Jupiter (*Lettere inedite di uomini illustri,* tom. I, p. 18-20). Malheureusement Galilée, qui allait chercher en Toscane le calme nécessaire pour travailler, n'y trouva que des tracasseries et des persécutions qui le détournèrent de ses recherches. De tous ces ouvrages, les deux premiers seulement ont paru, et l'on a publié quelques extraits de la *Mécanique* et de son *Traité des marées.* Le reste paraît être irrévocablement perdu.

losophe (1) du grand-duc de Toscane, avec un traitement inférieur à celui qu'il avait à Padoue, et aux émolumens dont jouissaient quelques-uns des professeurs de l'université de Pise (2).

Cette résolution de Galilée indisposa vivement les Vénitiens. Sagredo voyageait alors dans le Levant (3) ; à son retour, il écrivit au grand astronome une lettre où, en témoignant le chagrin que lui avait causé son départ, il exprimait des craintes qui ne tardèrent pas à se réaliser. Avec cette prévoyance et cette me-

---

(1) *Filosofo e Matematico primario del Serenissimo Gran Duca di Toscana* est le titre qu'on trouve dans les *Galleggianti*, dans le *Macchie Solari*, dans tous les ouvrages publiés après 1610. Cependant, il paraît que le titre véritable était celui de « *Matematico Primario dell' Università di Pisa* « *e Filosofo del Serenissimo Gran Duca, senza obbligo di* « *leggere nè di risedere nello Studio di Pisa.* » Le but du grand-duc en conférant ce titre à Galilée était de faire payer son traitement par la caisse de l'Université ; ce qui exposa plusieurs fois le professeur non résidant à perdre le traitement que le grand-duc économisait ainsi.

(2) A Padoue Galilée recevait près de deux mille écus (12,000 francs) par an, en y comprenant ses répétitions : le grand-duc lui donna mille écus. Nous avons déjà dit que Mercuriale, professeur de Médecine à l'Université de Pise, avait eu le double.

(3) *Nelli, vita,* tom. I, p. 140 et 263.

sure qui ont toujours caractérisé l'aristocratie
vénitienne, Sagredo fit sentir à son ami l'im-
prudence qu'il avait commise en quittant
un pays libre où les chefs du gouvernement
avaient pour lui la plus grande déférence, pour
aller se mettre à la merci d'un prince jeune et
inconstant, dans un pays où les jésuites exer-
çaient un si grand pouvoir (1). Sarpi, profond
politique, alla plus loin encore, et ayant appris
peu de temps après que Galilée voulait se rendre
à Rome pour convaincre ses adversaires, il pres-
sentit que la question du mouvement de la terre
deviendrait bientôt une affaire de religion, et
que le mathématicien du grand-duc de Toscane serait forcé de se rétracter pour échapper à l'excommunication (2).

Galilée revint à Florence vers le milieu (3)
du mois de septembre 1610, et il reprit ses re-

---

(1) On peut lire cette lettre remarquable dans *Nelli, vita,*
tom. I, p. 264-269, et dans *Venturi, memorie,* part. I,
p. 165-167.

(2) *Bianchi-Giovini, biografia del Sarpi,* tom. II, p. 280-
281. — *Venturi, memorie,* part. I, p. 274.

(3) *Nelli, vita,* tom. I, p. 260-261. — *Lettere inedite
di uomini illustri,* tom. I. p. 29.

cherches, avec une telle ardeur, qu'au bout de quelques jours il avait découvert les phases de Vénus (1), qu'il ne fit connaître aux astronomes que sous le voile d'un anagramme (2). Bientôt il remarqua des changemens notables dans le diamètre apparent de Mars (3) et dans l'éclat de cette planète. A Padoue il avait découvert déjà les taches du soleil qu'il avait fait voir à Sarpi (4) et à d'autres savans. Il poursuivit ces observations en Toscane, et pendant le séjour qu'il fit à Rome en 1611 au printemps, il montra ces taches (5) à un grand nombre de personnes et à plusieurs cardinaux avides de voir toutes ces nouveautés dans le ciel, que les péripatéticiens s'obstinaient encore à regarder comme incorruptible.

L'étonnement universel que produisirent ces

---

(1) *Nelli, vita*, tom. I, p. 213.

(2) L'anagramme était *Hæc immatura a me iam frustra leguntur o y*, qui signifiait *Cynthiæ figuras æmulatus mater amorum (Galilei, opere*, tom. II, p. 41).

(3) Ce fut vers la fin de 1610 qu'il s'aperçut de ces changemens (*Galilei, opere*, tom. II, p. 45-46).

(4) *Nelli, vita*, tom. I, p. 326-327.

(5) *Venturi, memorie*, part. I, p. 170.— *Nelli vita*, tom. I, p. 328.

découvertes, à une époque où l'on croyait encore que le ciel et les astres se montraient à nos yeux tels qu'ils sont, la sensation qu'elles produisirent à Rome, les discussions qui s'établirent à cette occasion sur l'immobilité de la terre que Galilée n'adoptait pas, finirent par exciter l'attention de quelques ecclésiastiques influens qui craignirent que ce que Galilée leur montrait ne fût une espèce d'illusion peu conforme aux dogmes de l'église; le cardinal Bellarmin (1) s'adressa à quatre jésuites, parmi lesquels se trouvait l'astronome Clavius, pour demander leur avis sur ces découvertes : leur réponse a été publiée, et elle prouve qu'à cette époque ils ne repoussaient pas les nouvelles observations (2). Bientôt Galilée retourna en Toscane couvert de gloire. Il laissait à Rome des amis et des admirateurs enthousiastes, et une association puissante (l'académie des *Lincei*, sur laquelle nous reviendrons plus loin), qui se proposait pour but un progrès indéfini en toute chose et qui avait adopté ce grand homme pour

----

(1) *Venturi, memorie,* part. I, p. 167.
(2) *Venturi, memorie,* part. I, p. 168.

guide; mais il y laissait aussi des ennemis, des envieux, et dans les chefs de l'église une méfiance sourde et cachée qui devait grandir peu-à-peu et se transformer enfin en une persécution ouverte et acharnée.

C'est probablement à son retour de Rome que Galilée inventa le microscope. Cet instrument que, d'après des témoignages beaucoup trop postérieurs, on a attribué à Zacharie Jans de Middelbourg (1), et que Drebrel aurait vu en 1619 en Angleterre comme une chose nouvelle, avait été construit au moins sept ans auparavant par Galilée, qui, d'après Viviani, en envoya un en 1612 au roi de Pologne (2). Cette date a été contestée (3), mais des ouvrages publiés dans la même année (4) prouvent que le microscope

---

(1) *Borelli (Petri) de vero telescopii inventore, Hag.-Comit.* 1655, in-4, p. 29-26.

(2) *Viviani, divinatio,* pars II, p. 123-124. — *Galilei, opere,* tom. I, p. xx.

(3) Elle l'a été surtout parce que Viviani s'est trompé sur le nom du roi, qu'il a appelé Casimir et qui devait être Sigismond.

(4) La première édition des *Ragguagli di Parnaso di Trajano Boccalini,* publiée à Venise, en 1612, in-4, renferme (page 4) le passage suivant : « Ma mirabilissimi son quegli

était connu alors en Italie, et dès-lors l'antériorité ne saurait être disputée à Galilée. Il paraît cependant que ce ne fut qu'en 1624 qu'il perfectionna cet instrument (1), et qu'il lui donna la forme qu'il a longtemps conservée.

Bien qu'il dût désirer surtout de continuer ses observations astronomiques et d'achever les ouvrages qu'il avait commencés, Galilée fut promptement détourné de ses travaux. Le grand-duc, qui aimait les sciences, réunissait volontiers des savans pour les entendre discuter divers points de philosophie et de physique. Dans une de ces réunions (2), les péripatéticiens prétendirent que la figure d'un corps plongé

« Occhiali fabbricati con maestria tale, che altrui fanno parer
« le pulci elefanti, i pigmei giganti, questi avidamente sono
« comperati da alcuni soggetti grandi, i quali ponendoli poi
« al naso dei loro sfortunati Cortigiani, tanto alterano la
« vista di quei miseri... Ma gli « occhiali ultimamente inven-
« tati in Fiandra, a gran prezzo sono comperati dagli stessi
« gran personaggi, e poi donati ai loro Cortigiani, i quali
« adoperati da essi fanno parer loro vicinissimi quei pre-
« mij, e quelle dignità di alle quali non giunge la vista loro. »
On voit par cette citation que Boccalini connaissait le microscope et le télescope.

(1) *Tiraboschi, storia della lett. ital.*, vol. XIV, p. 167. — *Nelli, vita*, tom. I, p.

(2) *Venturi, memorie,* part. I, p. 169.

dans un liquide influait principalement sur la faculté qu'il avait de surnager (1). Galilée, qui, dans sa jeunesse, s'était déjà occupé d'hydrostatique, soutint l'opinion contraire, et cette discussion produisit un ouvrage qui a pour titre : *Discours sur les choses qui surnagent ou qui se meuvent dans l'eau* (2). Dans ce livre, qui essuya les plus amères, les plus injustes critiques, non-seulement Galilée établit la véritable théorie de l'équilibre des corps flottans, mais, pour répondre à ses adversaires, il cite une foule de faits intéressans qu'il avait observés et qu'il explique d'après les véritables principes de la physique. Lagrange a déclaré que, dans cet ouvrage, Galilée, auteur du principe des vitesses virtuelles, en avait déduit les principaux théorèmes d'hydrostatique (3).

Bien que tour-à-tour attaqué par Grazia, Delle Colombe, Coresio et Palmerini (4), Galilée ne répondit pas directement à ses adversaires.

----

(1) *Nelli, vita,* tom. I, p. 3o1.

(2) Ce *Discours* parut en italien à Florence, en 1612, in-4; il en fut fait deux éditions dans la même année.

(3) *Lagrange, mécanique analytique,* tom. I, p. 178.

(4) *Nelli, vita,* tom. I, p. 3r3 et suiv.

Son élève et ami Castelli (1), moine de l'ordre du Mont-Cassin, dont nous parlerons plus loin, et qui s'est acquis une juste célébrité par ses écrits sur l'hydraulique, se chargea de publier une réponse que Galilée avait probablement rédigée (2), mais où son nom ne paraissait pas. Cette polémique ne l'empêcha pas de continuer ses travaux astronomiques. Déjà, dans l'ouvrage sur les corps flottans, il avait mentionné la découverte des taches solaires, d'où il déduisait la rotation de cet astre autour de son axe, et il avait fait connaître les phases de Vénus ainsi que le temps qu'emploient les satellites de Jupiter à parcourir les orbites qu'ils décrivent autour de cette planète (3). Mais le jésuite Scheiner ayant fait paraître trois lettres adressées à Marc Velser, où il s'attribuait la découverte des taches du soleil (4), Galilée envoya à l'académie des Lincei son *Histoire des taches so-*

---

(1) *Nelli, vita,* tom. I, p. 315.

(2) *Nelli, vita,* tom. I, p. 316.

(3) *Galilei, discorso intorno alle cose che stanno sull'acqua,* Firenze, 1612, in-4 (1re édition), p. 3-4.

(4) *Tres epistolæ de maculis solaribus scriptæ (a Scheinero) ad Marcum Velserum,* August. Vindelic. 1612, in-4.

laires, dont la publication fut entravée par les
censeurs (1), et qui ne parut qu'au commencement de 1613. Dans la préface, les Lincei
réclamaient l'antériorité en faveur de Galilée
qui, disaient-ils, avait fait voir à Rome ces
taches à une foule de personnes (2). Galilée, dans cet écrit, exposait ses observations
et réfutait les opinions erronées de Scheiner,
qui, partant de l'axiome admis dans les écoles
que le soleil était un corps dur et invariable (3),
avait avancé que les taches étaient des astres
tournant autour du soleil (4). La priorité de
Galilée, établie sur les preuves les plus convain-
cantes (5), ne saurait être révoquée en doute;
mais lors même que ce grand astronome n'eût
pas été le premier à observer ces taches (6),

---

(1) *Nelli, vita,* tom. I, p. 337-339.

(2) *Galilei, istoria e dimostrazioni intorno alle macchie
solari,* Roma, 1613, in-4, p. 3.

(3) *Disquisitio de maculis solaribus (a Scheinero),* August.
Vindelic. 1612, in-4, p. 19.

(4) Galilée était resté d'abord incertain sur la cause du
mouvement des taches (*Galilei, discorso intorno alle cose
che stanno sull' acqua,* p. 4), mais il ne tarda pas à découvrir le mouvement de rotation du soleil.

(5) *Galilei, opere,* tom. II, p. 226

(6) Elles semblent avoir été aperçues anciennement. Les

il aurait surpassé tous ses rivaux pour les conséquences importantes qu'il sut en déduire relativement à la constitution physique du soleil et
au mouvement de rotation de cet astre. Galilée
s'abstint de faire aucune hypothèse sur la cause
inconnue jusqu'aujourd'hui de ce phénomène.
Mais son ouvrage sur les taches solaires est
digne encore d'être consulté par les savans,
et tous ceux qui veulent rechercher l'explication
de ces apparences singulières, doivent lire d'a-
bord l'écrit de Galilée, qui, par des observations répétées, a su découvrir les circonstances
principales de l'apparition et du mouvement
de ces taches. (1)

Arabes paraissent les avoir remarquées, et Galilée a soin de
faire observer qu'un prétendu passage de Mercure sur le
Soleil du temps de Charlemagne n'avait été probablement
qu'une grande tache solaire (*Galilei, istoria intorno alle
macchie solari*, p. 54.—*Assemanni globus cœlestis*, Patavii,
1790, in-4, p. xxxix).

(1) Galilée avait aperçu aussi les *facules*, et il avait remarqué que les mêmes taches diffèrent par l'opacité et par la grandeur suivant qu'elles sont près de la circonférence ou vers le
centre du soleil. Au reste, cette découverte a été aussi disputée par Fabricius à Galilée, et dans ces derniers temps, on a
voulu l'attribuer à Harriot : mais toutes les observations que
l'on cite sont postérieures à l'époque où Galilée montrait ces

Galilée ne pouvait s'avancer aussi rapidement dans la voie de la vérité sans s'exposer aux
plus graves dangers. Battus dans les discussions
scientifiques, les péripatéticiens eurent recours
aux argumens plus terribles de la religion. On
a déjà vu que, depuis longtemps, Galilée avait
adopté la théorie du mouvement de la terre :
bien qu'il n'eût pas encore soutenu publiquement cette opinion (1), cependant il n'avait jamais cessé de l'inculquer à ses élèves et à ses
amis. Or, tant que cette théorie était restée à
l'état d'hypothèse, l'Église ne crut pas devoir
intervenir, et quoiqu'elle professât généralement la doctrine opposée, elle permit au cardinal de Cusa de soutenir le mouvement de la
terre, et à Copernic de publier sa théorie dans

----

taches à Sarpi à Venise, et d'ailleurs il faut remarquer que
Galilée lui-même admettait qu'on eût pu les apercevoir à la
vue simple. Son grand mérite, c'est d'en avoir déduit des
conséquences si importantes (*Nelli, vita,* tom. I, p. 342. —
Venturi, memorie, part. I, p. 192.—*Tiraboschi, storia della
lett. ital.,* vol. XIV, p. 836 et suiv. — *Lardner, the cabinet
cyclopedia ; Biography of eminent literary and scientific
men of Italy, Spain,* etc., tom. II, p. 25).

(1) *Venturi, memorie,* part. I, p. 202.

un ouvrage dont le pape accepta la dédicace ;
car alors le public repoussant ces brillantes
théories, s'en tenait à l'immobilité de la terre :
et comme cette ignorance universelle, qui s'ef-
forçait de couvrir Copernic de ridicule, arrêta longtemps Galilée (1), l'Eglise n'avait aucun motif sérieux d'inquiétude et dédaignait ces
impuissantes tentatives. Mais enfin le philosophe
Toscan, comme tous les grands esprits, secouant
ce joug de la multitude, sut par son courage,
par son génie, par son amour ardent de la vérité, réformer l'opinion générale, et son ascendant lui ayant acquis le concours de tous les
hommes de talent, le système de Ptolémée et la
philosophie d'Aristote furent menacés à-la-fois.
Galilée se vit alors en butte à une de ces persécutions dont tous ceux qui avaient tenté jusqu'alors d'opérer la réforme de la philosophie
étaient devenus l'objet.

Nous avons déjà dit que, durant son séjour à
Padoue, il avait eu à soutenir de rudes combats
contre des professeurs de l'université et contre

-----

(1) Voyez ci-dessus, p. 202.

des jésuites; mais le gouvernement était resté neutre, et même en certains cas, le novateur se vit appuyé par l'autorité. Il n'en fut pas de même en Toscane, où les Médicis, soumis au pape et au clergé, avaient plusieurs fois sacrifié leurs intérêts et leurs amis aux exigences et aux rancunes de la cour de Rome (1). Côme II estimait sans doute Galilée, mais jeune (2), sans expérience, et entouré d'ailleurs de gens attachés à l'ancienne philosophie et au pape, ce prince ne pouvait guère le protéger. Cependant tant qu'il vécut, la vraie philosophie n'eut pas à essuyer de trop violentes persécutions; mais après sa mort, pendant la régence de Christine de Lorraine, sous le règne de Ferdinand II, Galilée dut souffrir des traitemens odieux, sans que

____

(1) On sait que Côme I⁰ᵉʳ livra son ami Carnesecchi à l'inquisition de Rome, et que lorsqu'il apprit les dangers de cette illustre victime, il se borna à dire : *Dio l'ajuti !* Plus tard, Vecchietti, savant voyageur, fut livré également et mourut dans les fers, et un grand-duc de Toscane, pour complaire à Urbain VIII, s'abaissa jusqu'à servir de geôlier à Mariano Alidosi, dont le pape convoitait les fiefs (*Nelli, vita,* tom. I, p. 253.—*Galluzzi, istoria del granducato di Toscanea,* Firenze, 1781, 5 vol. in-4, tom. III, p. 467-468).

(2) Ce prince était né en 1590.

le gouvernement toscan osât jamais le défendre autrement que par des prières et en tremblant.

Bien que plusieurs jésuites eussent combattu les doctrines de Galilée, cependant ce ne furent d'abord que des attaques isolées, et nous avons déjà vu que ses découvertes avaient été confirmées par des astronomes de la compagnie de Jésus (1). Rome ne pouvait goûter ces nouveautés ; mais elle hésitait encore à prendre un parti dans une question qui paraissait purement mathématique : cependant elle fut bientôt entraînée par les clameurs des partisans de l'ancienne philosophie, qui étaient en même temps les hommes les plus orthodoxes et les plus fermes soutiens de l'Église. Il semble (2) même que les premiers symptômes de persécution religieuse se manifestèrent en Toscane. L'archevêque de Florence, Marzimedici (3), Gherardini, évêque

----

(1) *Nelli, vita*, tom. I, p. 292.

(2) Une lettre de Cigoli prouve que déjà, en 1612, les moines machinaient à Rome quelque chose contre Galilée, mais il n'y avait rien d'ostensible, et les premières démonstrations publiques eurent lieu en Toscane (*Nelli, vita*, tom. I, p. 391).

(3) *Nelli, vita*, tom. I, p. 391.

de Fiesole (1), et d'Elci, proviseur de l'université de Pise, en furent les promoteurs (2). Il est vrai que le père Foscarini (3), le père Castelli (4), et Monsignor Ciampoli (5), prirent la défense de Galilée, et que le cardinal Conti parut assez indifférent au système du mouvement de la terre ou à l'hypothèse de Ptolémée (6). Mais bientôt les dominicains, s'étant déclarés hautement contre Galilée, entraînèrent tout par leur violence. Le père Caccini prêcha publiquement à Florence contre ce grand astronome, et son sermon, dans lequel il se proposait de prouver « que la géo- « métrie est un art diabolique, et que les ma-

---

(1) *Nelli, vita,* tom. I, p. 399.

(2) *Nelli, vita,* tom. I, p. 394. — *Venturi, memorie,* part. I, p. 202.

(3) L'écrit de Foscarini, en faveur de Copernic, parut d'abord à Naples en 1615 (Voyez *Nelli, vita,* tom. I, p. 399. — *Venturi, memorie,* part. I, p. 252). Le père Cuppis, jésuite, professait les mêmes opinions, qui déjà avaient été soutenues par Stunica dans son commentaire sur Job, imprimé à Tolède, en 1584, in-4.

(4) *Nelli, vita,* tom. I, p. 394. — *Venturi, memorie,* part. I, p. 202.

(5) *Nelli, vita,* tom. I, p. 399. — *Venturi, memorie,* part. I, p. 219.

(6) *Venturi, memorie,* part. I, p. 176.

« thématiciens devraient être bannis de tous
« les états comme auteurs de toutes les héré-
« sies, » commençait par ces paroles de saint
Luc : *Viri Galilæi, quid statis adspicientes in cœlum* (1). L'ignorance de ces pères égalait leur fa-
natisme. On ne cessait de répéter le *terra in æter-
num stat* de l'Écriture, aussi bien que ce passage
où il est dit que Josué commanda au soleil de
s'arrêter, et l'on ne savait même pas le nom des
auteurs dont on condamnait les doctrines. Galilée répliqua et ménagea peu ses adversaires.
Dans les lettres qu'il adressait à ses amis, et
dont les copies se répandaient promptement partout (2), il s'attachait surtout à prouver que l'on
avait jusqu'alors mal interprété les Écritures, et il

---

(1) *Venturi, memorie*, part. I, p. 219. — *Nelli, vita*, tom. I,
p. 395.—*Lettere inedite di uomini illustri*, tom. I, p. 47. —
Le prédicateur du *Duomo*, à Pise, blâma sévèrement cette
sortie du père Caccini, qui, disait-il, pouvait soulever le
peuple contre Galilée. Kepler aussi avait joué sur le nom du
philosophe toscan ; mais au lieu d'employer, comme le père
Caccini, l'évangile pour servir la haine, il s'était écrié avec
une généreuse noblesse : *Galilæe vicisti* (*Lettere d'uomini
illustri che fiorirono nel principio del secolo decimosettimo.*
Venezia, 1744, in-8, p. 216).

(2) *Venturi, memorie,* part. I, p. 202-219.

démontrait très habilement qu'en prenant à la lettre le passage de Josué, les jours auraient été raccourcis et non pas allongés (1). Ces discussions théologiques, dans lesquelles il était si dangereux d'avoir raison, ne firent qu'irriter davantage ses adversaires, et l'on sait que de tous les écrits de Galilée, il n'y en a aucun qui ait été aussi sévèrement interdit que la lettre qu'il adressa (2) en 1615 à la grande-duchesse Christine, et où il examinait surtout le côté théolo-

____

(1) *Venturi, memorie*, part. I, p. 207. — Delambre, qui juge souvent avec une extrême légèreté et qui s'est même trompé sur la ville où naquit Galilée (*Delambre, histoire de l'Astronomie moderne*, tom. I, p. 616), traite assez durement ce grand homme, et dit que ses argumens n'étaient que des subtilités, et que l'on conçoit que sa défense, pleine de faiblesse et dénuée de sincérité, ait fait hausser les épaules à ses juges (*Ibid.*, p. XXII et XXVII). Delambre était loin de posséder ce qu'il faut pour bien apprécier Galilée ; il aurait dû toujours s'astreindre à étudier les faits qu'il avançait, et à ne parler qu'avec respect d'un tel homme. Dans la *Biographie universelle*, M. Biot lui avait tracé un modèle digne d'être imité.

(2) Quelques auteurs ont cru, sur le témoignage de Lalande (*Biographie astronomique*. Paris, 1803, in-4, p. 158), que cette lettre avait paru d'abord en 1612 ; mais Lalande s'est trompé. Galilée lui-même a dit qu'il l'avait écrite en 1615, et elle ne parut qu'en 1636 à Strasbourg, in-4.

gique de la question. Cette pièce, qui ne fut publiée que longtemps après, est un modèle de
dialectique, et peut être comparée aux lettres si
célèbres par lesquelles un autre illustre géomètre, Pascal, confondit, quelques années plus
tard, d'autres théologiens.

La cour de Rome suivait (1) attentivement
toutes ces controverses et ne voulait pas que l'interprétation des Écritures fût remise aux mains
des séculiers. C'était là la véritable difficulté, car
il ne manquait pas d'ecclésiastiques disposés en
faveur de la théorie du mouvement de la terre;
mais tous prétendaient conserver à l'église le droit

---

(1) Il résulte du procès original de Galilée, que Delambre
a eu entre les mains, et qui s'est égaré depuis, que dès l'année
1615 l'inquisition instruisait contre le philosophe toscan, et
que le père Caccini, ainsi que le père Lorini, autre Dominicain, avaient déposé contre lui. Ce père Lorini avait dénoncé
à l'inquisition une lettre écrite par Galilée à Castelli le 21 décembre 1613. Heureusement, malgré *l'adresse et les témoignages d'amitié* (ce sont les termes du procès) qu'employèrent
tour-à-tour à cet objet l'archevêque de Pise et l'inquisiteur
(*Delambre, histoire de l'astronomie moderne*, tom. I, p. XXIII-
XXIV. — Voyez aussi *Journal des savans*, mars 1841),
on ne put jamais saisir l'original de cette lettre, qui a été
publiée par Poggiali (*Testi di lingua*. Livorno, 1813, 2 vol.
in-8., tom. I, p. 150).

exclusif d'interprétation. Cependant le cardinal Bellarmin, jésuite très influent, pensait que le système de Copernic était contraire à la foi (1), et comme, malgré les assurances qu'on lui donnait, Galilée craignait qu'on n'en vînt à condamner cette théorie, il se rendit à Rome pour la défendre, muni de lettres de recommandation du grand-duc de Toscane (2).

A son arrivée dans cette ville, Galilée trouva les choses plus avancées qu'il ne l'avait supposé (3). Dans une lettre, qu'il adressa au commencement de l'année 1616 à Picchena, secrétaire du grand-duc, il parlait des calomnies qu'on avait répandues contre lui et de l'espoir qu'il avait de les dissiper (4); mais cet espoir ne devait pas se réaliser. Malgré les plus belles promesses, les cardinaux ses protecteurs finirent par l'abandonner successivement(5). Les moines, qui l'avaient attaqué en Toscane, se rendirent

---

(1) *Lettere inedite di uomini illustri*, tom. I, p. 54.
(2) *Lettere inedite di uomini illustri*, tom. I, p. 33.
(3) *Lettere inedite di uomini illustri*, tom. I, p. 35.
(4) *Lettere inedite di uomini illustri*, tom. I, p. 36, 37.
(5) *Lettere inedite di uomini illustri*, tom. I, p. 35, 44, 54.

à Rome pour couronner leur œuvre (1), et, bien que le père Caccini, dans une entrevue avec Galilée, lui fît des excuses formelles et feignît hypocritement de vouloir se réconcilier avec lui (2), il n'en continua pas moins dans l'ombre la persécution qu'il avait commencée du haut de la chaire et au grand jour. Soutenu par le prince Cesi (3) et par les Lincei, Galilée cherchait, à l'aide du raisonnement et de l'expérience (4), à démontrer la vérité du système de Copernic; mais son activité et le zèle dont il était animé pour le triomphe de la vérité (5), lui nuisirent. Le cardinal Orsini, qui seul osa parler au pape en faveur de ce système, fut accueilli froidement, et on alla même jusqu'à lui imposer silence (6). Enfin le 5 mars 1616, la con-

---

(1) *Lettere inedite di uomini illustri*, tom. I, p. 38. — *Delambre, histoire de l'astronomie moderne*, p. XXII et XXIX.

(2) *Lettere inedite di uomini illustri*, tom. I, p. 47.

(3) *Nelli, vita*, tom. I, p. 419.

(4) *Venturi, memorie*, part. Iʳᵉ, p. 258.

(5) Dans une lettre au grand-duc, Guicciardini, son ambassadeur à Rome, dit en parlant de Galilée : « *Egli è veemente, ci è fisso ed appassionato, sicché è impossibile che chi l'ha intorno, scampi dalle sue mani.* » (*Lettere inedite d'uomini illustri*, tom. I, p. 56).

(6) *Lettere inedite di uomini illustri*, tom. I, p. 54.

grégation de l'*Index* suspendit le livre de Copernic jusqu'à ce qu'il fût corrigé, interdit l'écrit du père Foscarini que nous avons déjà cité, et prohiba en général tous les ouvrages où le mouvement de la terre serait soutenu (1).

Galilée n'avait publié aucun ouvrage où ce mouvement fût adopté, et le décret ne pouvait l'atteindre. Cependant on répandit que le philosophe toscan avait dû abjurer et qu'il avait été puni. Pour répondre à ces bruits, il se fit délivrer un certificat par le cardinal Bellarmin (2). Cette pièce porte que Galilée n'avait été condamné en aucune manière, mais qu'on lui avait notifié la déclaration du pape promulguée par la congrégation de l'Index, et d'après laquelle l'opinion du mouvement de la terre était déclarée contraire à l'Écriture sainte, et qu'il était défendu de la soutenir.

Une telle sentence rendue par des hommes qui n'avaient aucune notion d'astronomie exaspéra Galilée; mais le pape se déclara si ouvertement

---

(1) *Nelli, vita,* tom. I, p. 411-412. — *Riccioli, almagestum novum,* Bononiæ, 1651, 2 part. in-fol. tom. I, part. II, p. 496.
(2) *Nelli, vita,* tom. I, p. 413.

contre lui, que Guicciardini, ministre de Toscane à Rome, crut devoir rendre compte au grand-duc des dangers auxquels on pouvait s'exposer en protégeant encore Galilée. Cette lettre, qui ne fait pas honneur au courage de l'ambassadeur, est très curieuse. Après avoir parlé de la condamnation, et des circonstances qui l'ont amenée, Guicciardini dit que le ciel de Rome est fort dangereux (1), surtout « sous un pape qui abhorre « les lettres et les talens, et qui ne peut souffrir « ni les nouveautés ni les subtilités, de sorte que « chacun cherche à l'imiter, et que ceux qui sa- « vent quelque chose, s'ils ont un peu d'esprit, « font semblant d'être ignorans pour ne pas « donner de soupçons et pour éviter d'être per- « sécutés. » Il ajoute que les moines sont enne- mis de Galilée, et qu'en restant à Rome celui-ci pourrait mettre dans l'embarras le gouvernement toscan, qui s'est toujours fait remarquer par sa déférence envers l'inquisition. Il prie le grand-duc d'engager le prince Charles, son frère, que le pape venait de nommer cardinal et qui devait aller à Rome, à fuir les savans, et il répète que

---

(1) *Lettere inedite di uomini illustri*, tom. I, p. 53–56.

le pape les aime si peu que chacun s'efforce de paraître ignorant. Enfin il montre le péril qu'il y aurait pour le nouveau cardinal à prendre Galilée sous sa protection.

Le pape dont Guicciardini fait un tel portrait, était ce Paul V, sous le pontificat duquel Sarpi fut assassiné à Venise par des sicaires qui ensuite trouvèrent asile dans les états de l'Église. On sait que par ses dissensions avec la république de Venise, ce pape fut sur le point de bouleverser l'Italie, et que pour soutenir ses violences théologiques il fit périr sur l'échafaud d'illustres victimes qu'il avait attirées à Rome par trahison (1). Galilée, qui persistait après la sentence contre Copernic à rester à Rome et à soutenir le système du mouvement de la terre avec cette ardeur que donne le culte de la vérité qu'il professa toujours, aurait peut-être fini par

______

(1) On connaît les moyens employés par Paul V pour amener à Rome les *sept théologiens* qui s'étaient déclarés pour la république de Venise : malgré les plus solennelles promesses, le père Manfredi monta sur l'échafaud, Marsili et d'autres moururent empoisonnés (*Bianchi-Giovini, biografia di Fra Paolo*, tom. II, p. 49-52. — *Sarpi, lettere italiane*, p. 267).

payer cher son insistance; mais le grand-duc ré-
solut de le soustraire promptement aux dangers qui le menaçaient. Une lettre qu'il lui fit
écrire par son secrétaire, et où les moines n'é-
taient pas ménagés (1), décida enfin le philosophe à revenir en Toscane.

Galilée renouvela alors les propositions qu'il
avait déjà faites en 1612 au roi d'Espagne, relativement à la détermination de la longitude en mer
à l'aide des satellites de Jupiter (2); mais après

---

(1) Voici cette lettre remarquable tirée des *Lettere inedite
di uomini illustri* (tom. I, p. 57) : on ne comprend pas comment un prince qui dictait de telles lettres pouvait obéir à la
cour de Rome. La peur ne l'excuse pas.

« Al Signor Galilei. — V. S. che ha assaggiato le persecu-
« zioni fratine sa di che sapore elle sono, e le A A. L L. temono
« che lo star V. S. in Roma più lungamente possa causarle de'
« disgusti, e però loderebbero che essendone ella finora uscita
« con onore, non stuzzicasse più il can che dorme, e che se
« ne tornasse quantoprima quà; perchè vanno attorno delle
« voci che non ci piacciono, e i Frati sono onnipotenti; e io
« che le sono servitore non ho potuto mancare di avvertir-
« nela, oltre al significarle la mente delle Loro A. A., e le bacio
« la mano.

« Di Firenze, 23 Maggio 1616.

« Il Segretario Picchena. »

(2) *Nelli, vita*, tom. II. p. 660 et suiv. — *Venturi, memorie*,
part. I, p. 177. — Galilée construisit à la même époque un
instrument destiné à faciliter les observations en mer. C'é-

vingt années environ de négociations il dut se
convaincre qu'on ne comprenait pas même sa
méthode, et nous verrons plus tard qu'il n'obtint pas plus de succès en s'adressant à la Hollande. La sentence de l'inquisition, et la haine dont
il était l'objet, ne firent qu'augmenter la disposition qu'il avait à ne pas publier ses recherches,
qu'il se bornait à communiquer à ses amis dans
des lettres qui étaient copiées et répandues
dans toute l'Europe (1). L'apparition de trois
comètes en 1618 ne pouvait manquer de fournir à son esprit un sujet de méditations; mais
étant indisposé (2) à cette époque, et ne vou-

---

tait une espèce de casque muni de deux lunettes (*Lettere inedite di uomini illustri*, tom. I, p. 57-53).

(1) Toutes les grandes collections de manuscrits contiennent de ces copies qui sont restées dans les corres-
pondances littéraires de cette époque. La correspondance
de Boulliau, les recueils de Peiresc et de Du Puy, les mé-
langes historiques de la Bibliothèque de l'Arsenal, renferment plusieurs de ces lettres scientifiques de Galilée copiées par des contemporains (Voyez *MSS. de la Bibliothèque royale*, Supplément français, n° 980.— *Fonds Du-
Puy*, vol. 390 et 663. — *MSS. français de la Bibliothèque de
l'Arsenal*, n° 574, vol. XXI- C, in-4. — *MSS. de la Bibliothèque de Carpentras*, Peiresc, registre 41, tom. II, etc., etc.).

(2) *Galilei, il Saggiatore*, p. 16. —*Nelli, vita,* tom. I, p.
432. — *Galilei, opere*, tom. I, p. LXXV.

lant pas d'ailleurs s'exposer à de nouvelles tracasseries, Galilée se borna à faire connaître ses
idées à diverses personnes, et entre autres à Ma-
rius Guiducci (1), consul de l'académie de Florence. Guiducci publia une dissertation sur les
comètes (2) où l'on critiquait un jésuite influent,
le père Grassi, qui, dans un opuscule sur le même
sujet (3), n'avait pas fait mention de Galilée à
propos des dernières découvertes astronomiques (4). Cette attaque contre les jésuites fit
trembler avec raison les amis de Galilée (5).
Grassi répondit (6) et alla chercher le maître

---

(1) *Nelli, vita*, tom. I, p. 432.

(2) *Guiducci, discorso delle comete*, Firenze, 1619, in-4.

(3) *De tribus cometis anni 1618. Disputatio astronomica
publice habita in Collegio Romano Soc. Jesu ab uno ex Pa-
tribus eiusdem societatis.* Romæ (1619) in-4.

(4) *Nelli, vita*, tom. I, p. 431-452.

(5) *Nelli, vita*, tom. I, p. 433.

(6) Dans cette discussion, le père Grassi prit toujours
le nom de Sarsi. Sa réponse à Guiducci parut sous le titre
de *Libra astronomica et philosophica qua Galilæi opiniones de Cometis à Mario Guiduccio in Florentina Academia
expositæ et in lucem nuper editæ, examinantur à Lothario
Sarsi Sigensano.* Perusiæ, 1619, in-4. — Guiducci répondit
bientôt par la *Lettera al M. R. P. Tarquinio Galluzzi della
compagnia di Giesù di Mario Guiducci, nella quale si giusti-
fica dell' imputazione dategli da Lottario Sarsi Sigensano*

16.

derrière le disciple ; alors Galilée, bien que souffrant, écrivit en réponse le *Saggiatore,* qui, suivant les réglemens (1) de l'académie des *Lincei,* fut publié à Rome par les soins de cette société (2). Grassi, vivement irrité, répliqua de nouveau (3), et, comme il se trouva devant un adversaire qui peut-être n'a jamais eu d'égal dans la polémique scientifique, il ne cessa, pour se venger, de susciter des ennemis à Galilée (4).

Le discours de Guiducci et le *Saggiatore* ont pour objet de réfuter les assertions des anciens philosophes, d'Aristote principalement, sur les

---

nella Libra Astronomica, e Filosofica. Firenze, 1620. in-4. —Ensuite Stelluti, de l'académie des Lincei, publia une autre réponse intitulée *Scandaglio sopra le libra Astronomica et Filosofica di Lotario Sarsi..... del Signor Gio. Battista Stelluti da Fabriano.* Terni, 1622, in-4.

(1) *Vandelli considerazioni,* p. 53.

(2) Voyez *Galilei, il Saggiatore,* dans la dédicace et dans les poésies préliminaires. — Voyez aussi *Venturi, memorie,* part. II, p. 53 et suiv.

(3) *Sarsi ratio ponderum libræ ac simbellæ.* Lutet.—Paris, 1626, in-4.

(4) *Nelli, vita,* tom. I, p. 435. — *Venturi, memorie,* part. II, p. 58. — Grassi avait feint de se réconcilier avec Galilée, mais sans jamais cesser de lui nuire (*Nelli, vita,* tom. I, p. 438-441).

comètes, et de montrer que l'opinion la plus probable est que ces comètes sont des apparences produites par des exhalaisons émanées des astres, répandues dans l'espace et éclairées par le soleil, et qu'on n'en saurait déterminer la distance à la terre par le moyen des parallaxes (1), avant d'avoir prouvé que ce ne sont pas des phénomènes de position comme l'arc-en-ciel. Bien que Galilée se tienne toujours dans une grande réserve (2) en fait d'hypothèses,

---

(1) *Galilei, opere*, tom. II, p. 243, 244, 249 et suiv.; p. 287, 290 et p. 330 et suiv.

(2) « Che la Cometa sia senza altro un simulacro vano, ed « una semplice apparenza, non è mai risolutamente stato « affermato, ma solo messo in dubbio, e promesso alla con- « siderazione de' Filosofi. (*Galilei, opere*, tom. II, p. 322). — « Che vapori fumidi da qualche parte della terra sormontino « sopra la Luna, ed anco sopra il Sole, e che usciti fuori del « cono dell' ombra terrestre sieno del raggio solare ingravi- « dati e quindi partoriscano la Cometa, non è mai stato scritto « dal S. M. *(Signor Mario Guiducci)* nè detto da me benchè « il Sarsi me l'attribuisca. Quello che ha scritto il S. M. è, che « non ha per impossibile, che tal volta possano elevarsi dalla « terra esalazioni ed altre cose tali, ma tanto più sottili del « consueto, che ascendano anco sopra la Luna e possano esser « materia per formar la Cometa, e che talora si facciano su- « blimazioni fuor del consueto della materia de' crepuscoli « l'esemplifica per quella boreale Aurora, ma non dice già,

on voit cependant qu'il préfère celle-ci. A la vérité, les faits manquaient à l'époque où parurent
les trois comètes de 1618, et, comme nous l'a-
vons déjà dit, la santé de Galilée l'avait contraint
de s'en rapporter à d'autres pour les observations qui, seules, pouvaient décider la question. Déjà cette opinion avait été émise par
Rotmann et par Snellius, et elle fut ensuite sou-
tenue par Hevelius et adoptée par Cassini, qui ne
l'abandonna que plus tard (1).

Le *Saggiatore* n'est pas un ouvrage dogma-
tique, c'est un écrit polémique rédigé avec un
talent inimitable, et l'on conçoit le ressentiment
de Grassi. Les jésuites, dont l'animosité pour
Galilée s'accrut de plus en plus par suite d'une

« che quella sia in numero la medesima materia delle Co-
« mete..... E questo sia detto non per ritirarsi per paura che
« ci facciano l'oppugnazioni del Sarsi, ma solo, perchè
« si veda che noi non ci allontaniamo dal nostro costu-
« me, ch'è di non affermar per certe se non le cose che noi
« sappiamo indubitatamente, che così c'insegna la nostra Fi-
« losofia e le nostre Matematiche. » (*Galilei, opere*, tom. II,
p. 324).

(1) Voyez, à ce sujet, *Venturi, memorie*, part. II, p. 49. —
Nelli, vita, tom. I, p. 441.—*Frisi, elogj di Galileo e del Cavalieri*. Milano, 1778, in-8., p. 53-54.

telle polémique (1), s'efforcèrent de faire interdire cet ouvrage à propos d'une certaine citation de la Bible (2), mais ils n'y réussirent pas.
Même après avoir perdu l'intérêt de la circonstance, le *Saggiatore* conserve un charme particulier, car on reconnaît à-la-fois dans son
auteur le penseur profond, le grand écrivain et
l'homme d'esprit (3). Ce livre est rempli d'une
foule d'observations physiques du plus haut intérêt; il contient des doctrines philosophiques
qui ont été attribuées plus tard à Descartes et
qui appartiennent à Galilée. Nous nous bornerons à citer ici ce principe si célèbre dans le car-
tésianisme, que les qualités sensibles ne résident

---

(1) *Nelli, vita,* tom. I, p. 438-439. — *Galilei, opere,* tom. I,
p. LXXVI.

(2) *Venturi, memorie,* part. II, p. 52-53.

(3) Le *Saggiatore* est, à mon avis, le meilleur livre de philosophie pratique que l'on puisse lire en Italie : les préceptes
y sont toujours suivis de l'application, et le plus souvent
cette application est une découverte ou une observation
importante. Où trouvera-t-on le danger de généraliser trop
vite signalé avec autant de grâce et d'esprit que dans le
voyage de l'oiseleur? (*Galilei, opere,* tom. II, p. 325 et suiv.)
Il faudrait reproduire en entier cet ouvrage pour en donner
une idée convenable. Je le répète, la lecture attentive du
Saggiatore est la meilleure introduction à l'étude de la philosophie naturelle.

point dans les corps, mais sont en nous (1).

L'impression du *Saggiatore* avait été retardée par diverses circonstances (2), et lorsqu'en 1623 il fut enfin sur le point de paraître, les cardinaux venaient d'élire pour pontife le cardinal Barberini, qui prit le nom d'Urbain VIII. Trois ans auparavant, le cardinal Barberini avait composé un poème latin (3) en l'honneur de Galilée, dont il s'était toujours montré ami. Profitant de son élection, les Lincei lui dédièrent le *Saggiatore* (4), et Galilée s'empressa de se rendre à Rome pour féliciter le nouveau chef de la chrétienté (5), qui le reçut parfaitement, lui fit des présens, et promit à son fils une pension qui se fit attendre long-temps (6). Lorsque Galilée retourna à Florence, le pape lui remit un bref

---

(1) *Galilei, opere,* tom. II, p. 387 et suiv. — Lisez à ce sujet le *Saggio sopra il Cartesio*, par Algarotti (*Algarotti, opere,* Livorno, 1764, 8 vol. in-8., tom. III, p. 293-340, et 319).

(2) L'indisposition de Galilée, qui se prolongea long-temps, et la nécessité de modifier dans le manuscrit original qu'il avait envoyé à Rome quelques passages hostiles aux jésuites, furent la cause principale de ce retard (*Venturi, memorie,* part. II, p. 53-56).

(3) *Venturi, memorie,* part. II, p. 81.

(4) *Galilei, il Saggiatore,* dédic.

(5) *Venturi, memorie,* part. II, p. 84-87.

(6) *Venturi, memorie,* part. II, p. 38 et 99. — *Nelli, vita,*

adressé au grand-duc, et qui contenait de grands éloges du savoir et de la piété du philosophe toscan (1). Ce voyage avait encore pour Galilée un autre but. Bien que réduit au silence par la condamnation du livre de Copernic, il n'avait jamais cessé de soutenir le mouvement de la terre (2) et depuis longtemps il préparait un ouvrage sur cette matière (3). L'élection de Bar-

---

tom. I, p. 498. — Galilée ne se maria jamais; pendant son séjour à Padoue, il avait aimé une Vénitienne, Marina Gamba, dont il eut trois enfans : deux filles qui se firent religieuses, et un fils, nommé Vincent, légitimé en Toscane (*Nelli, vita*, tom. I, p. 96).

(1) *Lettere inedite di uomini illustri*, tom. I, p. 59. — *Venturi, memorie*, part. II p. 89.

(2) Pendant le séjour qu'il fit à Rome à cette occasion, Galilée adressa une très longue lettre à Ingoli, secrétaire de la *Propagande* et partisan de Ptolémée. Cet écrit, qui n'est connu que depuis vingt-cinq ans, montre le courage inébranlable de l'auteur, qui ne cessait, à Rome même, de soutenir le système de Copernic (*Venturi, memorie*, part. II, p. 6-45). Galilée croyait tellement à la puissance de la vérité, qu'il se persuadait un peu trop facilement peut-être que des religieux qui voulaient le perdre adopteraient ses opinions (*Venturi, memorie*, part. II, p. 90. — *Nelli, vita*, tom. II, p. 498-500). On ne cessa jamais de le persécuter. En 1629, il se vit menacé de perdre le traitement qu'il recevait, sous prétexte des dîmes ecclésiastiques (*Nelli, vita*, tom. II, p. 503).

(3) *Lettere inedite di uomini illustri*, tom. I, p. 18. — *Venturi, memorie*, part. II, p. 110.

berini le remplit d'espoir : pendant son séjour à
Rome il avait plusieurs fois abordé ce sujet et
s'était efforcé de faire reconnaître que le mouvement de la terre n'était pas une hérésie. Il
obtint des espérances, mais rien de plus (1). De
retour à Florence il s'appliqua principalement à
terminer l'ouvrage où il voulait exposer ses idées
à ce sujet. Pour entretenir le pape dans ses
bonnes dispositions et afin de se concilier l'esprit des cardinaux, il fit deux autres (2) voyages
à Rome en 1628 et en 1630. Dans le dernier
il présenta à la censure (3) le manuscrit de son
Dialogue sur les deux grands systèmes du monde :
tel était le titre de l'ouvrage qu'il venait d'achever, et qui, comme à l'ordinaire, aurait été imprimé à Rome par les soins des Lincei si la mort
du prince Cesi, arrivée alors, n'avait été le signal de la dissolution de cette illustre société (4).
Le manuscrit fut examiné à plusieurs reprises
par le *maître du sacré palais* et par différens

---

(1) *Nelli, vita,* tom. II, p. 498-499.

(2) *Venturi, memorie,* part. II, p. 110-114. — *Nelli, vita,*
tom. I, p. 502.

(3) *Lettere inedite di uomini illustri,* tom. I, p. 61.

(4) *Venturi, memorie,* part. II, p. 110 et 115.

censeurs, qui corrigèrent le texte en différens
endroits (1). Enfin l'ouvrage fut approuvé, et
l'on en permit l'impression. Mais, après la mort
de Cesi, il était survenu un autre obstacle bien
plus grand : le pape avait fait établir des cordons
sanitaires aux frontières de ses états à cause
de la maladie contagieuse qui régnait alors en
Toscane (2), et Galilée ne pouvant se rendre à
Rome pour surveiller l'impression de son ouvrage, obtint l'autorisation de le faire imprimer
à Florence (3), où il parut en 1632, après
avoir été de nouveau approuvé par divers
censeurs et par l'inquisiteur général de Florence (4). On vit à cette occasion ce qui s'est
renouvelé depuis : des censeurs ignorans, chargés d'examiner un livre au-dessus de la portée de leur esprit, l'approuvèrent sans s'apercevoir combien il était funeste aux idées qu'ils

---

(1) *Lettere inedite di uomini illustri*, tom. I, p. 62-63. —
Venturi, memorie, part. II, p. 117-118. — Buonamici, écrivain contemporain, dit que ce *dialogue* fut corrigé aussi par
le pape (*Nelli, vita*, tom. II, p. 547-548).

(2) *Lettere inedite di uomini illustri*, tom. I, p. 62.

(3) *Venturi, memorie*, part. II, p. 117. — *Nelli, vita*, tom.
II, p. 506-510.

(4) Voyez ces approbations au *verso* du titre de l'édition
originale du *Dialogo*.

voulaient défendre. Les interlocuteurs de ce dialogue, divisé en quatre journées, étaient deux amis de Galilée, Sagredo et Salviati (1), et un péripatéticien nommé Simplicius. Tous les argumens en faveur du mouvement de la terre sont avancés par Salviati et Sagredo, et combattus par Simplicius (2). Les deux premiers raisonnent à merveille et semblent toujours sur le point d'accabler leur faible adversaire. Cependant, malgré leur supériorité incontestable, ils finissent par céder. Ce résultat, qui étonne le lecteur, lui fait deviner un pouvoir occulte et irrésistible qui commande même à la logique et au raisonnement. Il y a dans tout cela beaucoup d'art et de finesse;

---

(1) Nous avons déjà parlé de l'amitié et de l'admiration que Sagredo avait pour Galilée. Salviati, qui appartenait à une ancienne famille de Florence, ne cessa jamais d'aimer et de vénérer Galilée, qui souvent allait avec lui méditer à la *villa delle Selve*. On voit par l'*avertissement au lecteur*, placé en tête de ce Dialogue, que Sagredo et Salviati étaient déjà morts lorsque parut cet ouvrage.

(2) Le motif principal qui porta le pape à devenir hostile à Galilée, ce fut le soupçon qu'on fit naître dans son esprit que l'auteur du *Dialogue* avait voulu le rendre ridicule sous le nom de Simplicius (Voyez *Gamba, serie di testi di lingua italiana.* Venezia, 1828, in-4., p. 100, n° 391. — *Nelli, vita,* tom. II, p. 515).

aussi ne faut-il pas s'étonner si les censeurs y furent pris. Ce qui paraît surtout les avoir décidés à donner leur approbation, c'est l'*avertissement au lecteur* qui commence de la manière suivante :

« On a promulgué à Rome, il y a quelques
« années, un édit salutaire où, pour obvier aux
« scandales dangereux de notre siècle, on impo-
« sait silence à l'opinion pythagoricienne du
« mouvement de la terre. Il y eut des gens
« qui avancèrent avec témérité que ce dé-
« cret n'avait pas été le résultat d'un examen
« judicieux, mais d'une passion mal informée ;
« et l'on a entendu dire que des conseillers
« tout-à-fait inexperts dans les observations as-
« tronomiques, ne devaient pas, par une pro-
« hibition précipitée, couper les ailes aux esprits
« spéculatifs. Mon zèle n'a pas pu se taire en en-
« tendant de telles plaintes. J'ai résolu, comme
« pleinement instruit de cette prudente détermi-
« nation, de paraître publiquement sur le théâ-
« tre du monde pour rendre témoignage à la
« vérité. J'étais alors à Rome, où je fus entendu
« et même applaudi par les plus éminens pré-
« lats : ce décret ne parut pas sans que j'en fusse
« informé. Mon dessein, dans cet ouvrage, est de
« montrer aux nations étrangères, que sur cette

« matière on en sait, en Italie, et particulièrement
« à Rome, autant qu'il a été possible d'en imagi-
« ner ailleurs. En réunissant mes spéculations
« sur le système de Copernic, je veux faire sa-
« voir qu'elles étaient toutes connues avant la
« condamnation, et que l'on doit à cette contrée,
« non-seulement des dogmes pour le salut de
« l'âme, mais encore des découvertes ingénieuses
« pour les délices de l'esprit. » (1)

Ce *Dialogue* ne contient pas seulement un examen des deux systèmes astronomiques de Copernic et de Ptolémée: on y pose les bases de la dynamique (2); on y traite par incidence d'une multitude de phénomènes que Galilée avait observés
pour la première fois, ou dont il tirait de nouvelles
conséquences. C'est une critique victorieuse de
tous les anciens systèmes de philosophie naturelle. Aussi ne faut-il pas s'étonner de l'effet immense que produisit cet ouvrage, et de la colère
des péripatéticiens. Les hommes les plus illustres
de cette époque s'empressèrent de féliciter (3)

____

(1) *Galilei, dialogo*, prélim.
(2) *Galilei, dialogo*, p. 148, 174, 217 et suiv.
(3) *Venturi, memorie*, part. II, p. 119 et suiv. — *Nelli,
vita*, tom. II, p. 511.

(255)

Galilée au sujet de ce Dialogue qui suscita tant
de discussions et contre lequel les partisans des
anciennes doctrines publièrent un si grand
nombre d'écrits (1). Ces éloges, ces discussions
qui étaient encore un succès, irritèrent (2) de
plus en plus les moines, qui ne tardèrent pas à
faire comprendre à la cour de Rome le danger
de ce livre. Mais au lieu de reconnaître l'erreur,
et de laisser aux astronomes à décider un point
sur lequel ils étaient seuls juges compétens, on
persista dans la fausse voie. En s'obstinant à faire
intervenir la religion, et à déclarer contraire au
texte des livres saints un système inattaquable, on
compromit la dignité de la religion elle-même,
qu'on rendait ainsi le soutien de l'erreur (3).
Jusqu'alors, il n'y avait eu que du ridicule dans
cette affaire; mais à ce moment commença une

----

(1) *Venturi, memorie,* part. II, p. 112 et suiv.

(2) *Nelli, vita,* tom. II, p. 551. — *Nicéron, mémoires,* tom.
XXXV, p. 328–329.

(3) Castelli raconte à ce sujet un fait assez curieux. Quelques protestans allemands étaient à Rome sur le point de se
convertir : ayant appris la condamnation de Copernic, ils
changèrent d'avis et refusèrent de se faire catholiques (*Venturi, memorie,* part. II, p. 113).

persécution odieuse qui couvrit d'ignominie la cour de Rome et dont le souvenir devra être toujours présent à l'esprit de ceux qui prétendent enchaîner le génie et bâillonner la vérité.

Avant de procéder directement contre l'auteur du Dialogue, le pape nomma une commission (1) composée uniquement d'ardens péripatéticiens, qu'il chargea du soin d'examiner cette affaire. Il appela même près de lui Chiaramonti, professeur à Pise, qui avait déjà écrit contre la nouvelle philosophie (2). Lorsque cette démarche fut connue à Florence, elle fit une vive impression sur l'esprit de Ferdinand II, qui avait de l'affection pour Galilée. Ce prince se hâta de donner à Niccolini, son ambassadeur à Rome, l'ordre de prendre vivement la défense de l'auteur du *Dialogue* (3); et l'on doit reconnaître que dans toute cette affaire Niccolini ne cessa pas d'agir avec zèle et intelligence en faveur du philosophe toscan. Mais l'ambassadeur ne put faire autre chose que supplier et prier; car le grand-duc, à peine

----

(1) *Nelli, vita*, tom. II, p. 512-520.

(2) *Lettere inedite di uomini illustri*, tom. II, p. 272.

(3) *Lettere inedite di uomini illustri*, tom. II, p. 273 et suiv.

âgé de vingt-deux ans , manquait de force pour
faire respecter son droit de protection en faveur
de ses sujets ; et son ministre, Cioli, trahissait ses
intentions (1). Cette affaire prit bientôt un aspect
défavorable. Le pape se montra très irrité contre
Galilée, et le grand-duc essaya vainement de flé-
chir le saint père en lui représentant combien il
était cruel de sévir contre un vieillard de soixante-
et-dix ans, dont le seul crime était d'avoir publié
un ouvrage approuvé par l'inquisition (2). Avec
une brutalité inouïe, le pape exigea sans délai que
Galilée, dont les médecins attestaient les souffrances (3), se mît en route au cœur de l'hiver,
s'exposât aux atteintes de la maladie contagieuse
qui sévissait alors en Toscane (4) et aux incom-
modités des quarantaines, pour aller comparaître
à Rome devant l'inquisition. Galilée arriva dans

---

(1) Voyez *Galluzzi*, *istoria del Granducato*, tom. III,
p. 468. — Ce même Cioli ayant écrit à Niccolini que Galilée
ne devait plus être nourri aux frais du grand-duc, l'ambassadeur répondit qu'il se chargeait de cette dépense (*Nelli*,
vita, tom. II, p. 539-540).

(2) *Lettere inedite di uomini illustri*, tom. II, p. 274
et 281.

(3) *Lettere inedite di uomini illustri*, tom. II, p. 289. —
Nelli, *vita*, tom. II, p. 524 et suiv.

(4) *Nelli*, *vita*, tom. II, p. 529.

cette ville le 13 février 1633, et descendit chez
l'ambassadeur toscan (1); mais au mois d'avril il
fut contraint de se rendre dans les prisons de
l'inquisition (2), où il resta environ quinze jours,
et où il subit un interrogatoire (3). On le ren-
voya ensuite chez l'ambassadeur (4); enfin, le
20 juin suivant (5), il fut ramené à l'inquisition
pour entendre l'arrêt qui proscrivait son livre et
condamnait l'auteur à la détention dans les prisons du saint-office, suivant le bon plaisir du
pape (6). On lui fit aussi abjurer ses erreurs et
promettre à genoux de ne jamais parler ni écrire
sur le mouvement de la terre, que la sentence
condamnait comme une opinion *fausse, absurde,
formellement hérétique et contraire aux écritures* (7).

-----

(1) *Lettere inedite di uomini illustri*, tom. II, p. 290.

(2) *Lettere inedite di uomini illustri*, tom. II, p. 301-303.—
Nelli, vita, tom. II, p. 535.

(3) *Lettere inedité di uomini illustri*, tom. II, p. 303.

(4) *Lettere inedite di uomini illustri*, tom. II, p. 306.

(5) *Lettere inedite di uomini illustri*, tom. II, p. 310. —
Venturi, memorie, part. II, p. 176. — La sentence est du 22
juillet, mais Galilée avait été réintégré depuis deux jours
dans les prisons du saint-office.

(6) *Venturi, memorie*, part. II, p. 174.

(7) *Venturi, memorie*, part. II, p. 175.— Galilée était gra-

Cette condamnation, qui révolta tous les esprits élevés, et dont les conséquences rejaillirent sur tous ceux qui avaient coopéré à la publication de ce Dialogue (1), a fait naître un doute bien grave sur la question de savoir si, pendant le procès, Galilée avait été soumis à la torture. Comme la relation originale de ce procès n'a jamais été publiée, on en est réduit à des conjectures sur ce point. Il est hors de doute que la protection du grand-duc et surtout l'amitié de

---

vement malade à cette époque, et Niccolini craignait de le voir expirer d'un jour à l'autre : cependant on n'hésita point à le faire paraître à soixante-et-dix ans, en chemise, devant ce redoutable tribunal que quelques écrivains ont voulu excuser ! (*Lettere inedite di uomini illustri*, tom. II, p. 3o2.— *Gamba*, *serie*, p. 1oo). On a répété qu'après avoir prononcé son abjuration, Galilée ne put s'empêcher de dire à demi-voix : *E pur si muove !* Sans doute ce dut être là sa pensée, mais il n'aurait pu l'exprimer sans s'exposer au plus terrible supplice : et je doute qu'il ait jamais osé raconter ce qui dut se passer alors dans son esprit.

(1) *Nelli, vita*, tom. II, p. 534, 535, 541. — *Lettere inedite di uomini illustri*, tom. II, p. 3r2, 3r3. — La sentence de l'inquisition fut transmise à toutes les cours et publiée par des mandemens. On la promulgua publiquement à Florence dans l'église de *Santa Croce* devant les amis et les élèves de Galilée que l'inquisiteur avait convoqués (*Nelli, vita*, tom. II, p. 555. — *Venturi, memorie*, part. II, p. 176).

Niccolini lui valurent un traitement moins rigoureux en apparence que celui qui attendait
ordinairement les victimes de l'inquisition (1).
Après avoir obtenu d'abord l'autorisation de
rester chez l'ambassadeur (2), il eut à l'inquisition un local séparé (3), et fut renvoyé chez
Niccolini avant la fin du procès (4); à peine
sa condamnation fut-elle prononcée que le pape
la commua en une rélégation dans le jardin de
la *Trinità dei Monti* (5). Bientôt après, on lui
permit de partir pour Sienne, où il fut reçu chez
l'archevêque, qui était son élève (6). Mais d'autre
part, il faut réfléchir aussi à la puissance de
ses ennemis, et à la colère du pape, qui disait que
le livre de Galilée était aussi pernicieux que les
écrits de Calvin et de Luther (7). On lit dans la
sentence que les juges, ayant cru s'apercevoir

-----

(1) *Lettere inedite di uomini illustri*, tom. II, p. 295 et
303-304.

(2) *Lettere inedite di uomini illustri*, tom. II, p. 299.

(3) *Lettere inedite di uomini illustri*, tom. II, p. 303.

(4) *Lettere inedite di uomini illustri*, tom. II, p. 306.

(5) *Lettere inedite di uomini illustri*, tom. II, p. 310.

(6) *Lettere inedite di uomini illustri*, tom. II, p. 312.

(7) *Lettere inedite di uomini illustri*, tom. II, p. 276-280,
281, 288, 292-293, 297-300, 302.

Voyez la note XVII à la fin du volume.

que Galilée n'avait pas dit la vérité sur ses inten·
tions , jugèrent à propos d'en venir au *rigoureux
examen* contre lui, et qu'il répondit catholique·
ment (1). Or, dans les livres de *Droit inquisi-
torial* cette terrible formule de l'examen rigoureux est toujours sans exception expliquée par
la torture, et il reste encore des procès originaux
de l'inquisition dans lesquels les doutes que
l'on a sur l'intention de l'accusé s'éclaircissent
par l'examen rigoureux, amènent à des réponses
catholiques, et où tout cela signifie la torture,
qui est décrite en détail dans ces actes (2).

---

(1) *Venturi, memorie*, part. II, p. 173.

(2) Je possède un manuscrit original de l'inquisition de
Novare de l'an 1705 ainsi que la correspondance autographe
de l'inquisiteur de cette ville avec la cour de Rome. Dans un
procès grave que contient ce manuscrit , la procédure et les
termes sont exactement les mêmes que dans le procès de
Galilée, et l'accusé subit la torture. Dans les deux sentences,
il n'est pas question de torture : on dit seulement que les
accusés ont répondu *catholiquement.* On sait que Napoléon
voulait publier le procès original de Galilée ; ce procès a été
égaré et peut-être même caché à la restauration. D'après ce
qu'en dit Venturi (*Memorie*, part. II, p. 197), qui en avait été
informé par Delambre, ce procès avait été mutilé vers la fin,
et Venturi croyait que c'était dans la partie qui manquait que
devaient se trouver les réponses *catholiques* que fit Galilée
dans le *rigoureux examen.*

Nous dirons même que, d'après les lois du saint-
office, dès qu'il y avait doute *sur l'intention*,
il fallait en venir nécessairement à la torture.
C'est ce qui résulte de l'*Arsenal sacré de l'inquisition*, qui est le code de procédure de ce
tribunal de sang (1). Il est vrai que ni Galilée, ni
l'ambassadeur Niccolini n'ont jamais dit un mot
relatif à la torture. Mais on sait que l'inquisition
imposait le plus profond silence (2) à tous ceux

----

(1) Nelli cite une édition de cet ouvrage publiée à Rome,
en 1639 (*Nelli, vita*, tom. II, p. 542). Des hommes du plus
grand mérite m'ont assuré avoir vu cette édition, ainsi
qu'une réimpression faite à Gênes et à Pérouse en 1653. Je
n'ai jamais pu découvrir nulle part en Italie cet ouvrage, dont
j'ai trouvé seulement une copie manuscrite à la bibliothèque
Magliabechiana de Florence (classe XXXI, n° 4). Enfin, je
me suis procuré en Angleterre une édition qui parut à Rome,
en 1730, in-4, avec addition. Le titre, qui est fort long,
commence ainsi : *Sacro Arsenale ovvero pratica dell' Uffi-
zio della Santa Inquisizione*. C'est un livre aussi rare que
curieux et dont une notice détaillée offrirait beaucoup d'intérêt. Comment ne pas s'indigner d'une condamnation rendue contre Galilée sur des matières si sublimes, d'après
un code où l'on parle sérieusement des gens « qui tiennent
le diable dans des bagues, des miroirs, des médailles ou
des carafes? » (*Sacro Arsenale*, p. 9).

(2) *Nelli, vita*, tom. II, p. 542-543. — Le manuscrit déjà
cité de l'inquisition de Novare nous apprend qu'aux inter-
rogatoires on exigeait les sermens les plus solennels de ne ja-

qui avaient le malheur de comparaître devant
ce terrible tribunal, et l'on voit par la correspondance de Niccolini que le procès de Galilée
était enveloppé d'un mystère particulier (1). Telle
était la terreur que ce procès avait inspirée,
que Ghérardini dit que cette persécution sembla peu de chose à ceux qui connaissaient
le pouvoir des ennemis de Galilée (2). Viviani, qui avait pour ce grand homme une
véritable idolâtrie, a dû se faire violence et
feindre d'approuver la condamnation (3).
Galilée lui-même évitait avec soin de parler
de ce procès. Il est vrai qu'un jour l'excès
de l'indignation l'a porté à s'écrier : « On

mais révéler ce qu'on a vu ou entendu. Niccolini écrivait au
secrétaire du grand-duc, en parlant de Galilée : *A lui poi
dee esser stata imposta la pena di scomunica di non parlar o
rivelar i costituti ; perchè al Tolomei mio maestro di camera
non ha voluto riferire cosa alcuna, senza dirgli nemmeno
se ne possa o non possa parlare* (*Lettere inedite di uomini illustri*, tom. II, p. 304-305). Il existe aussi une autre lettre de
Niccolini qui montre jusqu'à quel point on tenait à étouf-
fer cette affaire (*Lettere inedite di uomini illustri*, tom. I,
p. 70 : voyez aussi tom. II, p. 278, 287, 301, etc.)

(1) *Targioni, notizie*, tom. II, p. 63.
(2) *Targioni, notizie*, tom. II, part. I, p. 63.
(3) *Galilei, opere*, tom. I, p. LXXVII.

« me forcera à quitter la philosophie pour me
« faire l'historien de l'inquisition! On me fait
« tout ce mal afin que je devienne l'ignorant
« et le niais de l'Italie : il faudra feindre de
« l'être. » Mais dans la même lettre, il a soin
d'ajouter : « Quant à mon affaire, ne m'en de-
« mandez pas davantage » (1). L'expression qui
se trouve dans la sentence est positive : *examen
rigoureux*, signifie torture ; et les circonstances
dans lesquelles cette expression est employée lui
donnent encore plus de poids (2). D'ailleurs

----

(1) *Venturi, memorie*, part. II, p. 180. — Cette lettre, qui
est adressée au père Renieri, a été publiée d'abord par Tiraboschi (*Storia della lett. ital.*, vol. XIV, p. 161). Je dois cependant dire ici que mon savant ami, M. Antinori, directeur
du Muséum d'histoire naturelle de Florence, croit que cette
lettre n'est pas authentique. M. Antinori est certainement
l'homme qui connaît le mieux l'histoire de Galilée, et je
n'aurais pas cité cette lettre si j'avais pu parvenir à éclaircir
à Rome les doutes qu'il m'avait manifestés à ce sujet, n'ayant
pas encore pu faire cette vérification, je ne supprime pas cette
citation. Si je puis obtenir les éclaircissemens que j'ai de-
mandés, je reviendrai sur ce point dans les additions et les
corrections qui doivent se trouver à la fin du sixième volume de cet ouvrage.

(2) La hernie dont Galilée commença à souffrir dès cette époque, ne diminue pas la probabilité de cette torture. (*Venturi,
memorie*, part. II, p. 225. — *Nelli, vita*, tom. II, p. 542-544.
— *Targioni, notizie*, tom. I, p. 142).

est-il probable que des gens si animés contre
Galilée et qui ne purent jamais lui pardonner sa
supériorité, que ces moines qui l'ont persécuté
même au-delà du tombeau, qui ont tenté de
faire casser son testament, qui se sont efforcés
de faire jeter son cadavre à la voirie (1), est-il
probable que lorsqu'ils le tenaient vivant à
Rome, ils n'aient pas assouvi leur vengeance?
N'ont-ils pas fait périr Giordano Bruno et
Dominis du vivant de Galilée? Longtemps après
n'ont-ils pas brisé par la torture les membres
d'Oliva, qui fut l'un des principaux membres de
l'académie *del Cimento?* L'inquisition a pris soin
d'expliquer elle-même dans des vocabulaires particuliers les expressions dont elle se servait, et
jusqu'à ce que le contraire soit positivement démontré par des preuves incontestables, il est

---

(1) *Venturi, memorie,* part. II, p. 324. — *Nelli, vita,*
tom. II, p. 837, 851 et suiv.—Un fait assez piquant et qu'on n'a
jamais remarqué, c'est que dans la sentence originale, qui
fut publiée par Riccioli (*Almagestum novum,* tom. I, part. II,
page 498), il y a des fautes grossières de grammaire. On y
condamne le *Dialogo delle due massime'sisteme.* On doit être
étonné que la cour de Rome n'ait pas songé à condamner
comme hérétiques tous les Italiens qui s'obstinaient à faire
sistema masculin.

établi que Galilée a été soumis au *rigoureux examen.*

Le courage de Galilée ne se démentit jamais durant cette terrible persécution, et à peine était-il arrivé à Sienne qu'il reprit ses travaux. Pendant les cinq mois qu'il resta dans cette ville, il poursuivit ses recherches sur la résistance des solides (1), mais ce qu'il avait écrit à ce sujet est perdu. Il dut croire que ses ennemis s'apaisaient un peu lorsque, vers la fin de l'année, il obtint du pape la permission d'habiter près de Florence (2), une maison de campagne, qu'on lui assigna pour prison (3). Mais la rigueur ne tarda pas à reparaître, car ayant sollicité l'autorisation d'aller à Florence, ou au moins la faculté de recevoir ses amis (4); il reçut pour

---

(1) *Venturi, memorie,* part. II, p. 181.

(2) Galilée se retira d'abord à Bellosguardo et puis à Arcetri (*Venturi memorie,* part. II, p. 182 et 326).

(3) *Venturi, memorie,* part. II, p. 222. — *Nelli, vita,* tom. II, p. 559.

(4) *Venturi, memorie,* part. II, p. 224. — La persécution que Galilée souffrit dans ses derniers jours fut plus odieuse même et plus cruelle que sa condamnation. Durant neuf années on s'appliqua à lui prodiguer toutes sortes de tortures physiques et morales. Les moines ne cessaient de le pour-

réponse l'injonction de s'abstenir désormais de
toute demande, sous peine de se voir contraint
de retourner à Rome dans la prison véritable
de l'inquisition. Cette réponse inhumaine, qui lui
fut transmise par l'inquisiteur le jour même
où les médecins lui annonçaient qu'une fille
chérie, qui l'aidait à supporter ses malheurs, n'a-
vait plus que quelques instans à vivre, le plongea
dans la consternation (1). Cependant, bien que
accablé par l'âge, par les chagrins et les infirmi-
tés, il ne cessa de composer de nouveaux ouvrages, fruit de ses méditations ; et quoique
vers la fin de 1637, il perdit totalement la vue (2),
qui s'était affaiblie de plus en plus depuis sa
condamnation, il ne cessa de dicter des écrits
admirables et de former des élèves tels que
Torricelli et Viviani, qui héritèrent de sa gloire
et continuèrent ses découvertes.

---

suivre de leur haine, et l'inquisiteur de Florence reçut l'ordre
de s'assurer si Galilée était *humble et mélancolique* (*Nelli,
vita*, tom. II, p. 555).

(1) Voyez la note XVII à la fin du volume.

(2) Au commencement de 1637, Galilée perdit l'œil droit,
qui avait fait, disait-il, *de si glorieux travaux.* Avant la fin
de la même année il devint tout-à-fait aveugle (*Venturi,
memorie*, part. II, p. 230-233).

Nous avons dit que la cour d'Espagne n'avait jamais examiné le projet relatif au problème de la détermination des longitudes en mer. Après vingt années de pourparlers, les amis de Galilée se décidèrent à proposer sa méthode à la Hollande (1). Les états-généraux nommèrent une commission pour examiner le projet, mais les persécutions qu'éprouva Galilée et sa cécité firent encore échouer le traité.

En butte à l'adversité, tout l'accablait à-la-fois. Sa famille éprouva une longue suite de malheurs : son fils, pour lequel il avait fait des sacrifices notables, eut une conduite déréglée (2). Quant à lui, condamné à languir dans sa prison solitaire d'Arcetri, le grand-duc,

____

(1) *Venturi, memorie,* part. II, p. 277 et suiv.

(2) Nous avons déjà dit que Galilée ne s'était jamais marié, et que durant son séjour à Padoue, il avait eu plusieurs enfans d'une dame vénitienne nommée Marina Gamba. Le grand-duc les légitima plus tard; mais le repos du philosophe fut souvent troublé par la conduite de son fils Vincent, qui montra ensuite beaucoup de talent pour la mécanique (*Nelli, vita,* tom. I, p. 98, et tom. II, p. 705, 710. — *Venturi, memorie,* part. II, p. 102, 103, etc.). On voit par ses lettres que Galilée venait au secours de tous les membres de sa famille qui éprouvaient des malheurs (*Lettere di uomini illustri,* p. 371).

qui allait le visiter (1), n'osait pas lui permettre de franchir le cercle tracé par l'inquisition de Rome: il se faisait redemander plusieurs
fois quelques bouteilles de vin nécessaires à la
santé de l'illustre vieillard et qu'il lui avait pro-
mises (2). Les moines persécutaient Galilée sans
relâche, et ne voulaient permettre nulle part
l'impression d'aucun de ses écrits; partout où
il envoyait ses ouvrages arrivait un ordre
de Rome pour en interdire l'impression (3).
Vainement les esprits élevés de tous les pays
luttaient pour lui; l'oppression était trop puissante, nul ne pouvait rien contre elle. Parmi les
voix qui s'élevèrent alors en faveur de la vérité, la
France peut revendiquer les plus illustres, les
plus courageuses (4). Cependant il y avait du

---

(1) *Venturi, memorie*, part. II, p. 236.

(2) *Venturi, memorie*, part. II, p. 221.

(3) *Venturi, memorie*, part. II, p. 257 et suiv.—A ce sujet,
le père Micanzio, indigné, écrivait à Galilée : « Ma lasciar
« perir cose tali, non lo farà tutto l'inferno se vi si mettesse »
(*Venturi, memorie*, part. II, p. 258); et pourtant l'inquisition
parvint à faire ce qui, d'après ce bon religieux, devait être
impossible à l'*enfer entier* : on sait combien d'écrits de Galilée
ont péri.

(4) Il faut cependant excepter Descartes, qui affecte sou-

danger, même en France, à prendre la défense de Galilée, car Richelieu (1) s'était prononcé contre le mouvement de la terre; il alla jusqu'à vouloir le faire proscrire par la Sorbonne, et l'on sait qu'il possédait des moyens infaillibles pour réduire au silence ses contradicteurs; et pourtant Gassendi ne craignit point d'adopter

---

vent de rabaisser Galilée, dont il était si loin d'avoir l'esprit philosophique. Descartes semblait ne pas comprendre toute l'importance des découvertes du savant Italien dans la mécanique rationnelle. Pascal lui-même attribua à Galilée des erreurs qu'il n'a jamais commises. Ainsi, par exemple, c'est dans la préface du *Traité de l'équilibre des liqueurs* de Pascal (Paris, 1663, in-12), que se trouve l'anecdote si répandue de Galilée répondant à un fontainier italien, que l'eau ne s'élevait pas dans les pompes au-delà de dix-huit *brasses*, parce que la nature n'a l'horreur du vide que jusqu'à un certain point, tandis que Galilée a donné de ce phénomène une explication qui, à la vérité, n'est pas exacte, mais qui du moins est beaucoup plus philosophique. Dans les *Discorsi e dimostrazioni matematiche* (p. 17), Galilée considère une colonne d'eau de dix-huit brasses comme un cylindre solide qui doit se briser lorsque le poids en surpasse la cohésion. Il n'est pas inutile d'ajouter ici, que le premier qui ait eu l'idée d'expliquer l'ascension de l'eau dans les pompes par le poids de l'air extérieur, ce fut Baliani, savant génois d'un grand mérite, qui écrivit à ce sujet différentes lettres à Galilée (*Venturi, memorie,* part. II, p. 105-106).

(1) *Venturi, memorie,* part. II, p. 196.

les doctrines du grand aveugle de Florence (1).
Mersenne traduisit ses écrits et les publia en
donnant de justes louanges à l'auteur (2).
Carcavi voulut donner une édition de ses œuvres (3); Diodati, que l'Italie et la France ré-
clament également (4), ne cessa jamais de
prendre publiquement sa défense; le comte de
Noailles se chargea de faire imprimer les *Discours et démonstrations mathématiques sur deux
nouvelles sciences*, ouvrage immortel qui justifie pleinement son titre, car on y trouve

---

(1) *Venturi, memorie,* part. II, p. 136.

(2) Voyez ci-dessus, p. 184. Mersenne publia aussi plus
tard un extrait des *Discorsi e dimostrazioni matematiche,*
sous le titre de *Nouvelles pensées de Galilée, mathématicien et
ingénieur du duc de Florence.* Paris, 1639, in-8°.

(3) *Venturi, memorie,* part. II, p. 248 et suiv.—*Nelli, vita,*
tom. II, p. 821.

(4) Elie Diodati, avocat au parlement de Paris, appartenait à une famille lucquoise : il était lié avec les hommes
les plus célèbres de son temps, et fut un des principaux
amis de Galilée, qui lui adressa un grand nombre de lettres.
Diodati s'occupa conjointement avec Grotius de faire adopter par les États-Généraux de Hollande la méthode de Galilée pour la détermination des longitudes. On a confondu
quelquefois Élie Diodati avec Jean Diodati, qui publiait à
Genève, à la même époque, une traduction italienne de la
Bible, dont on a beaucoup parlé.

pour la première fois les véritables principes
de la science du mouvement (1), et qui ne put
paraître qu'à la condition qu'on déclarerait
que le manuscrit en avait été dérobé à l'auteur (2). Mais de tous les amis de Galilée, aucun
ne montra autant de courage que Peiresc. Ce
célèbre magistrat, qui était animé d'un si grand
zèle pour les progrès de toutes les branches des
connaissances humaines, avait formé les plus
riches collections qui depuis ont été dispersées
ou négligées. Il avait été en Italie dans sa jeunesse et s'était arrêté à Padoue pour entendre

---

(1) Dans la *Mécanique analytique*, tom. I, p. 221-222).
Lagrange a fait un éloge magnifique de cet ouvrage. Voici
comment il s'exprime à ce sujet : *Il fallait un génie extraordinaire pour démêler les lois de la nature dans des phénomènes que l'on avait toujours eus sous les yeux, mais dont
l'explication avait néanmoins toujours échappé aux recherches des philosophes.* Je rappellerai cependant ici que Galilée avait déjà exposé dans son célèbre *Dialogue* (p. 148,
174, 217, etc.) les lois que Lagrange suppose avoir paru pour
la première fois dans la *Discorsi e dimostrazioni matematiche*.

(2) Voyez la *Dédicace* des *Discorsi e dimostrazioni matematiche*, où Galilée dit que : « Confuso et sbigottito dai mal
« fortunati successi d'altre mie opere, havendo meco mede-
« simo determinato di non esporre in pubblico mai più alcuna
« delle mie fatiche, etc. »

Galilée. Là, vivant avec des hommes érudits, Aleandro, Pignoria, Pinelli, il était devenu un des admirateurs les plus passionnés du célèbre professeur de mathématiques (1).

De retour en France, Peiresc entretint avec tous les savans de l'Europe une correspondance qui devint un des monumens littéraires les plus importans du dix-septiéme siècle, et qui, long-temps négligée, finira peut - être par disparaître sans qu'on ait fait usage des trésors qu'elle renferme (2). Lorsque Peiresc apprit que le

***

(1) Voyez les *Lettere inedite di principi e d'uomini illustri raccolte pubblicate da Luigi Cibrario*, Torino, 1828, in-8°, p. 66 et 84. Dans ce livre intéressant se trouvent plusieurs lettres fort importantes de Peiresc à Galilée, tirées de la Bibliothèque de Carpentras, où se conservent encore un nombre considérable de recueils formés par Peiresc. On doit regretter que le savant éditeur de ces *Lettere* n'ait pas eu connaissance de quelques lettres inédites de Galilée, qui sont également à Carpentras, et qu'on peut lire à la fin de ce volume. Je dois à l'extrême complaisance de M. d'Olivier Vitalis, conservateur de ce riche dépôt, d'avoir pu copier un grand nombre de pièces que renferment les restes de la collection de Peiresc.

Voyez la note XVII à la fin du volume.

(2) Peiresc n'était pas seulement un *collecteur*, comme on a semblé quelquefois le croire : c'était un homme d'un savoir immense qui cultivait à-la-fois et avec ardeur l'histoire, l'ar-

plus illustre de ses amis, Galilée, était persécuté,
il s'adressa au cardinal Barberini, qu'il connaissait particulièrement, pour le prier d'obtenir du
pape qu'on laissât au moins mourir en paix l'auteur de tant d'immortelles découvertes. Les solli-
citations d'un magistrat aussi respectable par ses
talens que par son caractère, d'un homme pieux
et sincèrement attaché à la religion catholique,
qui s'exprimait avec une noble franchise, semblaient devoir faire une vive impression sur l'esprit d'Urbain VIII, qui le connaissait et qui avait
appris à l'estimer ; malheureusement elles ne
produisirent aucun résultat : on lui répondit (1)
à peine. Vainement Peiresc prédisait hardiment

---

chéologie, l'histoire naturelle et l'astronomie. Ses manuscrits
renferment une foule d'observations sur les satellites de Jupiter, sur les taches solaires, sur le magnétisme, sur toutes
les parties de la philosophie naturelle. Dans une de ses lettres
à Galilée, publiées par M. Cibrario, on lit qu'en observant
Saturne avec son ami Gassendi, il avait vu une espèce de
trou : c'était, comme on le conçoit, une première idée de
l'anneau (*Lettere inedite di principi e d'uomini illustri,* p. 90.
—On peut consulter aussi les registres XXXVI, vol. 2; XXXVI,
vol. 2; LIII-LX, vol. 1 et 2, etc., des manuscrits de Peiresc
à la bibliothèque de Carpentras).
Voyez la note XVIII à la fin du volume.
(1) En général, à Rome, on ne répondait pas aux sollici-
tations en faveur de Galilée (Voyez *Lettere inedite di principi*

avec une justesse remarquable, qu'une telle persécution serait une tache (1) pour le pontificat d'Urbain VIII, et que la postérité la comparerait à la
condamnation de Socrate. Galilée, aveugle, ne fut
pas moins contraint de passer ses derniers jours
relégué (2) à la campagne, loin de toute conso-
lation (3), n'osant pas recevoir ses amis ni leur
écrire, tremblant même de communiquer à qui
que ce fût ses découvertes de crainte de tomber
dans les embûches de l'inquisition (4). Et ce-

---

e d'uomini illustri, p. 89. — *Venturi*, *memorie*, part. II,
p. 191 et suiv.).

(1) « E saria appunto una macchia allo splendore e fama di
« questo pontificato » (*Lettere inedite di principi e d'uomini
illustri*, p. 86.— Voyez aussi p. 88).

(2) Une seule fois on lui permit d'aller à Florence, à condition qu'il ne pourrait sortir, même pour se rendre à l'é-
glise, qu'avec la permission de l'inquisiteur ; mais bientôt il
dut retourner à son *carcere d'Arcetri* (*Venturi*, *memorie*,
part. II, p. 228).

(3) On voulait l'isoler absolument : en 1638 , le père Castelli, qui était à Rome, ayant désiré se rendre à Florence, le
pape ne lui permit de voir Galilée que devant témoins (*Venturi*, *memorie*, part. II, p. 229).

(4) Voici ce que, en 1637 , Galilée répondait à Antonini,
qui lui demandait communication de ses dernières découvertes.

» S'io non avessi, Illustris. Sig., nui per mille altri riscontri,
« ferma certezza del candido e sincero affetto suo verso di

pendant ni sa cécité, ni son grand âge, ni les
rigueurs du Saint·Office ne purent l'empêcher
un seul instant de se livrer à ses profondes et
fertiles méditations, d'animer ses élèves à la recherche de la vérité, de cette vérité que, d'après
le témoignage même de ses ennemis, il prêchait
avec un ascendant irrésistible, et dont il fut le
martyr. Où trouve-t-on un autre exemple, depuis que le monde existe, d'un homme pliant
sous le faix des années, aveugle, traqué par les
inquisiteurs, et nonobstant cela, capable de publier ces *Discours et Démonstrations mathématiques* qu'on ne pourra jamais assez admirer ?
Lorsque, le 8 janvier 1642, cet illustre vieillard descendit au tombeau (1), sa gloire pou-

---

« me, potrei stare in dubbio se l'istanza che ella mi fa del
« comunicarle io in particolare scrittura certa mia osserva-
« zione fatta nella faccia Lunare, derivasse (come ella mi
« scrive) da zelo e timore che ella abbia che i miei scoprimenti
« ed invenzioni non mi vengano da altri usurpati nel modo
« che di alcune mi è accaduti, o pure se il consiglio suo
« tendesse al mantenermi interi gli odi di moltissimi invi-
« diatori delle tante verità scoperte da me nella Natura, e nelle
« scienze, per li quali odi mi trovo in stato di non lieve
« calamità. » (*Galilei, opere,* tom. II, p. 47). Viviani dit que
Galilée avait fermement résolu de ne plus rien publier (*Galilei, opere,* tom. I, p. LXXXI).

(1) Voyez *Nelli, vita,* tom. II. p. 839.

vait défier la rage de ses ennemis ; car lors
même qu'on eût traîné son corps à la voirie,
comme on le voulait à Rome (1), que tous
ses ouvrages eussent été détruits, comme on
essaya de le faire, l'œuvre de son génie ne pouvait plus périr ; il avait créé la philosophie naturelle, les hommes avaient appris de lui comment
ils doivent étudier la nature ; enfin il laissait une
école florissante composée d'élèves idolâtres de sa
mémoire et imbus de ses préceptes, qui n'eurent
qu'à suivre ses glorieuses traces pour se rendre
célèbres. Des cendres de Galilée naquit bientôt
cette société qui s'est rendue immortelle sous
le nom d'Académie *del Cimento*.

Ce n'est pas en quelques pages qu'on peut
espérer de tracer la vie ni d'apprécier les travaux
d'un tel homme ; la *vie de Galilée* est un ouvrage
qui manque encore aux sciences, bien qu'on l'ait
plusieurs fois entrepris. Les difficultés naturelles
d'un tel sujet sont encore augmentées par la perte
de la plus grande partie des écrits de cet homme
célèbre. Nous avons vu que, plus occupé de faire
des découvertes que de les livrer à l'impres-

---

(1) *Nelli, vita,* tom. II, p. 851 et suiv.

sion, Galilée se contenta pendant longtemps.de
les communiquer à ses élèves et à ses amis; de
sorte que, se répandant ainsi partout, elles furent souvent reproduites par des plagiaires, qui
tentèrent de se les approprier. Plus tard, lorsqu'il songea enfin à réunir et à publier ses travaux, l'inquisition l'arrêta et le condamna au
silence. Après sa mort, des élèves dévoués voulurent recueillir les ouvrages qu'il avait préparés,
et ces lettres où il avait si souvent exposé ses
plus ingénieuses découvertes, mais l'inquisition
intervint encore d'une manière odieuse et bar-
bare. Renieri, à qui il avait confié les observations des satellites de Jupiter, et qui devait les
réduire en tables, vit à son lit de mort ses manuscrits pillés et dispersés par les suppôts du
Saint-Office (1). Plus tard, le petit-fils de Galilée
étant entré dans les ordres, brûla, par scrupule
de religion, plusieurs manuscrits, parmi lesquels il paraît certain que se trouvaient des
écrits inédits du grand philosophe toscan (2).

----

(1) *Targioni, notizie,* tom. I, p. 314-315.— *Lettere inedite
di uomini illustri,* tom. I, p. 74.
(2) *Viviani, quinto libro,* p. 104.

Enfin Viviani, qui ne cessa de montrer un si vif attachement à la mémoire de son maître, s'étant appliqué pendant longues années à rassembler les manuscrits de Galilée dans la vue d'en donner une édition complète, se vit forcé de les enfouir dans un silo (1) pour les soustraire aux recherches actives des moines si puissans en Toscane sous Côme III. Après la mort de Viviani, ces précieux manuscrits, découverts par un domestique, furent employés aux plus ignobles usages. Enfin, le hasard ayant fait tomber une lettre autographe de Galilée entre les mains du sénateur Nelli, cette lettre lui donna l'éveil, il se procura tout ce qui restait encore dans le silo (2), et il ajouta à cette collection des manuscrits de Viviani et d'autres savans qui avaient été dispersés avec une impardonnable incurie (3). Actuellement ces manuscrits, cachés depuis plusieurs années dans une bibliothèque de Florence,

---

(1) *Targioni, notizie*, tom. I, p. 122-124.

(2) *Targioni, notizie*, tom. I, p. 124-125.

(3) Nelli raconte la dispersion des livres de Viviani qui existaient à la bibliothèque de l'hôpital de *Santa Maria Nuova* de Florence (*Nelli, vite*, tom. II. p. 762). C'est peut-être dans la même circonstance que fut égaré le manuscrit

attendent un éditeur ; et l'on doit s'étonner qu'on n'ait pas songé à donner une édition complète des écrits qui restent encore du plus grand philosophe de l'Italie, dans laquelle devraient naturellement être compris les travaux inédits de ses plus illustres disciples. Un tel recueil honorerait le pays qui l'entreprendrait, et serait le plus beau monument qu'on pût élever aux sciences. Ces reliques ne sont pas aussi minimes qu'on pourrait le croire : la collection manuscrite dont nous parlons se compose de plusieurs centaines de volumes, parmi lesquels les ouvrages inédits abondent ; et l'on sait que des hommes tels que Galilée, Torricelli et Viviani consignaient dans tous leurs écrits, dans leurs lettres, et jusque dans les moindres fragmens, des idées nouvelles et dignes d'être répandues. Il faut qu'on n'oublie pas, en Toscane, qu'une grande réparation est due à Galilée, et que la meilleure manière de protester contre ses persécuteurs, de se montrer plus avancé que les

---

du *Traité des nombres carrés,* par Fibonacci, qui existait dans cette bibliothèque et dont nous avons parlé dans le second volume (p. 40).

Médicis, et de rendre un digne hommage à la
gloire du grand homme qu'ils n'osèrent préserver d'une injuste persécution, c'est de conserver
et de transmettre à la postérité tous les débris,
les moindres reliques de ce martyr de la philosophie.

La perte de tant de précieux ouvrages que
nous regrettons serait moins funeste, si les
amis et les élèves de Galilée avaient écrit sa vie
d'une manière exacte et complète; malheureusement ils ne l'ont pas fait. La terreur inspirée par
l'inquisition était si profonde alors, que nul n'osa
tracer exactement l'histoire de la vie et des travaux de Galilée. Quelques pages écrites par un
chanoine de Florence nommé Gherardini, qui
avait reçu les confidences de Galilée sont ce qui
nous reste de plus authentique sur ce grand
homme (1). Mais Gherardini n'était nullement
savant, et en écrivant ses souvenirs longtemps
après la mort de son illustre ami, il a parfois
commis des erreurs; cependant, ces mémoires, qui ne parurent que vers la fin du siècle dernier, sont ceux qui contiennent le plus de rensei-

____

(1) *Targioni, notizie*, tom. II, p. 63 et 76.

gnemens sur la vie de Galilée. Viviani, qui composa pour le prince Léopold de Médicis une notice biographique sur le grand philosophe toscan, se vit forcé de taire la plupart des faits relatifs à la sentence de l'inquisition, et de donner des louanges (1) à des princes qui s'étaient montrés si pusillanimes, et si indifférens au mérite de ce grand homme. Viviani fut réduit à déclarer que si Galilée avait montré quelques dispositions à soutenir le mouvement de la terre, c'est parce que s'étant élevé jusqu'au ciel par ses admirables découvertes, *la providence éternelle avait permis qu'il se rattachât à la nature humaine par ses erreurs* (2)! On comprend le sens de cette phrase, à une époque où l'inquisition était encore l'effroi de tous les penseurs; mais une biographie tracée sous l'influence de telles craintes, ne peut guère inspirer de con-

---

(1) *Galilei, opere*, tom. I, p. LXVI, LXXI, LXXXIX, XC, etc.

(2) *Galilei, opere*, tom. I, p. LXXVII. — Dans son *Quinto libro degli elementi d'Euclide*, Viviani a donné quelques fragmens de lettres de Galilée; on verra par les documens que nous publions plus loin avec quel soin il en retranchait tout ce qui était relatif à l'inquisition.

Voyez la note XVII à la fin du volume.

fiance. Plus tard, il est vrai, on a publié divers écrits sur Galilée, mais ce ne sont trop souvent que des analyses ou des expositions incomplètes; les plus considérables de ces biographies étant rédigées d'après des documens inédits sont dénuées de preuves (1), et l'on peut craindre de voir souvent les idées de l'auteur dénaturées par l'interprétation de l'historien. Au reste, tous ces travaux sont incomplets et parfois inexacts; les plus considérables sont dus à des écrivains étrangers aux sciences et manquent tout-à-fait d'ordre et de méthode. La biographie de Galilée est encore à faire: on ne pourra l'écrire d'une manière convenable que lorsqu'on aura réuni tous ses ouvrages et que l'on aura fait paraître toute sa correspondance, qui renferme l'histoire de ses admirables découvertes et qui doit révéler les circonstances les plus intéressantes de sa vie.

Malgré l'impossibilité où nous sommes de

---

(1) La vie de Galilée par Nelli devait être suivie d'un nombre très considérable de pièces inédites que l'auteur cite toujours, mais qui n'ont jamais vu le jour. Les *Memorie* de Venturi sont rédigés sans ordre et sans méthode, et l'auteur a le défaut grave de ne donner que des extraits des pièces qu'il aurait dû publier en entier.

rendre compte d'une manière complète et détaillée de toutes les idées nouvelles et ingénieuses que Galilée a répandues dans chacun de
ses écrits, de toutes les découvertes qu'il y a consignées, nous ne saurions nous empêcher cependant d'en signaler rapidement quelques-unes, en
nous arrêtant de préférence à celles qu'on attribue d'ordinaire à d'autres savans. On sait généralement que Galilée a inventé le thermomètre,
le compas de proportion et le microscope; que
sur une vague indication il a deviné et perfectionné le télescope, et qu'armé de ce puissant
instrument qu'il dirigea le premier vers le ciel,
il a découvert les satellites de Jupiter, les phases
de Vénus, les taches et la rotation du soleil, les
montagnes et la libration de la lune. On sait aussi
qu'après avoir découvert l'isochronisme des oscillations du pendule, il appliqua cette remarque à la mesure du temps (1) et à la musique,

---

(1) On a beaucoup disputé pour savoir si Galilée avait appliqué le pendule à l'horloge avant Huyghens. Galilée a certainement fait cette application, mais sans combiner d'abord
le ressort avec le pendule, combinaison nécessaire afin que
le mouvement de ce pendule pût se prolonger longtemps.

comme il a appliqué les observations des satellites de Jupiter à la détermination des longitudes
en mer; qu'il a posé les bases de l'hydrostatique,
créé la dynamique en donnant la théorie de la
chute des graves, et appliqué le principe des vitesses virtuelles au calcul des effets des machines.
Ces faits sont rapportés par les biographes et
consignés dans tous les ouvrages d'histoire littéraire. Mais on sait moins que Galilée s'était occupé
de toutes les branches de la philosophie naturelle, qu'il avait composé des traités spéciaux
sur l'optique, sur le choc des corps, sur le magnétisme, sur le mouvement des animaux, et que
si ces ouvrages ont péri, on en retrouve la substance dans ses autres écrits. Ce n'est qu'en lisant
les ouvrages qui nous restent de lui, que l'on peut
se faire une idée de la pénétration de son esprit,
et de la sagacité avec laquelle il savait tirer des

Quelques savans ont cru cependant qu'il imagina cette combinaison lorsqu'il était déjà aveugle, et que son fils construisit avant Huyghens une véritable pendule : mais c'est là un
point bien difficile à éclaircir (Voyez à ce sujet *Galilei*,
dialogo, p. 443 et 447. — *Nelli*, *vita*, tom. II, p. 721 et suiv.
— *Saggi di naturali esperienze*, Firenze, 1691, in-fol., p. 22.
— *Venturi*, *memorie*, part. II, p. 286 et suiv.).

phénomènes les plus communs des conséquences singulières et inattendues. Affirmant que le plus beau de tous les livres était la nature, et qu'en l'observant on était sûr de découvrir la vérité, Galilée ne négligeait rien de ce qui lui tombait sous les yeux. Un morceau de bois abandonné dans un coin de l'arsenal de Venise, une grappe de raisin que le soleil faisait mûrir dans un champ, une lampe que le vent faisait osciller, un instrument à l'aide duquel un jeune homme glissait le long d'une corde, lui fournissaient également matière à d'utiles et profondes méditations. On doit lui savoir gré d'avoir conservé, dans ses écrits, le souvenir de ses premières observations, d'avoir montré par quel hasard il y avait d'abord été conduit; car non-seulement ces excursions philosophiques intéressent au plus haut degré et reposent l'esprit par la facilité, l'abandon même qui semble présider aux plus grandes découvertes, mais on peut y puiser les plus utiles exemples de la méthode des inventeurs et du grand art d'observer. Il est vrai qu'à part la perfection du style, les ouvrages de Galilée, lorsqu'on ne les lit pas avec une attention particulière, semblent d'abord ne rien offrir d'extraordinaire, tant ils paraissent simples et clairs; mais c'est en cela surtout que ces écrits sont admirables ; car, composés à une époque où l'on admettait les causes occultes, où l'on raisonnait toujours *à priori*, ils se distinguent par une logique si simple et par une si juste application des principes du sens commun à la philosophie naturelle, qu'on les croirait sortis de la plume de quelque illustre savant des temps modernes plutôt que de celle d'un homme entouré de ténèbres, et obligé de lutter sans cesse contre des erreurs victorieuses. Ce n'est qu'en se reportant à l'époque où il vécut, et en comparant ses écrits avec ceux de ses adversaires, que l'on peut comprendre combien cette simplicité qui les distingue était difficile alors ; combien ces vérités, si répandues aujourd'hui, étaient alors cachées et sublimes. D'ailleurs, plusieurs des observations qu'il a consignées dans ses écrits, et qui ont passé presque inaperçues, ont servi plus tard, entre les mains d'autres savans, de base à d'importantes théories.

Bien que Galilée considérait surtout les mathématiques comme un instrument propre à mesurer les phénomènes naturels et à rechercher les causes qui les produisent, cependant, même comme géomètre, il s'est placé à la tête de ses

contemporains. Il n'aurait fait que déterminer
la trajectoire décrite par un corps qui ne suit
pas la verticale en tombant, que cette découverte
eût suffi pour lui assurer l'immortalité. Mais Galilée avait aussi imaginé le *calcul des indivisibles ;*
et bien qu'il n'ait jamais publié ses recherches
à ce sujet, il est certain qu'elles avaient précédé
celles de Cavalieri (1), qui s'est rendu si célèbre
par ses travaux sur la même matière. Les persécutions dont Galilée fut la victime l'empêchè-
rent seules d'achever l'ouvrage que depuis long-
temps il préparait sur les indivisibles ; il avait
commencé aussi à s'occuper du calcul des probabilités : en cherchant à résoudre un problème
qui se rattache à la partition des nombres, il
avait distingué fort à propos les *arrangemens*
des *combinaisons* (2), et l'on voit, par ses lettres, qu'il s'était longtemps occupé d'une ques-

---

(1) Voyez *Venturi*, *memorie*, part. II, p. 265. — *Galilei*,
discorsi e dimostrazioni matematiche, p. 27 et suiv. —
Cavalieri avait d'abord publiée dans le *Specchio Ustorio* une
autre découverte de Galilée qui s'en plaignit (la parabole
tracée par un projectile). Cavalieri s'excusa de son mieux et
reconnut tous les droits de Galilée (*Venturi*, *memorie*,
part. II, p. 264).

(2) *Galilei*, *opere*, tom. III, p. 119-121.

tion délicate et non encore résolue, relative à la manière de compter les erreurs (1) en raison géométrique ou en proportion arithmétique, question qui touche également au calcul des probabilités et à l'arithmétique politique.

Dans les mathématiques appliquées, dans la physique, Galilée a fait une foule de remarques ingénieuses dont on essaierait en vain de faire l'énumération. Ici, c'est un procédé pour déterminer le poids de l'air (2); là, des recherches sur la chaleur rayonnante, qui, dit-il, traverse l'air sans l'échauffer, et qui est différente de la lumière (3); plus loin, des considérations sur la vitesse de la lumière, dont il ne croit pas la propagation instantanée (4). Sa méthode pour ap-

____

(1) *Galilei, opere,* tom. II, p. 55 et suiv.

(2) *Galilei, discorsi e dimostrazioni matematiche,* p. 82-85.

(3) *Galilei, opere,* tom. II, p. 441. — On voit au même endroit que Galilée admettait l'existence de l'éther.

(4) *Galilei, discorsi e dimostrazioni matematiche,* p. 42-44. — Une remarque que Galilée fait ici sur les éclairs, si elle ne démontre pas le mouvement progressif de la lumière, semble prouver au moins que la propagation de la lumière et celle de l'électricité ne sont pas toutes deux instantanées. Descartes croyait la transmission de la lumière instantanée.

précier la cohésion des corps (1), l'observation à l'aide de laquelle il détermine les rapports des vibrations sans compter ces vibrations, mais en les rendant sensibles à l'aide des intersections des ondes qui se forment à la surface d'un liquide (2), aussi bien que ses idées sur le magnétisme terrestre (3), et sur la force par laquelle tous les corps agissent les uns sur les autres, sont dignes de remarque. Après avoir découvert ce fait si important pour l'explication de la formation de notre système planétaire, que les astres qui le composent tournent dans le même sens dans lequel s'effectue la rotation du soleil sur son axe, rotation dont on lui devait aussi la découverte, il avait considéré le mouvement que fait la terre, accompagnée de la lune, autour du soleil, comme analogue à celui que ferait autour d'un centre fixe un pendule dont la longueur serait varia-

---

(1) *Galilei, discorsi e dimostrazioni matematiche*, p. 15 et suiv.

(2) *Galilei, discorsi e dimostrazioni matematiche*, p. 101-102.—On trouve au même endroit un autre moyen fort simple de rendre sensibles les vibrations. Toutes les recherches de Galilée sur l'acoustique méritent l'attention des savans.

(3) *Galilei, dialogo*, p. 592 et suiv.

ble (1). Qui sait jusqu'où il serait parvenu en fait de connaissances sur le système du monde, et combien il aurait enrichi encore toutes les branches de la physique et de la philosophie naturelle, si l'on n'eût pas comprimé l'essor de son génie! Que d'idées ingénieuses, de germes féconds anéantis avec les écrits de ce grand philosophe!

Malgré les effets d'une persécution acharnée, Galilée nous apparaît encore comme un des esprits les plus vastes et les plus sublimes qui aient jamais paru sur la terre. Grand astronome et grand géomètre, créateur de la véritable physique et de la mécanique, réformateur de la philosophie naturelle, il fut en même temps un des plus illustres écrivains de l'Italie, et il força ses adversaires à reconnaître que l'on pouvait être à-la-fois géomètre et homme d'esprit. Poète enjoué et auteur comique plein de verve et de sel, il excella dans la théorie et dans la pratique de la musique, et se distingua dans les arts du dessin. Il fut le modèle et le maître des savans du dix-septième siècle, des

______

(1) *Galilei, dialogo*, p. 447.

19.

Torricelli, des Viviani, des Redi, des Magalotti, des Rucellai, des Marchetti, qui apprirent de lui à faire marcher de front et avec un égal succès les sciences et les lettres, et qui appliquèrent ses préceptes à toutes les branches des connaissances humaines.

La philosophie scolastique ne put jamais se relever du coup que Galilée lui avait porté ; et l'Église, qui malheureusement se fit l'instrument de la haine des péripatéticiens, partagea leur défaite (1). Comment, en effet, oser prétendre à

---

(1) Nous avons déjà montré que Galilée a été le véritable réformateur de la philosophie. Cependant on ne trouve nulle part l'exposé de ses doctrines philosophiques. Occupé surtout de faire des découvertes, il n'avait guère le temps d'exposer ses principes ; et d'ailleurs son système consistait à ne jamais séparer le précepte de l'application, car il voulait surtout établir la *philosophie pratique.* Peut-être plus tard, s'il eût été libre, il aurait composé un ouvrage spécial sur cette philosophie, à laquelle il disait avoir consacré plus d'années que de mois aux mathématiques. Mais comment aurait-il pu en présence de l'inquisition faire connaître ses principes, s'ils étaient tels que l'affirme un voyageur français qui s'exprime ainsi : « Le 6 novembre 1646..... je fus me promener avec le S. Viviani qui a été trois ans avec M. Galilei. Il me dit son opinion du soleil qu'il croyoit une estoille fixe, la conservation de toutes choses, la nullité du mal, la participation à l'âme universelle. » (*Monconys, voyages,* Lyon, 1665, 3 vol. in-4, part. I, p. 130).

l'infaillibilité, après avoir déclaré *fausse, absurde, hérétique et contraire à l'Ecriture,* une des vérités fondamentales de la philosophie naturelle, un fait incontestable et admis désormais par tout le monde! La persécution contre Galilée fut odieuse et cruelle, plus odieuse et plus cruelle même que si l'on eût fait périr la victime dans les tourmens; car la nature humaine a les mêmes droits chez tous les individus, et il n'y a pas de priviléges en fait de souffrances physiques. Galilée dans les tourmens ne mériterait donc pas d'exciter une plus grande commisération que tant d'autres victimes moins célèbres de l'inquisition : aussi, ce ne fut pas sur le corps seul de Galilée qu'on s'acharna; on voulut le frapper au moral, on lui interdit de faire des découvertes, et, l'enfermant dans un cercle de fer, on le laissa aveugle et isolé se consumer dans les angoisses d'un homme qui connaît sa force, et auquel il est défendu d'en faire usage. Cette fatale vengeance, qui pesa si longtemps sur Galilée, avait pour but de le rendre muet; elle effraya ses successeurs et retarda le progrès de la philosophie; elle a privé l'humanité des vérités nouvelles que cet esprit sublime aurait pu découvrir. Enchaîner le génie, effrayer les penseurs, arrêter les progrès de la philosophie, voilà ce que tentèrent de faire les persécuteurs de Galilée. C'est là une tache dont ils ne se laveront jamais.

FIN DU LIVRE QUATRIÈME.

NOTES ET ADDITIONS.

NOTE I.

(PAGE 23.)

Nous donnerons dans cette note un extrait du manuscrit latin n° 7274, in-folio, de la Bibliothèque royale, qui contient une partie de l'*Harmonicon cœleste*. Quant au manuscrit de la bibliothèque Magliabechiana de Florence, que Targioni avait cité (*Notizie*, tom. I, p. 5oo), il se trouve à la classe XI, n° 36, des manuscrits de cette bibliothèque. C'est évidemment l'autographe de l'auteur, qui l'avait intitulé d'abord *Francisci Vietæ ad Harmonicum cœleste libri quinque priores* (Voyez *MSS. de la Bibl. Magliabechiana*, classe XI, n° 36, f. 5), mais les divisions ont été souvent changées et effacées (*ibid.*, f. 102). Ce manuscrit est rempli de ratures et ne paraît pas avoir été complétement achevé : peut-être même a-t-il été mutilé. La copie qui accompagnait l'original semble avoir été égarée récemment : je l'ai cherchée vainement dans le voyage que j'ai fait dernièrement à Florence, après l'impression de la page 23 à laquelle cette note se rapporte. Voici une courte notice sur le manuscrit de Paris, qui a pour titre :

Francisci Vietæ ad Harmonicon cœleste libri quinque priores.

Ce manuscrit, in-folio, de 77 feuillets numérotés,

ne contient pas l'ouvrage complet : le livre II seul y est presque entier; on trouve en outre l'indication des chapitres qui composent les livres I et III, et enfin quelques propositions sur l'hyperbole tirées d'Eutocius.

Le livre II commence par l'exposition des hypo-thèses relatives aux cinq planètes. *Hypotheses franci-linideæ in harmonico quinque planetarum cœlesti.* Suit l'exposition géométrique et analytique des faits rela-tifs aux trois planètes supérieures et à Vénus ; cette matière est traitée en six propositions, dans les-quelles l'auteur cherche respectivement : 1º la diffé-rence de l'époque moyenne et de l'époque apparente ; 2º la hauteur latérale relativement aux mouvemens solaires ; 3º l'anomalie du soleil ; 4º l'anomalie de la terre; 5º l'analogie de la hauteur moyenne à la hauteur latérale droite ou transverse, relativement aux mou-vemens solaires; 6º à corriger les limites de l'anomalie à la terre et sa durée. L'auteur traite ensuite, dans d'autres propositions, les questions relatives à Mer-cure.

Un autre chapitre, intitulé : *Mercurii* δυσμηχανία, contient deux propositions, dans lesquelles Viète se propose de trouver la différence de l'époque moyenne et apparente 1º de Vénus, 2º de Mercure.

Le chapitre suivant, intitulé : *hypothesis Apollo-niana Veneris et Mercurii Ptolemaica* ἀνισόψηφος, con-tient deux propositions, qui ont pour objet de ren fermer toutes les planètes dans une même formule.

A la suite de ces propositions, il s'en trouve quinze autres, sous le titre : *hypotheseon Ptolemaicarum a motu sub alieno centro liberatarum in quinque Planetas formula duplex.* Les propositions V et VI ont pour objet de déterminer pour Saturne, Jupiter, Mars et Vénus, et pour Mercure, la différence de l'époque moyenne et de l'époque apparente, dans les hypothèses de Ptolémée, dégagées du mouvement autour d'un centre étranger. Dans les propositions VII et VIII, l'auteur résout la même question d'après l'hypothèse de Copernic. Dans la proposition IX, il cherche la distance apparente de Mercure au centre du soleil. Dans la proposition X, Viète établit qu'on connaît l'angle de superposition, quand la distance apparente de Mercure au soleil est connue. Dans la proposition XI, il cherche le centre et l'angle de la superposition de cette planète.

Dans les propositions suivantes, de XII à XVII, Viète résout quelques questions de trigonométrie rectiligne.

La proposition XVIII est relative à la théorie de Mercure, ainsi que la proposition XIX, dans laquelle l'auteur établit d'abord, par la géométrie, le moyen de trouver la double anomalie de la terre, puis la solution analytique exposée à l'aide de sept lemmes.

Dans un autre chapitre, portant pour titre : *Altera Mercurii hypothesis calculo consentiens Pruteniano ,* Viète expose d'abord en quoi consiste cette hypothèse, et résout ensuite la question.

Le chapitre XV est intitulé : *Quemadmodum per quinque planetarum francilinideas hypotheses instituta factio consentit omnino cum numeris Prutenianis.* Il contient deux propositions. Dans la proposition XX, Viète montre cet accord à l'égard des planètes Saturne,

Jupiter, Mars et Vénus ; dans la proposition XXI, pour Mercure.

Traitant ensuite des hypothèses Apollonienne et d'Académus, Viète dit que la première ne prend point son nom du célèbre géomètre Apollonius, mais de ce qu'on y admet que le soleil, ou Apollon, occupe le centre du monde.

Le chapitre XVI a pour titre : *Hypotheses quinque planetarum Ptolemaicas ad numeros revocare Prutenianos bene proxime*, il ne contient que deux propositions, dans lesquelles Viète se propose de trouver, dans les hypothèses de Ptolémée, l'époque apparente de la conjonction 1° de Mercure, 2° de Vénus.

Le chapitre XVII, intitulé : *Emendati canonici factionales in planetis quinque et periodi et Epochæ anomaliarum ad eram Nabonassari*, contient différentes tables relatives à chaque planète.

Le chapitre suivant porte le titre : *Ratio emendationis ex historiâ observationum.* Viète s'y occupe successivement des cinq planètes, en comparant entre elles les observations de Ptolémée et de Copernic, et de quelques autres astronomes anciens et modernes.

Le chapitre XIX est relatif à la théorie de la lune; il a pour titre : *Hypothesis lunæ secundum firmamentum veterum abs motu in alieno centro.* Viète énonce d'abord les principes sur lesquels cette théorie repose, puis il établit dans un lemme que les tangentes d'un cercle, terminées à la circonférence d'un cercle concentrique, sont égales. Suivent cinq propositions.

Proposition I. Trouver le demi-diamètre de l'épicycle sur lequel se meut la lune dans son mouvement à l'égard du soleil.

Proposition II. Trouver la prostaphérèse de la lune, connaissant son anomalie et sa distance au soleil.

Proposition III. Trouver l'anomalie de la lune, connaissant sa distance au soleil et sa prostaphérèse. L'auteur fait observer que ce problème admet deux solutions, ainsi que le suivant.

Proposition IV. Trouver la distance de la lune au soleil, connaissant l'anomalie de la lune et la prostaphérèse de son orbite.

Proposition V. Trouver, d'après trois observations d'éclipses de lune, la plus grande prostaphérèse de son orbite, dans la nouvelle et dans la pleine lune, et les époques de son anomalie dans une limite fixée. Cette proposition est suivie de plusieurs tables.

Le chapitre XX porte le double titre : *Altera hypothesis lunæ secundum firmamenta veterum*, et *Hypothesis lunæ ipseta veterum firmamento harmoniam francilinideam*. Viète fait connaître les principes fondamentaux de cette hypothèse, et la manière dont on y conçoit le mouvement de la lune à l'aide de deux épicycles. Le premier se meut sur l'homocentrique selon l'ordre des signes; le second épicycle se meut sur le premier contre l'ordre des signes; enfin la lune parcourt le second épicycle dans l'ordre des signes.

Suivent quelques problèmes, sous le titre : *Factiones geometricæ et logisticæ*, dans lesquels l'auteur cherche 1º la prostaphérèse de l'orbite de la lune ; 2º l'époque de l'anomalie de la terre; 3º la distance de la lune au soleil. Ces deux derniers problèmes ont deux solutions.

Viète fait ensuite connaître l'hypothése de Tycho-Brahé, et donne un complément des problèmes II et III : on trouve à la suite, par une transposition, le supplément au problème I.

Viète donne après, sous le titre de : *ad tabulas prostaphereseom lunarum*, cinq propositions, dans lesquelles on cherche 1° la première prostaphérèse de longitude ou de l'anomalie ; 2° la hauteur moyenne, 3° la seconde prostaphérèse de l'anomalie lunaire ; 4° le rayon de l'épicycle ; 5° la plus grande prostaphérèse. Ces propositions sont terminées par une table numérique.

L'auteur donne ensuite des aphorismes relatifs à l'hypothèse du soleil.

Le chapitre suivant, intitulé : *Harmonici Ptolemœi constructio*, *caput* XII, commence ainsi : *Copernicus sibi suarumque hypotheseon si qua est præstantiæ detrahit, adeo eas mala construxit geometria* (1). Ce chapitre contient en outre un assez grand nombre de tables présentant les résultats obtenus par les divers astronomes, ou qui résultent de leurs hypothèses.

------

(1) Dans quelques passages de l'autre manuscrit, Viète a été encore plus explicite.

NOTE II.

(PAGES 3g , 4o et 122.)

Comme on s'est souvent trompé sur l'inventeur de
la chambre obscure, je crois utile de réunir dans
cette note les passages des principaux auteurs qui en
ont parlé d'abord. J'ai dit dans le troisième volume de cet ouvrage (p. 54) que Léonard de Vinci
avait laissé dans ses manuscrits la description de la
chambre obscure; mais comme le passage où se trouve
cette description avait été publié en français par
Venturi (*Essai sur Léonard de Vinci*, p. 23), je n'ai
pas cru devoir l'insérer parmi les extraits inédits de
Léonard de Vinci. On trouvera ici ce fragment avec
un passage tiré du commentaire sur Vitruve, que
Caesariano fit paraître à Côme en 1521, et où l'on
attribue à dom Panunce, moine bénédictin, l'observation qui sert de base à la chambre obscure. Léonard
de Vinci est mort en 1519, ainsi la note qu'on peut
lire encore dans ses manuscrits est certainement antérieure à la publication de l'ouvrage de Caesariano,
cependant comme le peintre toscan ne s'attribue
pas l'honneur de cette découverte, et que Caesariano dit qu'elle est due à dom Panunce, il peut
rester encore quelque doute. On doit cependant
reconnaître que Léonard de Vinci avait été beaucoup plus loin que le moine bénédictin par l'ap-

plication qu'il avait faite de la chambre obscure à la vision. Quant à Danti, que nous avons cité à la page 39, et qui en parle dans ses notes à la Perspective d'Euclide (1), il arrive, après tant d'autres personnes qu'on ne peut rien lui attribuer dans cette invention. J'ai eu déjà l'occasion de prouver ailleurs (2) que Porta n'avait pas non plus inventé la chambre obscure. Les passages que je transcris dans cette note, serviront à rectifier, je l'espère du moins, une inadvertance échappée à M. Arago, et qu'il a répétée dans deux occasions solennelles, c'est-à-dire en présentant successivement à la Chambre des Députés et à l'Institut son Rapport sur le Daguerréotype. Dans ce rapport, M. Arago s'exprimait de la manière suivante (3) :

« Un physicien napolitain, *Jean-Baptiste Porta*, re-
« connut, il y a environ deux siècles, que si l'on perce
« *un très petit trou* dans le volet d'une chambre bien
« close, ou, mieux encore, dans une plaque métalli-
« que mince, appliquée à ce volet, tous les objets
« extérieurs, dont les rayons peuvent atteindre le
« trou, vont se peindre sur le mur de la chambre qui
« lui fait face, avec des dimensions réduites ou
« agrandies, avec des formes et des situations rela-

---

(1) *Euclide, la Prospettiva, tradotta da Ignazio Danti*, p. 81-83.

(2) Voyez *Melloni, rapport sur le Daguerréotype, traduit en français, par M. Donné, avec notes*, Paris, 1840, in-8, p. 15-17.

(3) *Comptes-rendus de l'Académie des sciences*, séance du 19 avril
1839, p. 250-251.

« tives exactes, du moins dans une grande étendue du
« tableau, avec les couleurs naturelles. »

J'ai déjà fait remarquer (1) à ce sujet, qu'il
y avait d'abord ici une erreur de date, car Porta,
né en 1538 et mort en 1615, et dont le passage
cité se trouve déjà dans l'édition de 1558 de la
Magie naturelle, avait publié, il y a bientôt *trois
cents ans*, le fait dont il s'agit. Les extraits suivans
prouveront aussi que l'observation de ce fait, publiée
d'abord dans un ouvrage qui a paru dix-sept ans avant
la naissance de Porta, ne saurait être attribuée à ce physicien. Voici d'abord ce que l'on trouve dans les manuscrits autographes de Léonard de Vinci (vol. D, f. 8):

« Come s'intersegano le spetie delli obbietti ricevuti
dall' occhio dentro all' umore albugino. »

« La sperientia che mostra come li obbietti mandino
le loro spetie ovvero similitudini intersegate dentro
all' occhio nello omore albugino si dimostra quando
per alchuno picholo spirachulo rotondo penetreranno
le spetie delli obbietti alluminati in abitatione forte
osscura, allora tu riceverai tale spetie nuna carta
biancha posta dentro a tale abitatione alquanto vicina
a esso spiraculo, e vedrai tutti li predetti obbietti in
essa carta colle lor proprie figure e colori, ma saran

---

(1) *Melloni, rapport*, p. 16. — Il est d'autant plus nécessaire de
rétablir la véritable date des travaux de Porta que, comme je l'ai
montré dans l'ouvrage cité, l'assertion de M. Arago a induit en erreur
des hommes du plus haut mérite.

minori e fieno sottosopra per chausa della detta in-
terseghatione; li quali simulacri se v'ussciranno del
locho alluminato del sole paran propio dipenti in essa
carte, la qual vol essere sottilissima e veduta da rive-
scio, e lo spirachulo detto sie fatto in piastra sottilissima di ferro. »

Je viens de rappeler que ce fragment, qui paraît ici
pour la première fois en italien, avait été traduit en
français et publié en 1797 par Venturi dans son *Essai
sur les ouvrages de Léonard de Vinci* (p. 23). Ce retard
de trois siècles laisse la priorité de la publication à
Caesariano, quoique son ouvrage n'ait paru qu'après
la mort de Léonard de Vinci. Voici ce que dit Caesariano (1) à ce sujet :

« Et perho Vitruvio quivi. Excellentemente tange
una pulcherima ratione del optica quale fu experta et
verificata dal Monastico Architecto Don Papnutio de
Sancto Benedicto : si concavo al torno farai un circulo in qualche assicula di quantitate di uncie quatro
vel sei, il concavo uncie due vel circa : et questo habia
nel centro del concavo uno parvo et brevissimo spec-
taculo seu foramine quod scopos etiam dicitur : et
imfixo concordantemente in una valva seu anta di
qualche fenestre clause per tal modo in lo loco dove
sei non possa introire altra luce : et habi uno pocho

---

(1) *Vitruvio de Architectura libri dece, traducti de latino in vul-
gare commentati*, etc. *(da Caesare Caesariano)*, Como, 1521, in-fol.,
f. xxiii.

di biancho papero vel altra côsa che recepia suso
quello che si representara da epso foramine facto con
diligentia vederai ogni cose quanto a la piramide di
epso in sino in tuta la terra et Coelo sono contenute.
Così colorate : et affigurate. »

Dans les premières éditions de la *Magie naturelle*
de Porta, on lit la description suivante de la chambre
obscure.

Quomodò (1) *in tenebris ea conspicias quæ foris à sole
illustrantur, et cum suis coloribus.*

CAP. II.

Si quis id videre affectarit, fenestras omnes claudat
oportet, proderitque si spiramenta quoque obturentur ne lumen aliquod intrò irrumpens, omne destruat:
unam tantum terebrato : ac foramen rotundæ pyramidis formam habeat. Cujus basis solam, conus verò
cubiculum aspiciat, è regione parietes albos, vel linteis, et papyro tecto oppones sic à sole illustrata omnia, et deambulantes per plateæ (uti antipodes) spectabis, quæque dextra, sinistra, commutataque omnia
videbuntur, et quò longiùs à foramine distabunt,
tantò maiorem sibi adsciscunt formam, et si papyrum,
vel tabulam appropinquabis, ea visuntur minora.
Aliquantisper tamen immorando, non enim illicò

____

(1) *Porta, Magia naturalis.* Antuerp., 1564, in-16, p. 282.

20.

simulacra apparebunt: Quia simile validum maximum
cùm sensu non nunquam efficit sensationem, talemque invebit affectionem, ut non solum cùm sensus
agunt, sensoriis insint, eaque lacessant, sed etiam cùm
ex operibus discessere, diutiùs immorentur; quod
liquidè potest perspici, nam per solem deambulantes,
si ad tenebras convertimur, comitatur nos affectio ea
ut nil vel ægerrimè cernamus cùm adhuc in oculis servetur affectio ipsa à lumine facta, inde paullatim
evanescente, clarè in tenebris aspicimus. Num autem
enuntiabo quod adhuc semper tacui, et tacendum
putavi uti

Omnia cum suis coloribus

videre si quæritur : E regione speculum apponito,
non quod disgregando dissipet, sed colligendo uniat,
tam accedendo removendoque, qousque ad suam veræ
imaginis quantitatem cognoveris, debita centri appropinquatione, et si attentiùs perpenderis inspectator,
vultus, gestus, motus hominumque cognosces vestes,
cœlum nubibus dispersum, cyaneo colore, et volantes
volucres; quòd si ad verum perveneris, non parùm
lætaberis, mirumque cognosces, obversa omnia, quia
centro speculi vicina sunt, si enim extra centrum elongabis, maiora erecta, uti sunt, conspicies. Ut clarius
appareat, feriat sol vultus: sin minùs, speculum diri-
gendo solis reflexione eiaculetur, ut insigni fulgore
illustretur, debita tamen distantia, tandiù situm va-
riando, dum verum te assecutum esse cognosces. Hinc
philosophis et medicis patet, quo fiat in oculis visus
loco, ac intromittendi diritimur quæstio sic agitata

nec alio præstantius utrunque artificio demonstrari
poterat : intromittitur enim idolum per pupillam fenestræ instar, vicemque obtinet speculi parva magnæ
spheræ portio, ultimo locata oculi : quòd si quis distantiam mensuraverit, centri loco fiet visus, quod scio
ingeniosis maximè placiturum. Hinc evenit, ut

Quisque picturæ ignotus, rei alicuius effigiem, stylo
describere possit

Dummodò solum colores assimilare discat : hoc in
subiectam tabulam, vel solidiusculam papyrum imagine repercussa, erit enim perito facillimum : si sol
defecerit, id alio imitaberis lumine : pleraque alia
eveniunt, et cognosces, quàm ut enarrare possimus,
præcipuè, si diligens inspector pertractaverit. Et huic
rei conscio quispiam occultè narrandi auspicari poterit
principia, et quæ voluerit, et remoti carceribus occluso, nec leves poterunt imaginari technæ, distantiam
speculi emendabis magnitudine. Sat habes : qui se id
fecisse iactarunt, non nisi meras nugas protulerunt,
nec aliquibus adhuc inventum putarim.

Plus tard, dans l'édition en vingt livres de la
Magie naturelle, Porta a donné plus de développement au même sujet. Nous allons reproduire ce qu'il
y dit à cet égard :

ALIÆ (1) SPECULI CONCAVI OPERATIONES. *Cap.* VI.

Prius quàm ab eiusmodi speculi operationibus

---

(1) *Porta, Magia naturalis*, Neapol. 1589, in-fol., p. 266.

discedamus, quendam enarrabimus usum, non parum
iucundum et admirabilem, ex quo maxima Naturæ
secreta nobis illuscescere possunt. Veluti

Ut omnia in tenebris conspicias, quæ foris a sole illu-
strantur cum suis coloribus.

Cubiculi fenestras omnes claudat oportet, proderitque si spiramenta quoque obturentur, ne lumen
aliquod intro irrumpens, omne destruat : unam tantum terebrato, et foramen palmare aperito palmaris
longitudinis, et latitudinis, supra tabellam plum-
beam, vel æneam accommodabis, et glutinabis, papyri solidatis, in cuius medio foramen aperies, cir-
culare digiti minimi magnitudine, è regione parietes
albos, vel papyrum, vel alba lintea appones. Sic a
sole foris illustrata omnia, et deambulantes per pla-
teas, uti antipodes spectabis, quæque dextra sinistra,
commutataque omnia videbuntur, et quò longiùs à
foramine distabunt, tanto maiorem sibi adsciscunt
forman. Si papyrum, vel albam tabulam appropinquabis, ea visuntur minora, clarioraque. Aliquantisper tamen immorando, non enim illicò simulachra
apparebunt: quia simile validum maximam cum sensu
nonnunquam efficere sensationem, talemque invehit
affectionem, ut non solum quum sensus agunt, sen-
soris insint, eaque lacessant, sed etiam quum ex
operibus discessere, diutiùs immorentur quod liquido
potest prospici; nam per solem deambulantes, si ad
tenebras convertimur, comitatur nos affectio ea : ut
nil, vel ægerrimè cernamus quum adhuc in oculis
servetur affectio ipsa a lumine facta inde paulatim

evanescente, clarè iu tenebris aspicimus. Nunc autem
enunciabo quod adhuc semper tacui, tacendumque
putavi. Si crystallinam lentem foramini appones jam-
jam omnia clariora cernes, vultus hominum deambu-
lantium, colores, vestes, actus et omnia, ac si propriùs
spectares, videbis tam maxima jucunditate, ut qui
viderint, nec unquàm satis mirari possint. At si vis

Minora omnia, et clariora videre

E regione speculum apponito, quod non disgregando,
sed colligendo uniat, tàm accedendo, recedendoque
quousque ad suam veræ imaginis quantitatem cognoveris, debita centri appropinquatione : et attentius
coguoscet inspectator volantes volucres, cœlum nubibus dispersum, cyanei coloris, longè distantes montes,
et in parvo papyri circulo (qui supra foramen accom-
modatur) quasi compendiosum orbem videbis quod
ubi vides, non parum lætaberis : obversa omnia, quia
speculi centra vicina sunt, si extra elongabis, maiora,
et erecta, uti sunt, conspiciet, sed non perspicua.
Hinc evenit

Ut quisque picturæ ignarus rei alicujus vel hominis
effigiem delineare possit

Dummodò solùm colores assimilare discat. Hoc non
parvifaciendum artificium. Feriat sol fenestram et
ibi circa foramen imagines, vel homines adsint, quorum imagines delineare volumus. Sol imagines illustres
non verò foramen. Oppones foramini papyrum albam,
ac tandiu homines ad lumen accomodabis, appropinquabis, elongabis, dum perfectam imaginem sol in

objectam tabulam referat, picturæ gnarus colores su-
perponendo ubi sunt in tabula, et ora vultus circum-
scribet, sic amota imagine, remanebit impressio in
tabula, et in superficie, ut imago in speculo specta-
bitur. Si vis

Ut recta omnia videantur,

Hoc erit magnum artificium, à multis tentatum,
sed non assecutum. Aliqui enim planis speculis foramini obliquè objectis, et in oppositam tabulam rever-
beratis, videbant parum recta, sed obscura, et in-
discreta. Nos sæpius albam tabulam foramini obliquè
opponendo, atque è regione foraminis inspicientes,
videbamus ferè recta, sed pyramis per obliquum
dissecta, sine proportione homines, et in perspicuos
ostendebat, sed tali modo ita fies voti compos. Oppo-
nito foramini specillum è convexis fabricatum, inde
in speculum concavum imago resiliat. Distet speculum
concavum à centro, nam imagines, quas obversas
recipit, rectas reddit, ob centri distantiam. Sic supra
foramen, et papyrum albam jaculabit imagines rerum
objectarum, tàm clarè, et perspicuè, ut non satis
lætari, non satis mirari possit. Id tamen duximus ad-
monendum ne operam frustreris, quod proportionati
sint oportet circuli specilli, et concavi portio, quomodo id assequaris, pluries hic declarabitur. Doce-
bimus etiam quomodo fieri possit

*Ut in cubiculo venatus, hostium prælium, et alia
præstigia appareant.*

Nunc pro coronide adnectam, quod magnatibus,

ingeniosis, et studiosis nil fuerit visu jucundius. Ut
in obscuro cubiculo objectis albis linteis venatus,
symposia, hostiles acies, ludos, et omnia quæ volueris, ita clarè, perspicuè, et affabrè videri contingat,
ac si præ oculis essent. Sit è regione cubiculi, ubi id
demonstrare conaberis, planum aliquod spatiosum,
quod possit liberè a sole illustrari, in eo ex ordine
arbores accommodabis, sic sylvas, montes et flumina,
sic animalia vera, vel arte cosificta ex ligno, aliave
materie, intus pueri consuti sint, ut in comediarum
actibus interponere solemus, cervos, apros, rhinoce-
rotes, elephantes, leones, et alia quæ volueris animalia effinges : inde paulatim è latibulis egredientia
in planum apparent, accedet venator cum venabulis,
retibus, alijsque necessariis, et venationem simulat,
adsint sonitus buccinarum, tubarum, et cornuum ;
qui enim in cubiculo adsunt, arbores, animalia vena-
torum vultus, et reliqua conspicient, ut nesciant an
vera, an præstigia sint. Evaginati enses intro per foramen lumen jaculantur, ut ferè terrorem incutiant.
Admirantibus amicis multoties eiusmodi spectacu-
lum præbuimus, talique illusione gaudentibus, quos
naturalibus rationibus, et opticis vix ab eorum opi-
nionibus removere valvimus, etiam artificio aperto.
Hinc philosophis et opticis patet, quo nam fiat visio
loco, ac intromittendi dirimitur quæstio, sic anti-
quitùs exagitata, nec alio utrumque artificio demonstrare poterit. Intromittitur idolum per pupillam,
fenestræ foraminis instar, vicemque obtinet tabulæ
crystallinæ sphæræ portio in medio oculi locata,
quod scio ingeniosis maximè placiturum. In nostris

in opticis fusius declaratum est. Hinc rei conscio quispiam occultè narrandi auspicari poterit principia, quæ voluerit, ut remotè carceribus occluso. Nec leves poterunt imaginari téchnæ distantiam speculi magnitudine emendabis. Sat habes, qui id docere conati sunt, non nisi nugas protulere, nec aliquibus adhuc compertum putarim. Si scire aves

Quomodo solis eclipsis videri possit.

Nunc apponere decrevi modum quo solis eclipsis clarè notari possit. In solis eclipsi claude cubiculi fenestras, atque oppones foramini papyrum, et videbis solem, speculo concavo in opositum papyrum resiliat, et circulum suæ rotunditatis describas, sic initio, medio, et fine facies. Unde sine visus læsione diametri puncta solis 'defectus notabis (1).

---

(1) J'ai donné ici les passages où Porta fait allusion à la chambre obscure. Les citations de Caesariano et de Léonard de Vinci ne peuvent laisser aucun doute relativement à la priorité qu'ont ces deux savans sur le physicien napolitain. Au reste, après la publication de l'ouvrage de Caesariano, d'autres écrivains italiens ont parlé avant Porta de la chambre obscure. Voici ce qu'on lit à la page 307 du Traité *de Subtilitate* de Cardan, publié à Nuremberg en 1550, in-folio. — « Quòd « si libeat spectare ea quæ in via fiunt, Sole spendente in fenestra « orbem è vitro collocabis, inde occlusa fenestra videbis imagines per « foramen translatas in opposito plano, sed cum obscuris coloribus, « subijices igitur candidissimam chartam eo loco quo imaginem vides, « et intentam rem mira ratione assequeris.»

NOTE III.

(PAGE 42.)

Vasari parle assez longuement (1) de ce Pietro del
Borgo, peintre fort habile du quinzième siècle , et des
ouvrages sur la géométrie et la perspective qu'il avait
composés. Ces ouvrages, qui se conservaient en manuscrit à la bibliothèque d'Urbin, auraient été, suivant Vasari, usurpés par Pacioli, qui se les serait
attribués. Mais, comme Tiraboschi (2) le fait remarquer, Pacioli a écrit fort peu de chose sur la perspective, et l'on ne sait sur quel fondement Vasari l'a
accusé de plagiat. Quant au traité de perspective de
del Borgo, voici un extrait du manuscrit de la Bibliothèque royale (Supplément latin, n° 16), où cet ouvrage
est contenu.

Ce manuscrit, du commencement du seizième siècle,
consiste en un volume in-folio de 102 feuillets; il est
en latin, et a pour titre : *Petrus pictor Burgensis, de
Prospectiva pingendi*, et commence ainsi :

« Nota pingendi ratio tribus partibus integratur : de-
signatione, commensuratione, coloratione (3). Desi-

---

(1) *Vasari, vite.* Fiorenza, 1568, 3 vol. in-4, vol I, p. 353–357.

(2) *Tiraboschi. Storia della lett. ital.*, vol. xi, p. 473.

(3) Designatio, commensuratio, coloratio. — On reproduit ici les
notes marginales du manuscrit.

gnatio est proffforum contorniorumque quæ in re posita
sunt lineatio. Commensuratio est eorundem cum ratione proportionis suo loco positio. Coloratio est
colorum rebus adhibitio qui tùm clari tum obscuri,
pro varietate, luminum demonstrantur. Suarum trium
partium solam commensurationem quæ prospectiva
dicitur im presentiarum hoc tractatu prosequemur,
non nulam et designationis particulam admiscentis.
Nullo enim in impictura opera sint designandi facultate
prospectiva recta demonstrantur, colorandi modum
præteribimus eam tantum partem attingentes quæ
cum lineis angulis proportionibus in demonstrationem
venit. Itaque de punctis lineis superficiebus corporibus-
que dicemus, quinque partita hujus modi dividentes,
in visum quod est oculus (1), in visi rei formâ (2), interstitium quod est ab oculo ad rem prospectam (3),
in lineas à rei conspectu ex veritate ad (4) oculum
protendentes, in terminum quod inter oculum et
visam rem intercipitur quo in termino intentio est opus
colorare (5); quinque igitur harum partium prima
oculum posuimus a quo non tractaturi sumus nisi
quantum Picturæ ratio admonebit. Dicimus ergo oculum primum locum, cùm is sit in quem omnia visa

---

(1) Visus, quod est oculus.

2) Forma, rei visa.

3) Interstitium quod est ab oculo ad reprospectam.

(4) Linea, à rei conspecte extremitate ad oculum protendentes.

(5) Terminus quod inter oculum, rem visam, intercipitur in qua
intentio est opus colorare.

sub diversorum angulorum prospectu referuntur, quo
sit ut quando quo videtur æquidistent ab oculo quod
majus est sub latiori angulo quodque minas sub
arctiori oculo demonstrentur quæ varietas facit ut
rerum degradationem inteligamus secundum. Partem
esse rei formam diximus. Nam sine forma quidem neque intelectu percipi, neque ocullis cerni res posset.
Interstitium ab oculo ad rem tertia pars est, sine quo
res videndi oculum contingeret et si oculi semicirculo
res major si offerret non esset oculus rei capax. Pars
quarta sat linea quæ ab rei extremitate recedentes in
oculum terminatur inter quas oculus rem concipit
atque discernit. Quinta pars est terminus in quo et res
degradenda aponi et ejus dimensio dijudicari non
posset. Non enim si terminus abesset degradatio cognos-
ceretur nec ejus rei ulla certa demonstratio fieret. Ad
hoc necesse est ut illud quoque intelligamus quonam
pacto super planitiem res quam facturi sumus in pro-
priam formam lineis includatur, his igitur ità premis-
sis de eâ parte quæ prospectiva dicitur, opus nostrum
prosequemus, id tres in libros dividemus, et in primo
de punctis lineis superficiebus planis dicemus, in secundo de corporibus cubicis terragonis solidis colum-
nis teretibus at plurium facierum percuremus, in
tertio de capitum rationibus de torculis varium basium
de corporibus alius deversam positionem abentibus
pertratabimus.

« Punctum est cujus pars non est quoniam id imagi-
nando complectimur. Linea est longitudo sine latitudine que naturam puncti obtinet quando ea quoque
mente percipitur, sed cum de prospetiva agamus quæ

demonstrationibus indiget quarum oculos comprehen-
sor sit necesse est ut alia notione punctum lineamque
definiamus. Erit igitur punctum quod minima res que
tantum oculo comprehendi posit. Linea identidem
que a puncto ad punctum extenditur longitudo cujus
latitudinem oculus percepturus sit. Superficies ea longitudo ac latitudo que lineis comprehensa teneatur :
superficierum genera plura sunt. Nam et trigone ,
tetragone, pentagone, exagone, eptagone, ottogone et
diversarum facierum sunt veluti figurarum exemplo
demonstratur. »

Après cette introduction succincte, l'auteur montre
que la grandeur apparente d'un objet dépend de
l'angle sous lequel on le voit, c'est-à-dire de l'angle que
font entre eux les rayons menés de l'œil aux points
extrêmes de cet objet. D'où il fait voir par quelques
figures que des corps de grandeur inégale peuvent paraître égaux, tandis que d'autres égaux peuvent paraître inégaux, suivant leur éloignement de l'œil, et
comment la plus rapprochée paraissant plus grande, on
trouve l'explication de plusieurs figures diversement
combinées. Il dit ensuite que si l'on divise une droite
en parties égales, ces parties paraîtront inégales, parce
qu'elles seront vues sous des angles différens. Il expose
quelques propositions sur la division d'une surface
carrée, et sur la disposition de ces lignes de division
dans la figure perspective. Il donne ensuite la perspective d'un cercle et d'un polygone régulier inscrit,
et à la suite plusieurs autres figures inscrites dans un
carré. Toutes ces perspectives sont obtenues d'après le
même principe. Il joint le point de vue avec les ex-

trémités d'un côté du carré sur lequel il projette or-
thogonalement tous les points de la figure; il joint
ensuite ces points au point de vue, et il prend sur
toutes ces droites des longueurs proportionnelles, telles
que ramenées à la même distance de l'œil, elles seraient
vues sous des angles égaux à ceux sous lesquels on voit
réellement les diverses parties de la figure. Il construit
d'une manière analogue la perspective de plusieurs
autres figures planes, rectilignes fort simples.

La même construction est appliquée ensuite aux
corps à trois dimensions, les verticales sont représen-
tées par des droites parallèles, mais leurs longueurs
sont déterminées par la méthode exposée ci-dessus,
de sorte que les lignes horizontales parallèles sur le
corps ne restent plus parallèles sur le dessin en perspective. L'auteur représente ainsi un grand nombre
de parallélipipèdes et de prismes droits placés de
diverses manières par rapport au point de vue. Il
emploie généralement une double projection pour
fixer les parties de la figure situées sur les diverses
faces du corps. Il donne ensuite la perspective d'une
porte cintrée, puis celle de la façade d'une maison
avec la façade latérale en dégradation, enfin celle
d'une chapelle.

Dans une seconde partie, l'auteur du traité se propose de fixer les dimensions d'un corps en faisant
connaître l'éloignement des diverses limites entre lesquelles le corps est renfermé. Il donne ces dimensions
pour les différens côtés d'un polygone, pour les arcs
de cercle, etc., dans diverses positions.

Il fait ensuite connaître les proportions des parties

de la base d'une colonne, puis du chapiteau. Il donne les règles à suivre dans les proportions à des parties du dessin de la tête, dans toutes les proportions du profil, de face, de trois-quarts et sous diverses inclinaisons.

Il donne la perspective d'une voûte sphérique, coupée en divers sens par de grands cercles et des rosaces.

Le manuscrit est terminé par les vers suivans :

AD AUTOREM.

Tandem finis adest operis tam multa docentis
Signa figurarum titulis deducta probatis
Jam licet in medium, reddas hoc arte legendum
Ut sua scriptori reddatur gloria tandem.

AD LECTOREM.

Qui legis egregii pictoris ab arte profectum
Hoc opus invidiem comprime dicta male,
Et dic admirans jam dudùm nobile munus
Auxilio cujus ars preciosa venit
Ingenii vires animi sapientia virtus
Perpetue comites sunt tibi Petre satis
Tu celebras Burgi jam cuncta per opida nomen
Italie et clarum reddis ab arte tuum
Tu decus es nostrum, sequimur tuà signa rebelle;
His quinque tenent castra inimica tuis
Sit tibi victa comes prefixis amplius annis
Perfruar ut tanto te superante bono.

NOTE IV.

Voici la liste de *ses inventions* que Veranzio a placée en tête de son ouvrage, ce sont, comme nous l'avons déjà dit à la page 48, les inventions qu'il voulait publier, et qu'il n'a fait qu'indiquer dans la préface de ses *Machinæ novæ* :

INVENTIONI NOSTRE.

Mole che in diversi modi fin' hora insoliti, vengono essere voltate da li venti.

Mole ferme sopra le Fiumare, che non sono impedite dal crescimento ò vero decrescimento de le Aque.

Mole poste sopra li Barconi, ne le Fiumare.

Mole le quali volta il Mare, in due maniere.

Mole, le quali se voltano da li Animali, et da li Homini con le mani et con li piedi.

Mola di ferro, portatile, grand' o picola, per uno overo più homini.

Mola overo Trapete par macinare l'Olive.

Torcolo per l'Oglio et Vino.

Argano, che mancando il voltatore non torni in dietro.

Travo artificiato, quatro volte più longo de li Ordinarij naturali, per coprire le Chiese et Saloni, senza mettervi di mezzo Colonne ò Pilastri et farli de tanta largezza.

Gomena destirata à traverso d'uno Fiume, per la quale possa passare ogn'uno securamente senza bagnarse.

Ponti, liquali arrivino d'una ripa à l'altra de la fiumara, senz'alcun appoggio di mezzo, in cinque diverse maniere et di cinque diverse materie.

Ponte de legno nel Danubio, et ogn'altro Fiume che s'agiazza, il quale non possa esser rotto dal Giazzo, over altra cosa che venesse à basso per la fiumara, mà solo dal tempo.

Galera, la quale sia meglio vogata, del ordinario.

Barchetta, ne la quale si possa passare ogni gran fiume securamente, etiandio ne le veste longe senza bagnarse, et portarla sott'il brazzo.

Barcone col fondo aperto, per il quale se possa mandare fuori nel aqua il carico, senza che la barca vada à fondi.

Machina de cavare fango over arena d'ogni gran fondo.

Modo che il Tevere non faccia danno à Roma.

Fontane d'aqua viva, saliente, perpetua, chiara, et dolce, in gran quantità, in Venetia et lochi atorno.

Conservare gran quantità de Formenti, per molti anni da l'humidità et foco, in Venetia e ogn' oltro loco.

Mandare gran quantità d'Aqua in alto senza gran fatica.

Artellaria inchiodata, deschiodarla in un tratto.

Artellaria inchiodare che l'inimico non la possa deschiodare.

Artellaria accommodare, che l'inimico non la possa inchiodare.

Artellaria et Archibuso più spesso et più presto spare del ordinario.

Artellaria condure in mont' alto senza gran forza.

Artellaria mettere da l'altra ripa d' uno fiume senza Ponte e senza Barca.

Rota d' un Archibuso, senza Rota, senza Catenella, et senza la chiave.

Rompere un pezzo d'Artelleria in uno tratto.

Rompere una Ponte de Travi, over Barche, posto sopr'un Fiume, in un tratto, à vista de Defensori, senza pericolo.

Rompere una Porta, senza Polvere d' Archibuso.

Trincera portatile per la fantaria, che in campo aperto non possa essere rotta da la Cavallaria.

Trincera nel Mare, et ne le Fiumare.

Carro armato, securo dà le Archibusate et altre arme.

Carozza pendente, senza Corezze, et senza Catene.

Condure una Carrozza, et ogni Carro dà uno monte alto al piano, senza pericolo et offesa.

Condurlo al Logiamento, quando li fosse rotta una ò due Rote.

Sonare senza gran fatica, una grandissina Campana.

Buttarse giù d' una Torre; et non farsi male.

Sega de Fiumare, otto volte più presta che le altre.

Sega da mano, più commoda de le ordinarie.

Sega de Marmi con li contrapesi.

Scaletta, per la quale possa uno senz' aiuto d'altri, montare e desmontare, et portarla sott'il brazzo.

Catena per tirar l'acqua d'uno pozzo con facilità.

Catena per serare le fiumare et Porti de Mare.

Fare Gomene longe et grosse con facilità straordinaria.

Che uno Fachino porti più facilmente un peso che se fossero doi.

Che uno Mulo porti doi homini, cosi commodamente, come portano doi Muli, in una Lettica.

Uno Animale, che fosse offeso da la sella, overo Basta sanare per viaggio mentre che porta la soma.

Cucinare sopra la schena d'un guimento per viaggio.

Scaldare de l'Aqua senza alcuno vaso.

Lessare Carne senza pignata.

Cocere Pane senza Forno.

Fare in un tratto un Forno in Campagna.

Mangiare commodamente il Formento in loco del Pane.

Che un'homo Vagli tanto formento, quanto dieci altri.

Che un'homo Batta tanto formento, quanto dieci altri.

Che un'homo Crivelli tanto formento, quanto dieci altri.

Che uno senza Crivello netti il formento meglio che con Crivello.

Che uno Tamisi, tanta farina, quanto dieci altri.

Tetto piano, sopr'il quale se possa Caminare, per ogni casa et Palazzo, che resista ad ogni qualità d'aria, anche ne li paesi freddissimi.

Casa che sta secura dal foco, brusando le case vicine.

(325)

Cantina secura da l'Aqua, etiandio posta in paludi.

Che il Vino si conservi bono, per molt'anni.

Horologij di foco, d'Aqua, et sole.

Horologio universale, cio è che serve per tutt'il Mondo, il quale col'ombra del Sole, non solo mostra le Hore, mà li Mesi ancora et li Giorni.

Palazzo per uno Re, per uno Barone et per uno Gentilhomo.

Tempio senza Pilastri de mezzo, et non di meno largissimo et più capace de li altri, di quella grandezza, al dopio, con Campanile et sacristie incorporatevi con bonissima simmetria.

A la page 49, j'ai exprimé le regret de ne pouvoir donner aucun renseignement certain sur la vie de Veranzio. Voici un article biographique que j'ai découvert depuis dans un ouvrage fort important pour l'histoire de la Dalmatie (1).

His temporibus florebat celebritate nominis et famæ Faustus Verantius patricius Sibenicensis, qui Antonii patris Strigonensis Archiepiscopi gloriosa vestigia persequens, gravissimis ab Rodulpho Imperatore muneribus et negotiis præpositus. Rei publicæ et christianæ, præsertim Hungaricæ plurimum profüit, nec minus rem litterariam coluit ac juvit. Post obitum uxoris Episcopus Chanadiensis creatus est anno 1600. Aliquot annos illi ecclesiæ præfuit; sed rerum et negotiorum pertœsus, Romam se contulit ut deposito

---

(1) *Farlati, Illyricum sacrum,* tom. IV, p. 484.

Episcopatu vitam privatam et a publicis occupationibus vacuam tranquille degeret. Revocatus est in Hungariam, ut contra hæreses late grassantes catholicæ religioni laboranti opem ferret. Deinde iterum in urbem reversus, religiosæ apud clericos regulares Congregationis a S. Barnaba cognominatæ ineundæ consilium cæpit : quod exsequi cum non potuisset et cœlum Romanum ejus valetudini parum esset propitium, decrevit secedere Previchium in insulam diocœsis Sibenicensis, ubi procul negotiis tumultibusque nunc eremitarum sibi uni ac Deo vacaret. Itaque Roma discessit. Venetiis cum esset, letalem in morbum incidit, quo pacuos infra dies extinctus est. Ejus corpus, ut ipsemet supremis tabulis jusserat, delatum fuit ad eamdem insulam, in qua et domicilium et sepulcrum sibi designaverat, conditumque extra fores ecclesiæ Patrum tertii ordinis Franciscani, cum hac inscriptioni loculo incisa :

Faustus Verantius Episcopus Canadiensis
Novorum Prædicamentorum et novarum
Machinarum et Fragmentorum Historiæ
Illyricæ ac Sarmaticæ Collector
Ann. M DC XVII.

NOTE V.

(PAGES 59 et 133.)

J'ai parlé dans le texte, du droit que Branca et Porta me semblaient avoir d'être cités dans l'histoire de l'invention des machines à vapeur. Dans plusieurs *Notices scientifiques* qu'il a insérées dans l'*Annuaire du bureau des Longitudes*, M. Arago a traité cette question historique, sur laquelle il est revenu, dans l'*Éloge de Watt* lu à l'Académie des Sciences le 8 décembre 1834, et publié deux fois par l'auteur : dans l'*Annuaire du bureau des Longitudes pour l'année* 1839 (Paris, 1838 in-18), et dans le volume XVII des *Mémoires de l'Académie des Sciences* de l'Institut de France (Paris, 1840, in-4). On doit regretter que M. Arago ait cru devoir refuser aux Italiens une part quelconque dans l'invention de la machine à vapeur. Un savant distingué, M. Hachette, enlevé trop tôt aux sciences et à l'Institut, et qui a publié une histoire des machines à vapeur, ainsi que divers articles sur le même sujet, avait admis Porta et Branca (1) parmi les savans qu'il fallait citer à propos de cette grande in-

---

(1) *Hachette*, *histoire des machines à vapeur*, Paris, 1830, in-8, p. 15. — *Bulletin de la société d'encouragement*, novembre 1830, p. 416.

vention. Pour fournir au lecteur tous les élémens de cet important débat, je commencerai par reproduire ici des passages extraits de divers auteurs, et qui devront servir de base à la discussion ; je donnerai ensuite textuellement la partie du travail de M. Arago où mon savant confrère a voulu établir son opinion à ce sujet, et après avoir discuté en note quelques-unes de ses assertions, je m'efforcerai de prouver, par des citations et des faits, que l'opinion de M. Hachette doit être préférée.

Je ne saurais donner le passage original de Branca, à cause de la figure qui est trop compliquée pour qu'on puisse la reproduire ici : il suffira de dire, comme je l'ai déjà fait aux pages 59 et 60 de ce volume, que Branca se sert directement de la vapeur, qui sort de la chaudière par un trou, et qui fait tourner une roue, appliquée à une machine destinée à la fabrication de la poudre. Branca appelle la vapeur un *moteur merveilleux*. Je commencerai donc par reproduire un passage original de ce même Caesariano (1), déjà cité à propos de la chambre obscure, qui prouve que depuis longtemps, on connaissait en Italie la grande force que la vapeur est capable d'acquérir : voici ce que dit Caesariano à ce sujet :

« Ma che questo sia il vero da le Aeolipile æreæ
« cio e di eramo seu altro metallo : Queste Aeolipilie
« sono vasi concavi : facti con uno coperto si como le

---

(1) *Vitruvio tradotto da Caesare Caesariano*, f. XXIII.

(329)

« praesente figure ti dimonstrano : vel como dicemo
« uno æramino da scaldare laqua. In questa parte il
« testo e corrupto. in alcuni ho lecto Copidis Aereis :
« in altri Aeolidis Aenis. Ma sono dicte Aeolopile :
« et anchora queste sono dicte quasi como le Pile
« Aeolide seu ventose : como sono non solum quelle
« da giochare et da extrahere dil superfluo sangue et
« humori : ma di queste da getare fochi artificiosi si
« intra uno exercito militare : si etiam in una Civi-
« tate et maxime ad infocare li subgrondii : de li
« quali Vitruvio dira nel penultimo Capo dil libro
« secundo li remedii de legnami per tal cose. Ancho-
« ra e da sapere che significano generatione de vasi, si
« como e in graeco la dictione εωλον. Et si il texto dice
« copidis Aereis vede in Juvenale : che significa gla-
« dius curvus seu falcem vel ensem, cosa che una copa
« dicemo vulgarmente a uno vasculo terreo da bevere
« vel Cibare o Coquinare entro : a la consuetudine
« Tuscanica, et cosi intende il texto. Aduncha dice
« Vitruvio per comparatione de questo nascere de
« venti e licito aspicere : da epse non solum Aeolopi-
« le : ma etiam da le latente ratione del Cœlo : et
« artificiose inventione : de la divinitate exprimere
« la veritate : Queste cose Vitruvio in molti modi le
« dira (si le saprai commemorare) et in sequendo
« explica la ratione cosi dicendo per comparatione.
« Per che le Aeolipile di aeramo seu aereae : sono
« facte cave : sciendum est in omni vacuo semper
« includitur aer. Ma sono facte de queste Pile che
« hano uno puncto angustissimo in cima si como
« quelle dove Scaldando gli lo fundo et everse con

« epso angusto foramine intra laqua commune : et
« aque Odorifere como e di rose : se impleno quasi
« tute per lo calore che quella excipe: ma si la ponesti
« poi a insidere ne le calide et Igneae cinere non
« solum si sono di Vetro ma di Terra o di metallo e
« miteranno una forza vehementissima in cosa contro
« concava como in uno ligno vel altra cosa apta eversa
« contra epsa da scindere et fare grande impeto men-
« tre che il foro l'acqua fa fervere vederai et si di
« sopra gli apponesti uno coperto facto como una
« curva fistula aenea grossa como uno calamo et per
« quella possa expirare di soto al foco : Continua-
« mente tanto quanto gli serà la calida aqua soflarà
« in epso foro. »

Il résulte de ce passage, que du temps de Caesariano,
dont l'ouvrage a paru en 1521, on se servait, ou que du
moins l'on s'était servi, des Éolypiles à la guerre; et
que cet architecte savait que, si après avoir rempli
d'eau un globe de métal, on le met sur le feu, il en
sortira une force *très véhémente*, telle que si l'on bouche le trou avec du bois ou autrement, elle pourra
briser et produire un grand effet. Il y a là une connaissance suffisante, ce me semble, de la grande force
expansive de la vapeur. Un siècle après, Salomon de
Caus (1) disait à ce sujet :

« La violence sera grande, quand l'eau s'exhale en
« air, par le moyen du feu, et que ledit air est enclos,

---

(1) *De Caus, les raisons des forces mouvantes.* Paris, 1624, in-fol.
f. 1.

« comme, par exemple, soit une balle de cuivre d'un
« pied ou deux en diamètre, et épaisse d'un pouce,
« laquelle sera remplie d'eau par un petit trou, lequel
« sera bouché après bien fort avec un clou, en sorte
« que l'eau ni l'air n'en puisse sortir, il est certain
« que si l'on met ladite balle sur un grand feu, en
« sorte qu'elle devienne fort chaude, qu'il se fera une
« compression si violente, que la balle crèvera en
« pièces, avec bruit semblable à un pétard. »

Je ne vois pas ce que l'habile ingénieur français
a ajouté d'important aux connaissances que Caesariano avait sur la force expansive de la vapeur. Je vais
maintenant donner un passage de Porta, qui a été
souvent cité, et qui a donné lieu à de vives discussions :

*« Per sapere una parte di acqua in quanta di aria si
risolve* (1).

CAP. VII.

« Faccisi una cassa BC di vetro, ò di stagno, e sia
nel fondo busato, per dove passi una canna di un'
ampolla da distillare, che sia D, e questa habbi una
ò due oncie d'acqua dentro, e sia il collo saldato
nel fondo della cassa, che non possa di là scorrer
fuori. dal fondo della cassa si parti un canale tanto
lontano dal fondo quanto basti a scorrer l'acqua, e
questo canale passi per lo coverchio fuori, poco lon-

---

(1) *Porta spiritali*, p. 75.

tano dalla superficie. questa cassa si riempi di acqua
per il buso A, e poi si serri bene, che non possa res-

pirare (1). All'ultimo ponerete la detta boccia sopra il
fuoco, et andate scaldandola pian piano, che sol-
vendosi l'acqua in aria, premerà l'acqua nella cassa,
e quella farà violenza all'acqua, che salisca per il canale C, e ne scorra fuori, e così andar sempre scaldando l'acqua finchè sarà finita tutta : e mentre sfu-

---

(1) L'artiste a, par inadvertance, renversé ici la figure, mais comme
elle ne modifie en rien la machine de Porta, je n'ai pas cru qu'il fût
nécessaire de faire graver de nouveau cette figure.

merà l'acqua, sempre l'aria premerà l'acqua nel vaso,
e l'acqua uscirà sempre fuori. Finita l'essalatione, si
misuri quant'aqua sarà fuor della cassa, che in luogo
dell'acqua uscita fuori, vi sarà restata tant'acqua, e vi
accorgerete della quantità dell'acqua uscita, che
l'acqua si è risoluta in tant'aria. »

On trouvera la traduction de ce passage dans un
extrait, que je donne plus loin, de la notice de M. Arago
sur les machines à vapeur : je joindrai quelques remarques à la traduction donnée par M. Arago.

Le passage suivant, tiré de la première édition des
Élémens de l'artillerie de *Flurence Rivault* (Paris,
1605, in-8°, p. 126-129), est également nécessaire à
cette discussion : j'ai dû mettre en bas de la page les
notes marginales de l'édition originale.

« L'eau humide qui se convertit en aër, se raréfie
et en est la raréfaction suivie de violence. Voyez-vous
ces instrumens d'airain globeux et creux qui ont un
trou par lequel on y verse l'eau? Les Grecs les
ont nommés (1) portes-d'Æole : parceque si vous les
approchés du feu, le métal en est eschauffé, et l'eau
quand et quand, laquelle peu-à-peu se convertit en
aër par l'action de la chaleur, et estant faicte rare et
vent, elle sort par le trou avec furie, et après ravive le
feu par son souffle, qui le premier luy avoit donné
estre. Il y a quelque apparence que si ce nouvel aër
ne trouvoit lors issue libre par la petite porte, qu'il

---

(1) Αἰολοπίλαι *Vitruvius lib* 1.

briseroit le vaisseau pour se donner iour : ainsi que l'humidité de la chastaigne aërefiée par le feu, la faict esclater rudement, pour se donner libre estendue. Que si la furie de cet esclat n'a d'estonnement que pour les enfans, l'effet de la rarefaction de l'eau a de quoy espouvanter les plus asseurés hommes, en l'accident des tremblemens de terre. L'eau coulée ez cavernes de la terre au printemps (1) principalement, et en automme y est eschauffée soit par les feux qu'elle y rencontre souvent, soit par les chaudes exhalaisons qui sortent des soupiraux terrestres : tant que rarefiée et convertie en aër, le lieu qui la contenoit auparavant n'est plus capable d'embrasser si longues et si larges dimensions : tellement que pressé de s'estendre, et violenté par cet hoste devenu puissant, la terre s'entr'ouvre pour luy faire iour avec un desbris espouvantable. Il y a un million d'autres effects de cette raréfaction d'humidité, qui nous pourroyent guider à l'exécution de quelque violence. Mais nous devons y considérer qu'elle ne se faict à coup mais avec temps, et que la matière humide ne s'exhale pas toute à la fois, mais peu-à-peu. Or nous cherchons de la promptitude, et un effect momentané, principalement pour ce qui est de l'action du canon. Car ce n'est pas qu'aux autres artifices de feu nous ne nous servions quelque fois d'humides, quand nous en voulons faire durer la violence. Mais cela

____

(1) *Arist. lib. 2. Meteor.*

n'est pas de ce lieu. Il faut donc nous attacher à la
sécheresse, et à un subject sec qui ait peu de résistance contre la chaleur, et soit amy du feu. Car l'humide luy résiste : au contraire le sec est de sa nature
mesme. Or ny l'aër qui est humide et chaude, ny
l'eau qui est froide et humide, ne nous peuvent donner ce corps sec que nous cherchons. L'eau en est la
plus incapable, tellement que toutes choses humides et froides doivent être bannies de notre poudre.
L'aër comme chaud et léger nous fourniroit bien des
huilles, graisses, raisines, poix et autres choses onc-
tueuses, qui entretiennent le feu plus tost qu'elles (1)
ne le nourrissent. Mais parce qu'elles sont quant et
quant humides, le feu en est trop lent, et par conséquent ne nous est propre; car la seule vitesse
faict (2) violence. La terre donc seule nous peut
fournir ce que nous cherchons. Aussi l'harmonie de
ce monde porte, que les extrêmes parties d'iceluy
ayant quelque liaison et affinité entre elles, et que si
elles sont de quelques qualités contraires, comme le feu
qui est extrêmement chaut, et la terre qui est extrêmement froide, elles soient néantmoins retenues par
un commun lien qui est la sécheresse propre à l'une
et à l'autre. »

Je vais donner maintenant les différens passages de
M. Arago relatifs à la question que je dois discuter dans

---

(1) Οὐ τὸ ὑποκείμενον τρεφέται πῦρ *Arist, lib.* 2. *Meteor.*
(2) *Par le* 18. *Théor. du* I *liv. de cet œuvre.*

cette note. On trouvera d'abord un fragment considérable de l'éloge de Watt, où l'ensemble de la question est traité. Ce fragment, que je n'ai pas voulu morceler, est suivi de divers extraits des notices insérées par M. Arago dans l'*Annuaire*, et qui développent et complètent la pensée du savant auteur. Pour rendre plus claire la discussion, et pour faire bien comprendre au lecteur sur quoi portent mes observations, j'ai mis quelques notes au bas de la page, aux endroits contestés. Afin de distinguer ces notes de celles de M. Arago, je les ai marquées à la fin de l'initiale de mon nom [L.], et j'ai indiqué les renvois par des lettres, tandis que les renvois des notes qui appartiennent à M. Arago sont marqués par des chiffres arabes (1). Après avoir reproduit tous ces passages, accompagnés de mes observations, je résume la discussion et je donne mes conclusions. Voici d'abord ce que j'ai cru devoir tirer de l'éloge de Watt, qui, comme je l'ai déjà dit, a été publié par M. Arago dans l'*Annuaire du Bureau des Longitudes* et dans les *Mémoires de l'Académie des Sciences* (2).

« Gerbert, notre compatriote, celui-là même qui porta la tiare sous le nom de Sylvestre II, acquiert-

---

(1) Les notes que je joins aux passages tirées de l'Eloge de Watt, et de l'*Annuaire*, sont d'ailleurs en plus petits caractères que les notes de M. Arago.

(2) *Mémoires de l'Académie des sciences de l'Institut*, tom. XVII, p. LXXVIII-LXXXVIII.— *Annuaire du Bureau des Longitudes pour l'an* 1839. Paris, 1838, in-18, p. 274-286.

il des titres plus réels, lorsque, vers le milieu du neuvième siècle (a), il fait résonner les tuyaux de l'orgue de la cathédrale de Reims, à l'aide de la vapeur d'eau ? Je ne le pense pas. Dans l'instrument du futur pape, j'aperçois un courant de vapeur substitué au courant d'air ordinaire, la production du phénomène musical des tuyaux d'orgue, mais nullement un effet mécanique proprement dit.

« Le premier exemple de mouvement engendré par la vapeur, je le trouve dans un joujou, encore plus ancien que l'orgue de Gerbert ; dans un éolipyle d'Hiéron d'Alexandrie, dont la date remonte à cent vingt ans avant notre ère. Peut-être sera-t-il difficile, sans le secours d'aucune figure, de donner une idée claire du mode d'action de ce petit appareil ; je vais toutefois le tenter.

« Quand un gaz s'échappe, dans un certain sens, du vase qui le renferme, ce vase, par voie de réaction, tend à se mouvoir dans le sens diamétralement contraire. Le recul d'un fusil chargé à poudre n'est pas autre chose : les gaz qu'engendre l'inflammation du salpêtre, du charbon et du soufre, s'élancent dans

(a) Cette date, que M. Arago a reproduite deux fois (*Mémoires de l'Académie des Sciences,* tome XVII, p. lxxviii.—*Annuaire du Bureau des Longitudes,* pour l'an 1839, p. 274) ne me semble pas exacte : on sait que Gerbert monta sur le trône de Saint-Pierre en 999 et mourut en 1003, et je ne comprends pas comment il aurait pu faire résonner les tuyaux de l'orgue de Reims vers le milieu du ixe siècle, c'est-à-dire vers 850. Si j'insiste sur l'exactitude des dates, c'est surtout d'après l'exemple de M. Arago, qui a dit avec justesse dans ce même éloge de Watt : « que la comparaison minutieuse des dates peut seule mettre la vérité dans tout son jour » (*Mémoires de l'Académie des Sciences,* tom. XVII, p. cxliii) [L.].

l'air suivant la direction du canon ; la direction du canon, prolongée en arrière, aboutit à l'épaule de la personne qui a tiré : c'est donc sur l'épaule que la crosse doit réagir avec force. Pour changer le sens du recul, il suffirait de faire sortir le jet de gaz dans une autre direction. Si le canon, bouché à son extrémité, était percé seulement d'une ouverture latérale perpendiculaire à sa direction horizontale, c'est latéralement et horizontalement que le gaz de la poudre s'échapperait ; c'est perpendiculairement au canon que s'opérerait le recul ; c'est sur les bras et non sur l'épaule qu'il s'exercerait. Dans le premier cas, le recul poussait le tireur de l'avant à l'arrière, comme pour le renverser ; dans le second, il tendrait à le faire pirouetter sur lui-même.

« Qu'on attache donc le canon, invariablement et dans le sens horizontal, à un axe vertical mobile, et au moment du tir, il changera plus ou moins de direction, et il fera tourner cet axe.

« En conservant la même disposition, supposons que l'axe vertical rotatif soit creux, mais fermé à la partie supérieure ; qu'il aboutisse, par le bas, comme une sorte de cheminée, à une chaudière où s'engendre de la vapeur ; qu'il existe, de plus, une libre communication latérale entre l'intérieur de cet axe et l'intérieur du canon de fusil, de manière qu'après avoir rempli l'axe, la vapeur pénètre dans le canon, et en sorte de côté par son ouverture horizontale. Sauf l'intensité, cette vapeur, en s'échappant, agira à la manière des gaz dégagés de la poudre dans le canon de fusil bouché à son extrémité et percé latéralement ;

seulement on n'aura pas ici une simple secousse, ainsi que cela arrivait dans le cas de l'explosion brusque et instantanée du fusil : au contraire, le mouvement de rotation sera uniforme et continu, comme la cause qui l'engendre.

« Au lieu d'un seul fusil, ou plutôt au lieu d'un seul tuyau horizontal, qu'on en adapte plusieurs au tube vertical rotatif, et nous aurons, à cela près de quelques différences peu essentielles, l'ingénieux appareil d'Héron d'Alexandrie.

« Voilà, sans contredit, une machine dans laquelle la vapeur d'eau engendre du mouvement et peut produire des effets mécaniques de quelque importance, voilà une véritable machine à vapeur. Hâtons-nous d'ajouter qu'elle n'a aucun point de contact réel, ni par sa forme, ni par le mode d'action de la force motrice, avec les machines de cette espèce actuellement en usage. Si jamais la réaction d'un courant de vapeur devient utile dans la pratique, il faudra incontestablement en faire remonter l'idée jusqu'à Héron : aujourd'hui, l'éolipyle rotatif pourrait seulement être cité ici, comme la gravure en bois dans l'histoire de l'imprimerie (1).

« (1) Ces réflexions s'appliquent aussi au projet que Branca, architecte italien, publia à Rome, en 1629, dans un ouvrage intitulé : *Le Machine*, et qui consistait à engendrer un mouvement de rotation, en dirigeant la vapeur sortant d'un éolipyle, sous forme de souffle, sous forme de vent, sur les ailettes d'une roue. Si, contre toute probabilité,

« Dans les machines de nos usines, de nos paquebots, de nos chemins de fer, le mouvement est le résultat immédiat de l'élasticité de la vapeur. Il importe donc de chercher où et comment l'idée de cette force a pris naissance.

« Les Grecs et les Romains n'ignoraient pas que la vapeur d'eau peut acquérir une puissance mécanique prodigieuse. Ils expliquaient déjà, à l'aide de la vaporisation subite d'une certaine masse de ce liquide, les effroyables tremblemens de terre qui, en quelques secondes, lancent l'Océan hors de ses limites naturelles ; qui renversent jusque dans leurs fondemens les monumens les plus solides de l'industrie humaine ; qui créent subitement, au milieu des mers profondes, des écueils redoutables ; qui font surgir aussi de hautes montagnes au centre même des continens.

---

la vapeur est un jour employée utilement à l'état de souffle direct, Branca, ou l'auteur actuellement inconnu à qui il a pu emprunter cette idée, prendra le premier rang dans l'histoire de ce nouveau genre de machines. A l'égard des machines actuelles, les titres de Branca sont complétement nuls (a). »

(a) On a essayé à plusieurs reprises cet emploi direct de la vapeur ; des mécaniciens d'un grand mérite s'y sont appliqués même récemment, et M. Hachette parle, à propos de Branca, des machines qui existent en Amérique et qui sont mises en mouvement par un courant de vapeur (*Hachette*, histoire, p. 15). Branca a donc imaginé une machine à vapeur qui est encore en usage aujourd'hui, et doit être citée. En tout cas, si l'emploi direct de la vapeur rend nuls les titres de Branca à l'égard des machines actuelles, il s'ensuit nécessairement que les mécaniciens qui n'ont pas employé la vapeur comme on le fait actuellement, n'ont aucun droit à l'invention des machines à vapeur. A ce titre-là il semble fort douteux que ceux qui, comme Salomon de Caus, par exemple, ont proposé la pression directe de la vapeur sur l'eau, aient des droits supérieurs aux droits de Branca. Du reste, je ne fais ces remarques que pour rectifier les assertions de M. Arago, car l'on verra plus loin (p. 361) que la première idée de l'emploi du souffle direct de la vapeur appartient à Héron. [L.].

« Quoi qu'on en ait dit, cette théorie des tremblemens de terre ne suppose pas que leurs auteurs s'é-
taient livrés à des appréciations, à des expériences,
à des mesures exactes. Personne n'ignore aujourd'hui
qu'au moment où le métal incandescent pénètre dans
les moules en terre ou en plâtre des fondeurs, il suffit
que ces moules renferment quelques gouttes de liquide pour qu'il en résulte de dangereuses explosions.
Malgré les progrès des sciences, les fondeurs modernes n'évitent pas toujours ces accidens : comment donc
les anciens s'en seraient-ils entièrement garantis ? Pendant qu'ils coulaient les milliers de statues, splendides
ornemens des temples, des places publiques, des jar-
dins, des habitations particulières d'Athènes et de
Rome, il dut arriver des malheurs : les hommes de
l'art en trouvèrent la cause immédiate ; les philosophes, d'autre part, obéissant à l'esprit de généralisa-
tion qui était le trait caractéristique de leurs écoles,
y virent des miniatures, de véritables images des érup-
tions de l'Etna.

« Tout cela peut être vrai, sans avoir la moindre
importance dans l'histoire qui nous occupe. Je n'ai
même tant insisté, je l'avoue, sur ces légers linéamens
de la science antique au sujet de la vapeur d'eau,
qu'afin de vivre en paix, s'il est possible, avec les Daciers
des deux sexes, avec les Dutens de nôtre époque. (1)

––––––––––––––––––––

(1) « Par le même motif, je ne puis guère me dispenser de rapporter
ici une anecdote qui, à travers ce qu'elle offre de romanesque et de

« Les forces naturelles ou artificielles, avant de devenir vraiment utiles aux hommes, ont presque toujours été exploitées au profit de la superstition. La vapeur d'eau ne sera pas une exception à la règle générale.

« Les chroniques nous avaient appris que, sur les bords du Weser, le dieu des anciens Teutons leur marquait quelquefois son mécontentement, par une sorte de coup de tonnerre auquel succédait, immédiatement après, un nuage qui remplissait l'enceinte sacrée. L'image du dieu *Bustérich*, trouvée, dit-on, dans des fouilles, montre clairement la manière dont s'opérait le prétendu prodige.

« Le dieu était en métal. La tête creuse renfermait une amphore d'eau. Des tampons de bois fermaient la bouche et un autre trou situé au dessus du front. Des charbons adroitement placés dans une cavité du crâne échauffaient graduellement le liquide. Bientôt

---

contraire à ce que nous savons aujourd'hui sur le mode d'action de la vapeur d'eau, laisse voir la haute idée que les anciens se formaient de la puissance de cet agent mécanique. On raconte qu'Arithénius, l'architecte de Justinien, avait une habitation contiguë à celle de Zénon, et que, pour faire pièce à cet orateur, son ennemi déclaré, il plaça dans le rez-de-chaussée de sa propre maison plusieurs chaudrons remplis d'eau; que de l'ouverture pratiquée sur le couvercle de chacun de ces chaudrons partait un tube flexible qui allait s'appliquer sur le mur mitoyen, sous les poutres qui soutenaient les plafonds de la maison de Zénon; enfin que ces plafonds dansaient comme s'il y avait eu de violens tremblemens de terre, dès que le feu était allumé sous les chaudrons. »

la vapeur engendrée faisait sauter les tampons avec
fracas : alors elle s'échappait violemment en deux jets,
et formait un épais nuage entre le dieu et ses adora-
teurs stupéfaits. Il paraîtrait que, dans le moyen-âge,
des moines trouvèrent l'invention de bonne prise, et
que la tête de Bustérich n'a pas seulement fonctionné
devant des assemblées teutonnes (1).

« Pour rencontrer, après les premiers aperçus des
philosophes grecs, quelques notions utiles sur les propriétés de la vapeur d'eau, on se voit obligé de franchir un intervalle de près de vingt siècles (a). Il est
vrai qu'alors des expériences précises, concluantes,
irrésistibles, succédaient à des conjectures dénuées de
preuves.

« En 1605, Flurence Rivault, gentilhomme de la

« (1) Héron d'Alexandrie attribuait les sons, objets de tant de controverses, que la statue de Memnon faisait entendre quand les rayons
du soleil levant l'avaient frappée, au passage, par certaines ouvertures,
d'un courant de vapeur que la chaleur solaire était censée avoir produit aux dépens du liquide dont les prêtres égyptiens garnissaient,
dit-on, l'intérieur du piédestal du colosse. Salomon de Caus, Kir-
cher, etc., ont été jusqu'à vouloir découvrir les dispositions particulières à l'aide desquelles la fraude théocratique s'emparait ainsi des
imaginations crédules; mais tout porte à croire qu'ils n'ont pas deviné
juste, si même, en ce genre, quelque chose était à deviner. »

(a) Il me semble que M. Arago a un peu agrandi l'intervalle qui sépare Héron de Flurence Rivault, et des autres savans modernes qui se sont occupés d'abord des propriétés de
la vapeur d'eau. Au lieu de *près de vingt siècles*, je proposerais de dire *dix-sept siècles
environ*. [L.]

chambre d'Henri IV et précepteur de Louis XIII, découvre, par exemple, qu'une bombe à parois épaisses, et contenant de l'eau, fait tôt ou tard explosion quand on la place sur le feu *après l'avoir bouchée* (a).

(a) Daus l'*Annuaire du Bureau des Longitudes pour l'année* 1837 se trouve (à la page 240) le passage suivant, qui avoit déjà paru dans l'*Annuaire* pour l'année 1830, à la page 154-155, et que je crois nécessaire de reproduire avant de présenter quelques observations à l'égard de Rivault.

« Examinons, à notre tour (dit M. Arago à propos d'un passage tiré de la *Century of* « *Invention* du marquis de Worcester) ce paragraphe tant de fois cité, et voyons sans par- « tialité ce qu'au fond on y trouve.

« J'y vois d'abord une expérience propre à montrer que l'eau réduite en vapeur peut, à la « longue, rompre les parois des vases qui la renferment. Cette expérience était déjà connue « en 1605, car Florence Rivault dit expressément que les éolipyles crèvent avec fracas quand « on empêche la vapeur de s'échapper. Il ajoute même; *L'effet de la raréfaction de l'eau a* « *de quoi épouvanter les plus assurés des hommes. (Élémens d'artillerie*, p. 128. Paris, 1605).»

Le passage cité par M. Arago se lit à la page 127 de l'ouvrage de Rivault; je l'ai rapporté précédemment (page 334) dans l'extrait que j'ai donné de cet auteur. En lisant cet extrait, on pourra se convaincre que les deux passages où M. Arago parle de Rivault ne sont pas exempts d'inexactitudes. D'abord, et cela est bon à constater, Rivault ne parle jamais de la *vapeur* que nomme M. Arago, et il suppose toujours que l'eau se convertit en air. M. Arago parle plus loin de l'*expérience de Rivault*; mais Rivault n'a fait aucune expérience, il n'a pas parlé des *bombes*, il n'a dit nulle part *expressément* que « les éolipyles crèvent avec fracas quand on empêche la vapeur de s'échapper. » Il parle des éolipyles de Vitruve, et il ajoute : «Il y a *quelque apparence* que si ce nouvel « aër ne trouvoit lors issue libre par la petite porte, qu'il briseroit le vaisseau pour se don- « ner jour; ainsi que l'humidité de la chastaigne aërifiée par le feu la faict esclatter ru- « dement pour se donner libre estendue. Que si la furie de cet esclat n'a d'estonnement que « pour les enfans, l'effect de la raréfaction de l'eau a de quoy espouvanter les plus asseurés « des hommes en l'accident des tremblemens de terre. L'eau coulée ez cavernes de la terre « au printemps (*Arist. lib.* 2 *Meteor.*), etc. » On voit, d'après ce passage, combien M. Arago a été généreux envers Rivault, qui parle de *châtaignes* et non de *bombes*, et qui n'a fait allusion qu'à ces tremblemens de terre dont M. Arago a déjà parlé à propos des Romains (voyez ci-dessus, p. 341), en disant que ces idées théoriques ne supposaient ni ap- préciations, ni expériences, ni mesures exactes. On ne comprend pas bien pourquoi M. Arago n'a cité que ces mots : « L'effet de la raréfaction de l'eau a de quoi épouvanter « les plus assurés des hommes », qui, placés dans le texte entre la *furie de l'éclat des châ*- *taignes* et l'accident des *tremblemens de terre*, réduisent à de justes proportions la *décou*- *verte* et l'*expérience* de Rivault [L.].

c'est-à-dire, lorsqu'on empêche la *vapeur* d'eau de se
répandre librement dans l'air, à mesure qu'elle s'engendre. La puissance de la vapeur d'eau se trouve ici
caractérisée par une épreuve nette et susceptible, jusqu'à un certain point, d'appréciations numériques (1);
mais elle se présente encore à nous comme un terrible moyen de destruction.

« (1) Si quelque érudit trouvait que je n'ai pas remonté assez haut
en m'arrêtant à Florence Rivault; s'il empruntait une citation à Alberti, qui écrivait (a) en 1411; si, d'après cet auteur, il nous disait que
dès le commencement du quinzième siècle les chaufourniers craignaient
extrêmement, pour eux et pour leurs fours, les explosions des pierres
à chaux dans l'intérieur desquelles il y a fortuitement quelque cavité:
je répondrais qu'Alberti ignorait lui-même la cause réelle de ces terribles explosions; qu'il les attribuait à la transformation *en vapeur* de
l'air renfermé dans la cavité, opérée par l'action de la flamme; je re-
marquerais, enfin, qu'une pierre à chaux, accidentellement creuse,
n'aurait donné aucun des moyens d'appréciations numériques dont
l'expérience de Rivault paraît susceptible. »

(a) Je ne sais où M. Arago a pu trouver qu'Alberti *écrivait en* 1411 ; car, bien que l'on ne
connaisse pas exactement l'année de la naissance de cet homme célèbre, cependant on croit
généralement qu'il est venu au monde en 1398 ; d'autres retardent même sa naissance jusqu'après 1400. Il est donc impossible d'admettre que le traité *de re ædificatoria*, auquel fait
allusion ici M. Arago, ait été écrit en 1411. Quant à l'*air qui se transforme en vapeur,* suivant
Alberti, et qui a donné lieu à la critique de M. Arago, nous avons vu plus haut (p. 353)
que Rivault parle de l'*eau humide qui se convertit en air,* et il ne paraît pas que l'on doive cri-
tiquer avec plus de sévérité une erreur théorique dans un écrivain florentin du quinzième
siècle que dans un ouvrage publié en 1605, par le précepteur de Louis XIII. Du reste, il
est probable que si M. Arago jetait les yeux sur le quatrième livre des *Élémens d'artillerie* de
Rivault, livre qui parut dans la seconde édition de cet ouvrage (Paris, 1608, in-8), il y
trouverait bien d'autres erreurs théoriques très graves. Puisque j'ai cité le traité *de re ædificatoria,* j'ajouterai ici qu'Alberti parle au même endroit des animaux et des plantes fossiles,
et de certains animaux trouvés dans les cavités des pierres (*Alberti de re ædificatoria.* Florentiæ, 1485, in-fol., Signat. c.). [L.]

« Des esprits éminens ne s'arrêtèrent pas à cette réflexion chagrine, ils conçurent que les forces mécaniques doivent devenir, ainsi que les passions humaines, utiles ou nuisibles, suivant qu'elles sont bien
ou mal dirigées. Dans le cas particulier de la vapeur,
il suffit, en effet, de l'artifice le plus simple, pour
appliquer à un travail productif la force élastique redoutable qui, suivant toute apparence, ébranle la
terre jusque dans ses fondemens, qui entoure l'art du
statuaire de dangers réels, qui brise en cent éclats les
parois épaisses d'une bombe !

« Dans quel état se trouve ce projectile avant son
explosion ? Le bas renferme de l'eau très chaude,
mais encore liquide; le reste de la capacité est rempli de
vapeur. Celle-ci, car c'est le trait caractéristique des
substances gazeuses, exerce également son action dans
tous les sens : elle presse avec la même intensité l'eau
et les parois métalliques qui la contiennent. Plaçons
un robinet à la partie inférieure de ces parois. Lorsqu'il sera ouvert, l'eau, poussée par la vapeur, en jail-
lira avec une vitesse extrême. Si le robinet aboutit à
un tuyau qui, après s'être recourbé en dehors autour
de la bombe, se dirige verticalement de bas en haut,
l'eau refoulée y montera d'autant plus que la vapeur
aura plus d'élasticité ; ou bien, car c'est la même chose
en d'autres termes, l'eau s'élèvera d'autant plus que
sa température sera plus forte. Ce mouvement ascensionnel ne trouvera de limites que dans la résistance
des parois de l'appareil.

« A notre bombe substituons une chaudière métallique épaisse, d'une vaste capacité, et rien ne nous

empêchera de porter de grandes masses de liquide à des hauteurs indéfinies par la seule action de la vapeur d'eau, et nous aurons créé, dans toute l'acception de ce mot, une machine à vapeur pouvant servir aux épuisemens.

« Vous connaissez maintenant l'invention que la France et l'Angleterre se sont disputée, comme jadis sept villes de la Grèce s'attribuèrent tour-à-tour l'honneur d'avoir été le berceau d'Homère. Sur l'autre rive de la Manche, on en a gratifié unanimement le marquis de Worcester, de l'illustre maison de Sommerset. De ce côté-ci du détroit, nous soutenons qu'elle appartient à un humble ingénieur presque totalement oublié des biographes : à Salomon de Caus, qui naquit à Dieppe ou dans ses environs. Jetons un coup-d'œil impartial sur les titres des deux compétiteurs.

« Worcester, gravement impliqué dans les intrigues des dernières années du règne des Stuarts, fut enfermé dans la Tour de Londres. Un jour, suivant, la tradition, le couvercle de la marmite où cuisait son dîner se souleva subitement. *Que faire en pareil gîte, à moins que l'on n'y songe ?* Worcester songea donc à ce que présentait d'étrange le phénomène dont il venait d'être témoin. Alors s'offrit à lui la pensée que la même force qui avait soulevé le couvercle, pourrait devenir, en certaines circonstances, un moteur utile et commode. Après avoir recouvré la liberté, il exposa en 1663, dans un livre intitulé : *Century of inventions*, les moyens par lesquels il entendait réaliser son idée. Ces moyens, dans ce qu'ils renferment d'essentiel, sont, autant du moins qu'on peut le comprendre, la bombe à demi remplie de liquide et le tuyau ascensionnel vertical que nous décrivions tout-à-l'heure.

« Cette bombe, ce même tuyau, sont dessinés dans *La raison des forces mouvantes*, ouvrage de Salomon de Caus (a). Là, l'idée est présentée nettement, simplement, sans aucune prétention. Son origine n'a rien de romanesque ; elle ne se rattache ni à des événemens de guerre civile, ni à une prison d'état célèbre, ni même au soulèvement du couvercle de la marmite d'un détenu ; mais, ce qui vaut infiniment mieux dans une question de priorité, elle est, par sa publication, de quarante-huit ans plus ancienne que la *Century of inventions*, et de quarante-et-un ans antérieure à l'emprisonnement de Worcester.

« Ainsi ramené à une comparaison de dates, le débat semblait devoir être à son terme. Comment soutenir en effet que 1615 n'avait pas précédé 1663 ? Mais ceux dont la principale pensée paraît avoir été d'écarter tout nom français de cet important chapitre de l'histoire des sciences, changèrent subitement de terrain, dès qu'on eut fait sortir *la raison des forces mouvantes* des bibliothèques poudreuses où elle restait ensevelie. Ils brisèrent sans hésiter leur ancienne idole : le marquis de Worcester fut sacrifié au désir d'annuler les titres de Salomon de Caus ; la bombe

____

(a) Je ne m'arrête pas ici à Salomon de Caus, sur lequel je reviendrai plusieurs fois dans cette note [L.].

placée sur un brasier ardent, et son tuyau ascen ·
sionnel cessèrent enfin d'être les véritables germes
des machines à vapeur actuelles !

« Quant à moi , je ne saurais accorder que celui-là
n'ait rien fait d'utile, qui, réfléchissant sur l'énorme
ressort de la vapeur d'eau fortement échauffée , vit le
premier qu'elle pourrait servir à élever les grandes
masses de ce liquide à toutes les hauteurs imaginables (a) ; je ne puis admettre qu'il ne soit dû aucun
souvenir à l'ingénieur qui, le premier aussi, décrivit
une machine propre à réaliser de pareils effets. N'ou-
blions pas qu'on ne peut juger sainement du mérite
d'une invention, qu'en se transportant par la pensée
au temps où elle naquit; qu'en écartant momentané-
ment de son esprit toutes les connaissances que les
siècles postérieurs à la date de cette invention y ont
versées. Imaginons un ancien mécanicien : Archimède,
par exemple, consulté sur les moyens d'élever à une
grande hauteur l'eau contenue dans un vaste récipient
métallique fermé. Il parlerait certainement de grands
leviers, de poulies simples où moufflées, de treuils,
peut-être de son ingénieuse vis ; mais quelle ne serait pas sa surprise, si, pour résoudre ce problème,
quelqu'un se contentait d'un fagot et d'une allumette ?
Eh bien ! je le demande, oserait-on refuser le titre

(a) Afin de ne pas trop accorder à Salomon de Caus, on doit remarquer ici qu'il ne parle
ni de *grandes masses de liquide*, ni de *toutes les hauteurs imaginables*, et qu'il se borne à
dire que *l'eau montera, par l'aide du feu, plus haut que son niveau.* (*De Caus, Les raisons des
forces mouvantes*, f. 4) [L.].

d'invention à un procédé dont l'immortel auteur des premiers et vrais principes de la statique et de l'hydrostatique, aurait été étonné? L'appareil de Salomon de Caus, cette enveloppe métallique où l'on crée une force motrice presque indéfinie, à l'aide d'un fagot et d'une allumette, figurera toujours noblement dans l'histoire de la machine à vapeur (1).

---

(1) « On a imprimé que J. B. Porta avait donné, en 1606, dans ses *Spiritali*, neuf ou dix ans avant la publication de l'ouvrage de Salomon de Caus, la description d'une machine destinée à élever de l'eau au moyen de la force élastique de la vapeur. J'ai montré ailleurs que le savant Napolitain *ne parlait ni directement ni indirectement de machine*, dans le passage auquel on a fait allusion; que son but, son but unique, était de déterminer expérimentalement les volumes relatifs de l'eau et de la vapeur; que dans le petit appareil de physique employé à cet effet, la vapeur d'eau ne pouvait élever le liquide, d'après les propres paroles de l'auteur, que d'un petit nombre de centimètres (quelques pouces); que dans toute la description de l'expérience il n'y a pas un seul mot impliquant l'idée que Porta connût la puissance de cet agent et la possibilité de l'appliquer à la production d'une machine efficace (a).

« Pense-t-on que j'aurais dû citer Porta, ne fût-ce qu'à raison de ses recherches sur la transformation de l'eau en vapeur? Mais je dirai alors que le phénomène avait été déjà étudié avec attention par le professeur Besson, d'Orléans, vers le milieu du xvie siècle, et qu'un des traités de ce mécanicien, en 1569, renferme notamment un essai de détermination des volumes relatifs de l'eau et de la vapeur. »

(a) Je reviendrai plus loin sur les droits de Porta, qui, comme je l'ai déjà dit, ont été reconnus par un juge très compétent, feu M. Hachette, membre de la section de mécanique à l'Académie des sciences. C'est à lui, probablement, que se rapporte l'*On a imprimé* de M. Arago, car dans une note insérée dans le Bulletin de la Société d'Encouragement, et reproduite dans le Bulletin de M. de Férussac, M. Hachette a dit ce qui suit : « On est étonné que Salomon de Caus n'ait pas cité dans son ouvrage les *Raisons des force*

« Il est fort douteux que Salomon de Caus et Worcester, aient jamais fait exécuter leur appareil. »

Après avoir reproduit fidèlement dans ce fragment l'ensemble des opinions de M. Arago sur le premier inventeur de la machine à vapeur, je vais donner d'autres passages tirés de *l'Annuaire* (a) *du bureau des longitudes* pour l'année 1837 qui compléteront et développeront la pensée de l'auteur : car M. Arago, obéissant aux nécessités académiques, n'a pas pu donner dans *l'Éloge de Watt* tous les détails de son argumentation. Je placerai ces extraits dans l'ordre même où ils sont disposés dans *l'Annuaire*.

« 1615. SALOMON DE CAUS (*Annuaire du Bureau des Longitudes pour l'année* 1837, p. 234.)

« Salomon de Caus est l'auteur d'un ouvrage intitulé : *Les raisons des forces mouvantes, avec diverses*

« *mouvantes*, publié en 1615, l'appareil de J.-B. Porta , mieux disposé que le sien , pour « résoudre la question qu'il s'était proposée, *d'élever l'eau au-dessus de son niveau* » (Férussac, *Bulletin des sciences technologiques*, octobre 1831, p. 92). Pour le moment, je n'ajouterai rien à cette citation de M. Hachette, et je me bornerai à rappeler ici que, dans son célèbre théorème, Salomon de Caus n'a rien dit de plus que Porta sur l'efficacité de sa machine , et que si, dans l'appareil du savant Napolitain , la vapeur ne pouvait élever l'eau que d'un petit nombre de centimètres ; Salomon de Caus se borne à dire que « l'eau montera plus haut que son niveau. » La différence, comme on le voit, n'est pas grande. Au reste, il n'est pas inutile de remarquer que Porta ne parle pas de *pouces* (car quant aux centimètres, il ne pouvait pas les connaître) , et qu'il se borne à dire que le tuyau de dégorgement passera à une petite distance de la surface du vase. L'élévation du liquide par la vapeur était d'abord petite et augmentait à mesure que l'eau baissait dans le vase [L.].

(a) M. Arago a inséré dans *l'Annuaire* pour l'an 1829, sa première notice sur les machines à vapeur , qu'il a reproduite dans le même recueil en 1830 et en 1837. Je cite la dernière édition, à laquelle M. Arago a fait quelques corrections et additions [L.].

machines tant utiles que plaisantes, etc. Cet ouvrage
parut à Francfort (*a*) en 1615. On y trouve entre
autres choses ingénieuses que plusieurs mécaniciens
ont présentées de nos jours comme nouvelles, un théorème ainsi conçu sous le N° 5 : *L'eau montera* PAR
AIDE *du feu plus haut que son niveau*. Voici en quels
termes Caus justifie cet énoncé :

« Le troisième moyen de faire monter l'eau est
« par l'aide du feu, dont il se peut faire diverses ma-
« chines. J'en donnerai ici la démonstration d'une.

« Soit une balle de cuivre marquée A, bien sou-
« dée tout à l'entour, à laquelle il y aura un soupirail
« marqué D par où l'on mettra l'eau, et aussi un

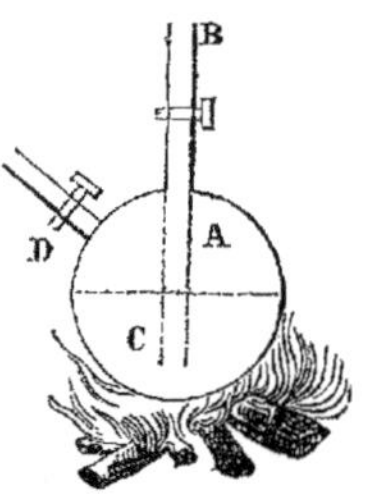

« tuyau marqué BC qui sera soudé en haut de la balle;
« et le bout C approchera près du fond , sans y tou-
« cher ; après faut emplir ladite balle d'eau par le
« soupirail , puis le bien reboucher et le mettre sur

(*a*) Je n'ai pas pu me procurer cette édition, et j'ai dû me borner à consulter la réimpression, que j'ai déjà citée, faite à Paris (1624, in-fol.) [L.].

« le feu ; alors la chaleur donnant contre ladite balle
« fera monter toute l'eau par le tuyau BC.

« L'appareil dont je viens de transcrire la description
tion est une véritable machine à vapeur propre à opérer des épuisemens. Mais peut-être supposerait-on ,
si je me bornais au passage précédent, que Salomon
de Caus ignorait la cause de l'ascension du liquide par
le tuyau BC. Cette cause lui était parfaitement connue,
et j'en trouve la preuve dans son théorème I, pages
2 et 3, où , à l'occasion d'une expérience toute semblable, il dit que « la violence de la vapeur (produite
par l'action du feu) qui cause l'eau de monter, est
provenue de ladite eau, laquelle vapeur sortira après
que l'eau sera sortie par le robinet avec grande
violence. »

« 1629. BRANCA (*Annuaire du Bureau des Longitudes
pour l'an* 1837, p. 236.)

« Branca est l'auteur d'une compilation intitulée :
Le machine del sig. G. Branca; Roma, 1629. Cet ouvrage renferme la description de toutes les machines
dont l'auteur avait eu connaissance. Dans ce nombre
on remarque un éolipyle placé sur un brasier et disposé de manière que le courant de vapeur sortant par
un tuyau, allait frapper les ailes ou les augets d'une
petite roue horizontale et la faisait tourner. Le vent
de la tuyère d'un soufflet ordinaire aurait évidemment produit le même effet (*a*).

(*a*) Je ne comprends pas dans quelle vue M. Arago fait ici cette remarque, qu'il reproduit

IV.   23

« Je n'ai pas encore deviné d'après quelles analogies on a pu voir dans cet éolipyle le premier germe des machines à vapeur employées de nos jours. En tout cas, je me bornerai à cette remarque, le recueil de Branca est postérieur de beaucoup aux deux premières éditions de l'ouvrage de Salomon de Caus. »

(*Annuaire du Bureau des Longitudes pour l'année* 1837, p. 322-329.)

« Voici venir maintenant M. Ainger, qui trouve aussi une machine destinée à élever de l'eau, dans un auteur, J.-B. Porta, plus ancien que Salomon de Caus. Si le fait est vrai, le nom de Salomon de Caus, que je substituais à celui de Worcester, devra, sans aucune doute, être remplacé à son tour par le nom de Porta. Aussi, je vais sur-le-champ vérifier l'assertion de M. Ainger, sans même faire remarquer combien il est bizarre que le nom du savant Napolitain n'ait jamais été prononcé tant que Worcester jouissait, sans contestation, du titre d'inventeur, et qu'on s'en soit ressouvenu à point nommé, dès qu'il a semblé pouvoir nuire aux droits d'un autre Français.

« La machine du physicien napolitain se trouve, dit

plus loin (*Annuaire pour l'an* 1837, p. 327) à propos de l'appareil de Porta. Tout le monde sait que les effets de la dilatation de la vapeur par l'action du feu sont les mêmes que ceux que produit l'air échauffé. Si donc l'on excluait tous les auteurs qui ont employé la vapeur sans la précipiter et comme on emploierait l'air, il faudrait omettre aussi Salomon de Caus avec tous ceux qui n'ont pas employé la précipitation de la vapeur. [L.]

M. Ainger, « dans une *traduction* de l'ouvrage d'Héron
« d'Alexandrie, qui fut publié en Italie, par J.-B. Porta,
« en 1606 » (Pages 326-327). Je lis plus loin (page
344) : « Les lecteurs qui désireront vérifier les faits
« donnés ici, pourront consulter les différentes édi-
« tions des *Spiritalia* d'Héron, et spécialement la tra-
« duction qu'en a donné Porta, en 1606, et intitulée :
« *I tre libri Spiritalia.* Un exemplaire de cet ouvrage
« existe au *British museum.* »

« Lorsque l'écrit du *Quarterly-Journal* me parvint,
j'avais parcouru diverses éditions de l'ouvrage d'Héron,
je ne connaissais pas celle de Pórta que M. Ainger
cite. Je me suis un moment reproché cette négligence;
mais, vérification faite avec le secours de nos plus
célèbres bibliographes, il s'est trouvé que l'ouvrage
en question n'existe pas ; qu'il n'y a, enfin, aucune
traduction d'Héron faite par Porta. Cet auteur, il est
vrai, a publié un ouvrage *en latin*, intitulé, comme
celui du mécanicien grec, *Pneumaticorum libri tres*,
Naples, 1601, in-4°, mais il n'est pas plus l'ouvrage
d'Héron que l'Histoire naturelle de Buffon n'est la
traduction de celle d'Aristote. Les Pneumatiques de
Porta, traduites en italien et en espagnol par un
nommé Juan Escrivano, ont été publiées, en 1606,
sous le titre de : *I tre libri de Spiritali di Giovam Battista della Porta napolitano*, un volume petit in-4°.
C'est ce livre que M. Ainger a pris pour une traduction *italienne*, faite par Porta, tandis qu'elle est de
Juan Escrivano; pour une traduction de l'ouvrage
grec d'Héron, tandis que c'est la traduction d'un
ouvrage latin de Porta. M. Ainger est parvenu à réu-

nir sur ce point toutes les erreurs dans lesquelles il était possible de tomber.

« A la page 75 des *Spiritali* de Porta, publiées par Escrivano, se trouve l'appareil que cite M. Ainger, comme une machine que Porta avait inventée pour élever de l'eau à l'aide de la force élastique de la vapeur; comme un grand perfectionnement (*great improvement*) d'une machine d'Héron dont j'aurai tout-à-l'heure à parler. Je vais donner ici la traduction du chapitre de Porta, ou plutôt du chapitre d'Escrivano (*a*), car il n'existe pas dans l'ouvrage original, et l'on verra alors jusqu'à quel point M. Ainger a mis en jeu son esprit inventif. »

« CHAPITRE VII.—*Pour savoir en combien de parties se transforme une simple partie d'eau.*

« Faites une boîte (*b*) en verre ou en étain, dont le « fond soit percé d'un trou par lequel passera le col « d'une bouteille à distiller, renfermant une ou deux « onces d'eau. Le col sera soudé au fond de la boîte, « de manière que rien ne puisse s'échapper par là. De

---

(*a*) Bien qu'effectivement ce chapitre n'existe pas dans l'ouvrage original, cependant ce n'est pas un *chapitre d'Escrivano*, comme paraît le supposer à tort M. Arago, car Escrivano, qui a dédié sa traduction à Porta, a soin de dire : « qu'il y a ajouté tout ce qu'il avait en- « tendu de la bouche de Porta, et que c'est pour cela qu'il la lui dédie. » (*Porta Spiritali*, p. 4). [L]

(*b*) Je reproduis ici la figure donnée par M. Arago, bien qu'elle ne ressemble pas exacte- ment à celle de Porta que j'ai déjà donnée à la page 332. [L]

« ce même fond partira un canal dont l'ouverture le
« touchera presque, l'intervalle étant tout juste ce
« qui est nécessaire pour que l'eau puisse y couler. Ce
« canal passera par une ouverture du couvercle de la
« boîte, et s'étendra au-dehors, *à une petite distance*
« *de sa surface* (passi per lo coverchio fuori, poco

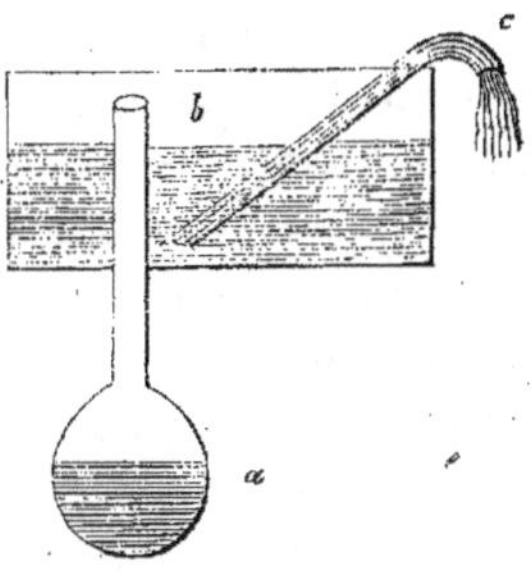

« lontano dalla sua superficia). La boîte sera remplie
« d'eau par un entonnoir qu'on bouchera bien en-
« suite, afin qu'il ne laisse pas échapper d'air (*che*
« *non possa respirare*), enfin, la bouteille sera placée
« sur le feu, et on l'échauffera peu-à-peu ; alors l'eau,
« transformée en vapeur, pressera l'eau dans la boîte,
« lui fera violence, et la fera sortir par le canal *c* et
« couler à l'extérieur. On continuera toujours ainsi à
« échauffer l'eau, jusqu'à ce qu'il n'en reste plus, et
« tant que l'eau fumera (*sfumerà*), l'air pressera l'eau
« dans la boîte et l'eau sortira à l'extérieur. L'évapo-
« ration étant finie, on mesurera combien il est
« sorti d'eau de la boîte, et il y sera resté autant d'eau
« qu'il en sera sorti (de la bouteille); et vous conclu-

« rez de la quantité d'eau écoulée, en combien d'air
« elle s'était transformée (a). On peut encore facile-
« ment mesurer en combien une once d'air dans sa
« consistance ordinaire, peut donner de parties d'un
« air plus subtil. »

« Rappelons maintenant la manière dont M. Ainger annonce ce passage : »

« Une traduction, dit-il, de l'ouvrage d'Héron, fut
« publiée en italien, par J.-B. Porta en 1606. Porta
« répète l'invention d'Héron, et ajoute la suivante
« comme lui appartenant : Dans la figure destinée à
« en faciliter l'intelligence, on voit le fourneau pour
« chauffer l'eau. »

« La vérité est que Porta ne parle pas de la machine d'Héron; qu'il n'a eu, en aucune manière, l'intention de la perfectionner; qu'il ne songeait pas même
à faire une machine (b), que son but, son but unique, était de déterminer expérimentalement et par un

---

(a) Les mots qui suivent depuis *on peut* jusqu'à *plus subtil* n'appartiennent pas à l'appareil dont il s'agit ici ; ils se rapportent à une espèce de thermomètre que Porta décrit
ensuite, comme on pourra s'en convaincre en consultant l'ouvrage original (*Porta,
Spiritali*, p. 76). [L.]

(b) Si M. Arago veut dire ici que Porta *ne dit pas* qu'il voulût faire une machine, mon
savant confrère a parfaitement raison, mais alors il faudra aussi rayer le nom de Salomon de Caus de la liste des inventeurs de la machine à vapeur, car cet ingénieur
ne *dit pas* non plus qu'il eût l'intention de faire une machine. Pour mon compte, je ne
crois pas qu'il soit nécessaire d'avancer que l'on veut construire *une machine* pour faire une
découverte en mécanique. Pour son expérience, Porta avait besoin d'employer la tension
de la vapeur, afin de vider l'eau contenue dans un récipient : c'est ce qu'il a fait, et peu
importe qu'il ait élevé cette eau à une petite hauteur; car, comme nous l'avons déjà vu,
Salomon de Caus aussi n'a voulu élever l'eau *qu'au-dessus de son niveau*. Porta, objecte-t-on,
avait un autre but, c'est vrai, mais, comme pour l'atteindre, il a employé le même procédé, et un appareil *mieux disposé* (ce sont les expressions de M. Hachette) que celui qu'a
reproduit plusieurs années plus tard Salomon de Caus, il ne semble pas que l'on puisse
omettre le nom de Porta dans l'histoire de l'invention des machines à vapeur. [L.]

moyen dont il est inutile de signaler ici tous les défauts, les volumes relatifs d'une quantité donnée d'eau
et de la vapeur en laquelle la chaleur la transforme.
Porta songeait si peu à donner son appareil comme
propre à élever de l'eau, qu'il dit en termes formels
que le tuyau de dégorgement passe à une petite distance de la surface du couvercle de la petite boîte (a).
Ainsi je n'ai aucun désir de le nier, Porta n'ignorait
pas que la vapeur d'eau peut presser un liquide à la
manière de l'air; mais rein, rien absolument, ne
prouve qu'il eût quelque idée de la grande force que
cette vapeur est susceptible d'acquérir, et de la possibilité de l'employer comme moteur efficace (b). Si
cette notion spéciale ne lui avait pas manqué, Porta,
le plus enthousiaste faiseur de projets dont l'histoire
des sciences fasse mention, n'aurait certainement pas
manqué d'en parler. Au surplus, tout ce que Porta
avait vu dans son expérience aurait été également produit, si sa grande bouteille, au lieu d'eau, eût renfermé seulement de l'air (c). »

« La double notion que la vapeur convenablement

(a) J'ai déjà dit (p. 350) que, dans son théorème V, Salomon de Caus n'avait guère été plus loin. On doit ajouter ici qu'il valait mieux, pour vider le récipient, prendre, comme l'a fait Porta, un tuyau de dégorgement qui ne fût pas très long. En laissant indéterminée la longueur de ce tuyau, comme l'a fait Salomon de Caus, ou pouvait, dans certaines circonstances, ne pas faire sortir l'eau. [L.]

(b) On a vu plus haut (p. 349 et 352) que, dans son théorème, Salomon de Caus ne parle pas plus que Porta de la grande force de la vapeur ni de *moteur efficace*. Quant à ce qu'il dit de la bombe qui crèvera, il ne paraît pas avoir été plus loin que Caesariano (*Voyez* ci-dessus p. 350-351). [L.]

(c) Il est bon de répéter ici ce que j'ai déjà dit précédemment (p. 353), savoir, que jusqu'à l'époque où l'on a commencé à la faire précipiter, la vapeur n'était employée que comme on pouvait employer l'air. [L.]

enfermée élève l'eau au dessus de son niveau , et qu'elle est susceptible de produire les plus grands effets, que dès-lors elle peut servir à la construction de machines utiles, se trouve pour la première fois à ma connaissance, dans l'ouvrage de Salomon de Caus; peut-être découvrira-t-on quelque chose d'analogue dans des auteurs encore plus anciens. Eh bien! si cela arrive, le nom de Salomon de Caus, je le répète, devra disparaître de l'histoire de la machine à feu, comme j'en avais écarté celui du marquis de Worcester; mais, à moins que ce nom nouveau appartienne à quelque personnage né dans les Iles Britanniques, il y aura toujours lieu à rectifier cette assertion si souvent reproduite : « La machine à vapeur a été inventée par un petit nombre d'individus tous Anglais.

. . . .

. . . .

. . . .

« En rapportant ces réflexions, je leur ai laissé toute leur force. On se tromperait cependant si l'on voulait en conclure que je les adopte sans modification. J'accorderai très volontiers que les inventeurs de la machine à piston, du mouvement alternatif et des artifices qui le produisent, doivent être placés hors ligne; cette concession faite, je ne saurais admettre que la première idée d'employer la vapeur comme principe de mouvement (*a*), ne doivent pas figurer dans l'histoire des machines à feu actuellement en usage. »

(*a*) Puisque M. Arago admet que *la première idée d'employer la vapeur comme principe de*

Les machines à vapeur ont acquis une si grande importance dans la société moderne, que j'ai dû rechercher et constater quelle était la part que les Italiens ont pu avoir dans une si grande découverte. Les passages que j'ai reproduits, les diverses notes que j'ai ajoutées à ces passages et la discussion à laquelle je me suis livré à ce propos, me semblent avoir singulièrement facilité ma tâche.

Placé entre deux savans d'un grand mérite, entre deux juges également compétens, dont l'un, M. Hachette, croyait que Porta avait des droits incontestables à l'invention de la machine à vapeur, et a dit que l'observation du savant napolitain était *l'expérience la plus curieuse du siècle* (1), tandis que l'autre, M. Arago, n'a voulu citer les auteurs italiens que pour les exclure de toute participation à cette invention, et a mis en tête de sa liste Salomon de Caus (2), j'ai dû examiner avec soin les

----

(1) *Férussac, Bulletin des sciences technologiques*, octobre 1831, p. 90.

(2) *Annuaire publié par le Bureau des Longitudes pour l'an* 1837, p. 306. — *Mémoires de l'Académie des sciences*, tome XVII, p. xciv.

mouvement doit figurer dans l'histoire des machines à feu, il devient évident que les auteurs qu'il faut citer d'abord sont Héron, Cæsariano et Porta. Héron, qui non-seulement a décrit l'appareil à réaction, mais qui a aussi employé la vapeur à l'état de souffle direct, chose que M. Arago ne semble pas avoir remarquée (Voyez *Mathematici veteres*, Parisiis, 1693, in-fol., p. 198-199), Cæsariano, qui au commencement du xvie siècle a décrit des effets de la grande force que peut acquérir la vapeur, et Porta, qui le premier a employé l'élasticité de la vapeur dans un vase fermé, pour élever l'eau au-dessus de son niveau. Je ne vois pas ce que Salomon de Caus a ajouté à ces connaissances que l'on avait avant lui sur cette matière. [L.]

textes originaux et peser les expressions de chaque auteur. Après un examen consciencieux il m'a semblé que Cæsariano et Porta avaient déjà dit tout ce qu'il y a d'essentiel dans l'ouvrage de Salomon de Caus, à propos des propriétés et de l'emploi de la vapeur, et qu'à ce titre , ils devaient être cités avant cet habile ingénieur. Je me suis surtout appliqué à employer le même mode d'examen et de critique, à l'égard de tous les auteurs dont je devais examiner les titres ; car il m'a semblé que c'était là un écueil que n'avaient pas toujours su éviter mes savans devanciers, et pourtant, sans cette parfaite indépendance d'esprit, il est impossible de faire d'une manière équitable la part de chacun. Les lecteurs qui savent combien de fois M. Arago est revenu sur ce point me pardonneront d'avoir traité le même sujet avec une certaine étendue. Au reste, pour établir l'opinion de M. Hachette je n'ai fait que citer et comparer. M. Arago me paraît avoir eu raison lorsqu'il a avoué qu'il n'avait pas entièrement échappé à l'erreur de considérer la machine à vapeur comme un objet simple dont il fallait absolument trouver l'inventeur (1). Il y a place pour tout le monde : pour les Grecs, pour les Français, pour les Anglais, pour les Italiens; peut-être aussi pour les Allemands et les Espagnols. Lorsqu'on fait d'une manière impartiale l'histoire de

----

(1) *Annuaire publié par le Bureau des Longitudes pour l'an 1837* p. 329.

la suite d'idées, d'observations et de raisonnemens qui ont produit les machines à vapeur qu'on emploie aujourd'hui , il semble impossible de ne pas mentionner Cæsariano et Porta , et je crois que leurs aperçus laissent peu de place aux projets de Salomon de Caus. Ce ne sont là, il faut l'avouer, que des linéamens : mais l'ingénieur normand ne paraît pas s'être avancé plus loin que l'architecte milanais ou le savant Napolitain. Quant à Branca, il a imaginé une machine à vapeur, dont on se sert encore aujourd'hui. M. Arago me semble avoir insisté plus à propos sur la grande part que Papin a eue dans l'invention de nos machines à vapeur actuelles. L'idée de faire une machine à piston et de précipiter la vapeur par le froid : l'idée de construire une machine à feu à double effet, et d'employer la vapeur pour imprimer un mouvement aux bateaux, assurent à la France une part glorieuse et impérissable dans cette grande invention.

NOTE VI.

(PAGE 60).

Voici une lettre de Castelli à Branca que je n'ai jamais trouvée imprimée dans les ouvrages que j'ai pu consulter et dont l'original se conserve à la bibliothèque ducale de Parme. Je la dois à l'extrême obligeance de M. Pezzana, savant distingué qui cultive avec succès différentes branches d'érudition, et qui n'a jamais cessé de m'indiquer et de me procurer les livres imprimés et les pièces manuscrites dont la connaissance pouvait m'être utile dans mes recherches sur l'histoire des sciences. Je le prie de recevoir ici l'expression publique de ma reconnaissance. Cette lettre me paraît importante, d'abord parce qu'elle prouve que Branca dont on ignore la vie, était un ingénieur fort estimé, et puis parce qu'elle nous montre Castelli répondant librement et courageusement au doge de Venise qui prétendait imposer sa volonté aux savans et aux élémens.

Al M^to ille sig. Giovanni Branca, architetto della santa Casa di Loreto.

Hora mi sono chiarito affatto, e da quello che è intravenuto a me, a V. S. ed a moltissimi altri per il passato, che accaderà ancora ai medesimi per l'avvenire : cioè che gli loro pensieri, come lontani dalla capacità commune vengono dall' universale per scioccherie condannati; ad all' incontro sono abbracciati e stimati quelli i quali arditamente propongono partiti accommodati e proporzionati ai cervelli simili a loro. Ne potrei addurre infiniti esempli in fatto, ma voglio che in consolazione sua per hora me ne basti un solo il quale e per l'importanza della materia e per la grandezza di quelli con chi si tratta è veramente insigne.

Il maggio passato 1641, mi trovai in Venezia con occasione del nostro capitolo generale, e per ordine di que' signori mi convenne dire il mio parere intorno alla laguna di quella città, la quale minaccia rovine immense, e nel corso di più di cento anni tutti quei proti e Ingegneri ed i signori stessi sono restati persuasi. che le torbide dei fiumi che scaricano le loro acque nella Laguna la vadino riempiendo, e si sono confermati tutti in questa sentenza dal vedere che il disordine è arrivato a segno che in tempi d'acque basse per il riflusso si scuopre la laguna a guisa d'una campagna. E per rimediare a questo disordine hanno speso e vanno continuamente spendendo tesori nel cavare canali e fanghi; e per ovviare alla radice del male, hanno, con spese enormi e con grandissimi danni alle campagne di terra ferme, fatte molte diversioni di quei fiuni che scaricavano le loro acque nella laguna, e per deliberazioni pubbliche terminato di divertire ancora cinque altri fiumi che di presente scaricano nella stessa laguna. Hora è toccato a me a proporre che le diversioni ultimamente fatte sono state la vera cagione della presente miseria : e di più mi sono dichiarato e protestato che se metteranno in esecuzione le deliberazioni fatte di divertire gli altri cinque fiumi, ne seguirà di sicuro la totale rovina della laguna con moltissime altre pessime conseguenze. Le ragioni che mi hanno condotto in questa sentenza, sono tali e di tanta forza che arrivano al sommo ed altissimo grado di certezza ma non possono già essere intese cosí facilment dalla moltitudine dal che è seguito che molti mi si sono voltati malamente contro e con scritture e stampe fuori d'ogni proposito, non intendendo nulla affato di quello chi io propongo mi lanno malamente strapazzato. La dottrina del mio libro « Della misura dell'acque correnti » mi ha aperta la strada a scoprire tutto l'inganno; e di tutto questo negozio distesi una scrittura che fu da me letta e presentata in pieno Collegio, con la quale mi guadagnai l'assenso di alcuni di quei signori che si compiacquero sentirmi, non solo nella pubblica audienza, ma ancora volsero in privati congressi trattare meco alle strette, in modo tale che si fermò la furia del precipizio nel quale stavano per cadere. Hora ritornato in Roma ho distesa come una seconda parte del mio discorso, nella quale metto in campo un paradosso totalmente incredibile ma vero, il quale è questo. Che dato che la Brenta ultimamente divertita 5o anni fa havesse cagionato sbassamento dell'acque, nella laguna di mezzo braccio, e che la sua acqua che scaricava nella laguna, fosse cinque parti di quelle, che i cinque fiumi che restano da divertirsi fossero quattro, in ogni modo lo sbassamento che

seguirà da questa ultima diversione riuscirà doppio
dello sbassamento seguito per la diversione della
Brenta sola, cioè si sbasserà il livello della laguna un
braccio intero di più di quello che si trova di presente. Maraviglia totalmente inopinabile ma vera, e
tanto vera che con pochissima spesa ne posso fare
l'esperienza chiarissima. Hora qui consideri V. S.
che diluvio di contradizioni mi soprasta, e poco
meno che non sia per essere lapidato; ma pacienza,
non sono io che faccia che queste cose siino vere, Dio
e la natura obbedientissima a' suoi decreti le ha fatte
vere, e noi le andiamo con stenti grandi ritrovando.
Chi non vuole contraddizioni dica a modo d'altri, chi
vorrà dire la verità, stia preparato alli incontri fieri
dell' ignoranza, e quello che è peggio della malignità e
dell' invidia; e però non mi sono molto maravigliato
di quanto V. S. mi scrive con la sua delli 5. Faccia
a mio modo, anzi faccia quello che ho fatto io nel
sopra narrato caso. Dubitando di avere la sentenza
contro come segui da quei signori, interposi l'appel-
lazione in voce ed in scrittura nella suddetta audienza con le parole seguenti : « E quando mi si pro-
« nunicasse la sentenza contro, appello al Tribunale
« giustissimo ed inesorabile della natura, la quale
« non curandosi punto di compiacere nè a questo nè
« a quello sarà sempre puntuale ed inviolata esecu-
« trice de' suoi eterni decreti sopra dei quali non
« haveranno mai forza di rilievo le deliberazioni hu-
« mane nè i vani desiderii nostri, e soggiunsi con voci
« assai chiare quello che segue. Metta pure la Serenità
« Vostra Parte, in questo Eccelso Collegio e la faccia

« confirmare in Pregadi. Che i venti non spirino,
« che il mare non ondeggi, che i fiumi non corrano.
« I venti saranno sempre sordi, il mare sarà costante
« nell' incostanza sua, i fiumi ostinatissimi, e questi
« saranno i mei giudici, ed alla loro decisione un' ni-
« netto. » Mi perdoni V. S. se sono stato troppo pro-
lisso ; e se ella haverà cara una copia della mia scrittura gli la munderò, e intanto la prego a continuarmi
il suo amore, conche li b. l. m.

Roma il 12 di xbre 1641.

Di V. S. M. Ille

Affez.mo ed oblig.mo Ser.

Don Benedetto Castelli.

(369)

NOTE VII.

Le manuscrit de la Bibliothèque royale que j'ai cité
est dans le Supplément latin au n° 1058 (in-folio), et a
pour titre : *Meditantiunculæ Guidi Ubaldi e marchio-*
nibus Montis Sanctæ Mariæ, de rebus mathemati-
cis. C'est l'autographe de l'auteur : il renferme une
foule de recherches sur divers points de mathématiques et de physique. Ce *livre de notes* ou de pensées
scientifiques me paraît avoir beaucoup d'importance :
j'en ai extrait un certain nombre de passages qui me
semblent dignes de l'intérêt du lecteur.

Le premier est un petit traité *des horloges*, qui est
renfermé dans les cinq premières pages du manuscrit.

Degl' horologgi.

Modo di descriver gl' horologgi con tutte le superficie piane solamente con le circonferenze horizontali e descensive, cioe farli con quelle medesime circonferenze che si fanno quelli in piano equidistanti
all' horizonte et gl' horizontali inclinati delli quali
non dirò il modo di farli per non dir il medesimo
che ha detto Tolomeo nel libro *de analemate* et il Co-
mandino nel libro de *horologiorum descriptione* ma
dirò solo il modo di descriverli in tutte le superficie

IV.   24

piane perpendicolari all' horizonte, cioè tanto ver-
ticali quanto meridiani e quanto a questi inclinati.

Sia il piano perpendicolar all' horizonte $c\,d\,x\,\gamma$,
sia la linea $c\,d$ commune settione del piano e dell'
horizonte, sia la lunghezza dello stile $b\,a$, il qual ce
lo immaginaremo perpendicolar al piano et alla linea
$c\,d$ adunque sara (1) nel medesimo piano con linea
$c\,d$, hora io metto il centro del circolo (2) nella punta
del detto stile e lo metto equidistante all' horizonte
il qual verrà esser nel medesimo piano dello stile e
della linea $c\,d$ et metto la commune settione del meridiano e dell' horizonte, cioè la linea meridiana al
suo luogo cioè secondo la dispositione del cielo dipoi
rapresento tutte le circonferenze horizontali nella
linea $c\,d$, ma per la difficulta del metter il centro del
circolo nella punta del stile e per la difficulta che ci
saria nel operar in questo modo, ci potemo imma-
ginar lo stile abassato e disteso nel piano dell' horologgio, ma chel sia perpendicolar alla linea $c\,d$, tirisi
adunque dal punto b una linea perpendicolar alla
linea $c\,d$ et sia $b\,a$ laqual sia equale allo stile. Poi
atorn' al centro a descrivo el circolo $f\,n\,p\,m$ nel qual
siano tutte le linee e circonferenze dell' analemma, e
questo bisogna situarlo in modo chel vengha a cor-
responder al circolo situato in piano equidistante all
horizonte, e si po far in questo modo, trovisi la de-

---

(1) Per la secunda dell' undecimo.
(2) Qui il circolo s'entende par l'analemma.

clinazion della linea *c d* overo di tutt' il piano dell'
horologio dalla linea meridiana , come per esempio
sia la *c d* 45 g^{di} verso levante, trovisi la sua perpendicolar che sara 45 g^{di} verso ponente, sia la linea *a g*
la meridiana, e posto il centro del circolo in *a* e sia

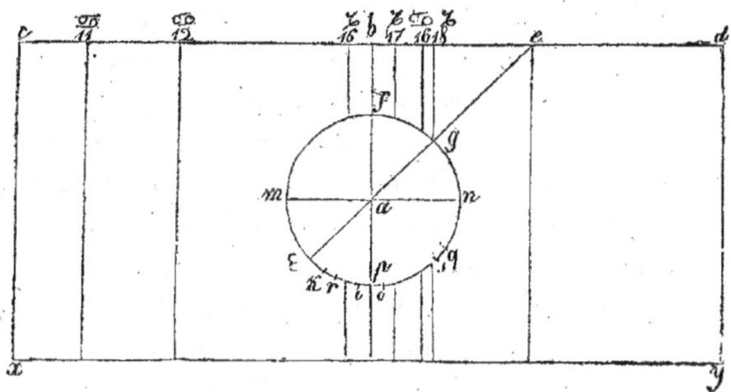

da *g f* 45 g^{di} verso ponente bisogna metter il punto *f*
nella linea *a b* per esser commune settione del piano
dell' horologio, e del circolo magior che passa per li
45 g^{di} fra ponente e tramontana e subito il circolo,
le linee, e le circonferenze saranno situate secondo le
loro dispositioni e secondo che si havevano da repre-
sentar le circonferenze horizontali dalla punta del
stile come s'e detto di sopra cosi medesimamente (1)
dal punto *a* si rapresentanno nella linea *c d* et essendo
a g la linea meridiana, vedasi dove *a g* segala *c d* e

---

(1) Et averrà il medesimo perche si formano sempre triangoli simili
et equali per esser la linea *ha* equale allo stile egli angoli si fanno equali.

24.

sia *e* sia *p k* la circonferenza horizontale delle 28 hore
di capricorno et *pi* quella delle 17, et *po* delle 16 et
per rappresentar queste nella linea *c d* tirisi dalli
punti *k c o* per il centro *a* linee rette, e dove sega-
ranno la *c d* in quelli punti saranno rappresentate e
siano dove sono 16, 17, 18, di ♑, sia *p q* la circonferenza horizontale delle 11 hore di cancro, *p i* delle
12 e *p r* delle 16, e nel medesimo modo siano rappresentate nella linea *cd*, nelli punti, 11, 12, 16, di
♋ ; similmente si rappresentaranno tutte l'altre circonferenze horizontali di cancro e di capricorno dell
equinottiale e degl' altri circoli purche le seghino la
linea *c d*, e quelle che non la segano lassarle che sara
segnale chè 1 sole non mostrara quelle hore nel dato
piano, Dipoi da tutti li punti rappresentati nella linea
c d si tirino tante perpendicolari alla linea *c d* le
quali saranno anche perpendicolare all' horizonte (1)
e perche la linea *cd* e commune settione del piano
dell' horologgio e dell' horizonte, però seli rappresentano tutte le circonferenze horizontali, acchioche le
perpendicolare che cascano da questi punti vengono
a esser commune settione del piano dell' horologio e
delli circoli maggiori che passano per le loro circonferenze horizontali (2) che per esser maggiori vengon
a passar per la punta dello stile, per esser nel centro
del mondo e da questo e manifesto ch' essendo il sole

---

(1) Perche il dato piano è perpendicolare all' horizonte.
(2) Per la bⁿ del p° di Theodosio.

in qualsivoglia di questi circoli maggiori e dove si
voglia cioè ò alto ò basso, purche 'l sia sopra l'horizonte, sempre fara l'ombra della punta del stile
nella commune settione del piano e del circolo maggior dove lui si trova per esser tutti in un medesimo
piano, et ogni volta per la medesima ragione che 'l
sole sara nel circolo meridiano, l'ombra della punta
del stile sara nella perpendicolar che nasce da *e*, per
esser ella commune settione del piano dell' horologio
e del meridiano.

Ci resta à trovar i termini delle ombre nelle commune settioni con le circonferenze descensive et prima
immaginandoci il stile perpendicolar al piano dell'
horologio metteremo il centro del circolo nella punta
del stile et lo metteremo perpendicolar all' horizonte

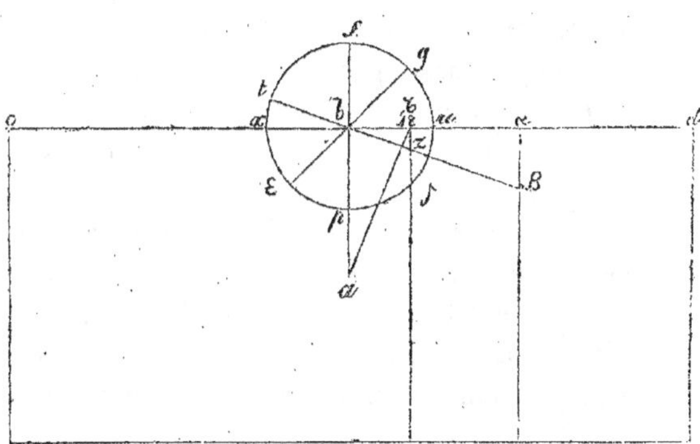

et per esser ε *g* la linea meridiana, la metteremo
alta dal' horizonte quante gradi è la elevation del
polo, et a quanta elevatione e fatto l'analemma, e

poniamo ch'ella sia gradi 44 e da *g* verso *p* numero
44 gradi che siano *g u* e dal punto *u* per il centro *b* tiro
una linea retta *u b x* laqual mi rappresentara l'horizonte, et essend' il circolo perpendicolar' all' horizonte, bisogna metter questa linea *u b x* equidistante
all' horizonte, anzi per esser la punta dello stile nel
centro del mondo, la linea *u b x* sara nel medesimo
piano dell' horizonte e nelle operationi bisogna avertir sempre ch'ella sia sempre equidistante all' horizonte
accioche le circonferenze descensive siano sempre al
suo luogo, e volendo sapere essend' il sole in capri-
norno, dove l'ombra della punta del stile fara l'ombra
alle 18 hore, voltisi il circolo ch' è nella punta dello
stile verso la perpendicolar delle 18 hore di ♑, fin
che'l piano del circolo, et la linea perpendicolar che
nasce dalle 18 di ♑, sia in un medesimo piano, il qual
circolo verrà à esser nel medesimo piano del circolo
maggior che passa per la circonferenza horizontale
delle 18 hore di ♑, sia la circonferenza descensiva
delle 18 hore di ♑ equali alla *f t*, e tirando da quel
punto una linea retta che passi per il centro laqual
segara la commune settione del piano dell'horologio e
del circolo maggiore che passa per la circonferenza
horizontale delle 18 hore di ♑ cioè la perpendicolar
delle 18 di ♑ per esser tutti in un medesimo piano
et in quel punto dove sara segata detta perpendicolar,
essend' il sole in ♑ la punta del stile alle 18 hore
fara l'ombra; la dimostratione di questo è facile
perchè essend' il circolo grande che passa per la circonferenza horizontale delle 18 hore di ♑ et il circolo dell' analemma, et la perpendicolar commune

settione del circolo grande e del piano dell' horologio
tutti in un medesimo piano, et essendo la punta del
stile centro di tutti doi li circoli, et centro del
mondo, et l'angolo fatto nel centro dell' analemma è
equale anzi commune all' angolo fatto dal nostro ze-
nit, et il centro del mondo, e dove si trova il sole bisogna di necessita ch' essendo il sole in ♑ alle 18 hore,
l'ombra della punta del stile sia nel detto punto fatto
nella perpendicolar delle 18 hore di ♑ e nel medesimo modo si operi con le altre perpendicolari vol-
tand' il circolo dello analemma accio sia nel medesimo
piano della perpendicolare che si ha da trovar la de-
terminatione dell' ombra della punta del stile, dipoi
trovar la sua circonferenza descensiva, laqual ne mostra, la latitudine e l'altezza del sole sopra l'horizonte
et dalla circonferenza et il centro tirar una linea che

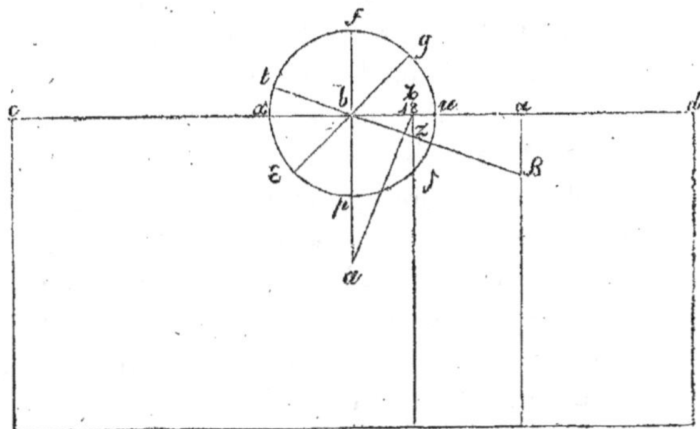

seghi la perpendicolar e notar li punti, dipoi con-
giuger le 16 hore di ♑ con le 16 di ♋ et le 17 con
le 17 et similmente le altre cosi determinaremo e

finiremo l'horologio. Ma per la difficulta che saria nel
operar bene in questo modo si potra fermar nel piano
dell' horologio il circolo e dove si voglia ma per
comodita nella linea cd, et il suo centro nel punto b
et sia $fupx$ e far che $x\,u$ sia nella linea $e\,d$ perche
tutte due ci rappresentano l'horizonte, e per trovar
dove vadi segata la perpendicolar delle 18 hore di ♑
Piglisi la lunghezza della linea ch' è dalla punta del
stile alle 18 di ♑ che sia z che e la medesima che è
da $a\,z$ per esser triangoli simili et equali, e si facci a
detta linea equale la $b\,\alpha$ e dal punto α sia tirata la
perpendicolare $\alpha\beta$ alla linea cd et essendo ft la circonferenza descensiva delle 18 hore di ♑ si tiri dal
punto e et b una linea retta che seghi $\alpha\beta$ nel β et sia
segata la perpendicolar delle 18 di ♑ nel punto δ et sia
equale la linea $z\delta$ alla $\alpha\beta$ dico che l'ombra della punta
del stile quand' il sole sara nel ♑ alle 18 hore sara
nel punto δ e questo medesimo si fara in tutte le altre
perpendicolari con le loro circonferenze descensive,
et ci tornara il medesimo come se havessimo fatto
stand' il centro del circolo nella punta del stile sicome
s'è detto di sopra perche essendo li doi angoli $b\,\alpha\beta$
retto et $\alpha\,\delta\beta$ del triangolo $b\,\alpha\beta$ equali agl' angoli fatti
dalla linea $\delta\,z$ e dalla linea che va da ξ alla punta del
stile ch' è angolo retto et all' angolo fatto dalla
linea che va da z alla punta del stile, e dalla linea che
va dalla punta del stile $a\,\delta$ del triangolo $\delta\,z$ et della
punta del stile, et essendo $\delta\,\alpha$ equale alla linea (1) che

---

(1) Per le 26 del p".

va da *z* alla punta del stile, adunque tutti gl' angoli
e tutt i lati saranno equali e tra il triangolo al triangolo adunque la linea $\alpha\beta$ sara equale alla *z δ*, sicome
ger maggior intelligenza di quanto s'è detto e per
esempio.

Sia la linea *bα* la commune settione del piano
dell' horologio e dell' horizonte, sia la *b ξ* il stile perpendicolare al piano dell' horologio et alla linea *b α*
et *b a* sia equale a *b ξ* et sia *a b* perpendicolare a *b α*;
sia *z δ* la perpendicolar delle 18 hore di ♋ sia *b α*
equale à *z a* et a *z ξ* perche l'angolo *z b a* del triangolo *b a z* è retto et equale all' angolo *z b ξ* retto
del triangolo *b z ξ* et la linea *b α* è equale a *b ξ* e la
b z e commune a tutti doi li triangoli (1) adunque *z a*
e equale a *z ξ*. Adunque *b α* è equale à *z ξ* et essendo
l'angolo *b α β* angolo retto del triangolo *b α β* equale

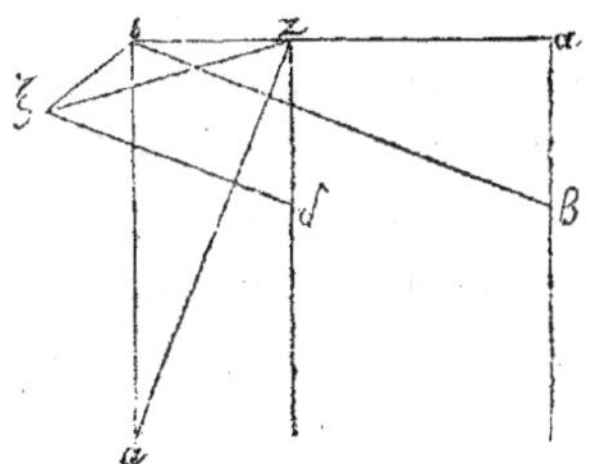

all' angolo *ξ z δ* angolo retto del triangolo *ξ z δ* perche le linee *b ξ* et *b z* sono equidistanti all' horizon-

---

(1) Per la 4ª del p⁰.

te (1) ò vogliam dire nel horizonte medesmio, et ξz
è nel medesimo piano delle linee ξb et $b z$ e la linea $z \delta$
è perpendicolare all' horizonte et alla linea $b z$ adunque δz sara perpendicolare (2) al piano $b \xi z$ adunque alla linea $z \xi$ e l'angolo $a b \beta$ del triangolo $b a \beta$
si fa equale all' angolo $z \xi \delta$ del triangolo $\xi z \delta$ et
la linea $b a$ è equale alla linea ξz adunque tutti (3)
gli angoli e tutti lati del triangolo $b \alpha \beta$ saranno
equali a tutti i lati del triangolo $\xi z \delta$ adunque
la linea $\alpha \beta$ sara equale alla linea $z \delta$.

Nous allons donner maintenant des recherches sur
divers sujets scientifiques, tirées du même manuscrit :

Problema (4) *proposto del conte Giulio da Thiene.*

Sit triangulum $a b c$ et ac latus majus latere $b c$, sit
autem *ed* ipsi *ac* æquidistans et connectatur $a d$ et
fiat (5) ut $e d$ ad $d b$ sic $a d$ ad aliam quæ sit $a f$ et a
signo f ducatur $f g$ ipsi $e d$ æquidistans. Dico lineam $f g$
æqualem esse $d b$. Quoniam enim $f g$ est æquidistans
ipsi *ed*, triangulum $a e d$ equiangulum et simile (6)
erit triangolo $a g f$ quare eandem habet proportionem

---

(1) Per la 2ª del II°.
(2) Per la 4ª dell' II°.
(3) Per la 26ª del p°.
(4) Voyez page 6 du manuscrit.
(5) Per 12 sexti element.
(6) Per 4 sexti.

d a ad *à f* quam *ed* ad *gf* proportio vero quam habet
a d ad *a f* eadem est quam habet *ed* ad *d b* igitur (1)

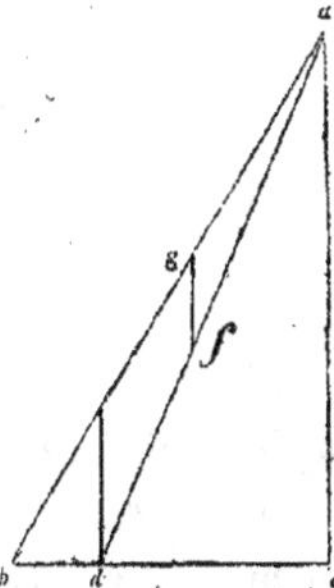

sicut *ed* ad *g f*, sic *e d* ad *d b* ergo *g f* ipsi *d b* est
æqualis (2) quod erat demonstradum.

Sit *ac* æqualis *c b* erit et *e d* æqualis *d b* et fiat

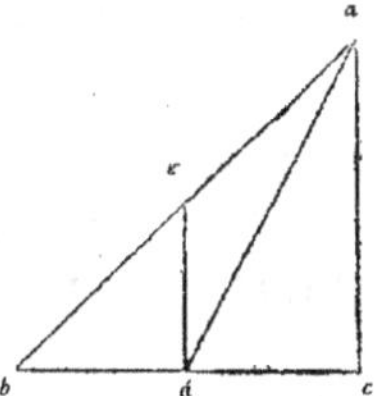

ut *e d* ad *db* sic *a d* ad aliam quæ erit (3) *a d* punctum *d* erit punctum quesitum.

---

(1) Per 4 sexti.
(2) Per II quæst.
(3) Per quartam sexti ob similitudinem triangulorum.

Sit *c d* minor *d b,* et fiat ut *ed* ad *d b,* sic *a d* ad

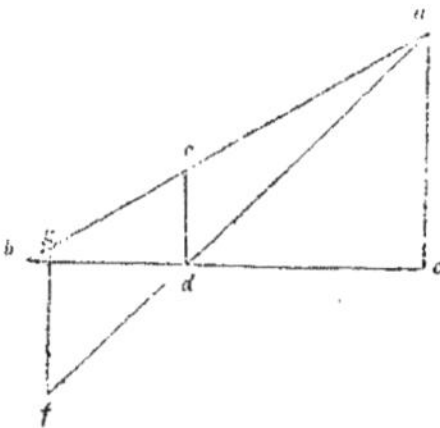

aliam quæ sit *a f* et à signo *f* ducatur *f g* ipsi *ed* æquidistans erit *f g* qualis *d b.*

Questo problema serve assai alla perspecttiva che
essendo l'ochio in *a* e vedendosi la linea *d b* trovar la
linea *f g* laqual paia et sia equale elle *d b* et la settione
sia sempre equidistante alla *d e.*

Dell hyperbola (1).

Doi modi di descriver l'hyperbola (oltre a quelli
che ha detto Eutocio (2) et Alberto Durero (3) et il
Commandino (4)) l'uno per punti, l'altro continuatamente.

Sia l'asse dell hyperbola *e g*, sia il rettangolo *g b c*
equale al rettangolo *c a g* et l'uno e l'altro sia equale

---

(1) Voyez pages 7 et 8 du manuscrit.
(2) Nella 21 del primo d'Appollonio.
(3) Nella sua geometria.
(4) Nel libro de Horologiorum descriptione.

alla quarta parte della figura. Siano *k l* et *b m* doi
righe di qualsivoglia materia inequali et sia *k l* maggiore di *b m* sia la parte *n l* equale a *b m* et siano *b m*
et *n l* divise equalmente et si notino le divisioni et
nella parte *n k* ci sia un cursor et una punta accio si
possa fermar dove si vuole et nella riga *b m*, nel *b* ci
sia una punta stabile. Per descriver l'hyperbola della
qual sia l'asse *c g* et *c b g* rettangolo, sia equale alla
quarta parte della figura, mettasi la punta ch'e in *b*
della riga *b m* nel punto *b*, accio si possa voltar la

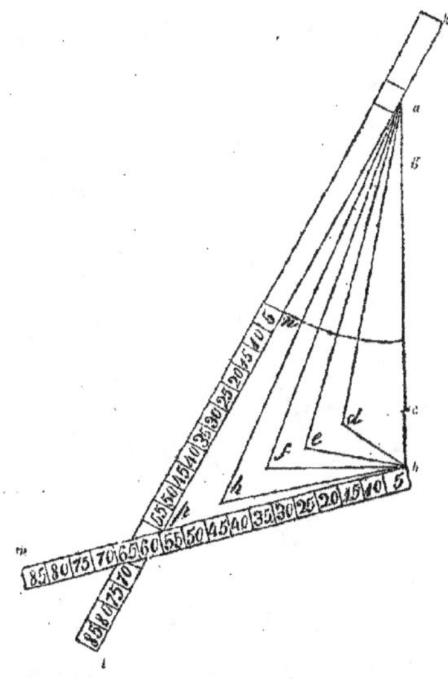

riga *b m* atorn' atorno e la punta stia sempre nel
punto *b*, si metta dipoi la punta del cursor ch'è
nella riga *k l* nel punto *a* e si mandi tanto innanzi,

et in dietro, fin che dal cursor al *n*, cioè *a n* sia
equale all' asse *eg*. Dipoi facendo intersecar le righe,
segnando tutti li punti dove si confrontano le divisioni, il 20 dell' una et il venti dell' altra, et cosi
il 30, et il 30, e siano li punti *c d e f h p* dico
che *c d e f h p* sono punti nell hyperbola perche le linee che vengono fatte dalla righa *a l* superano sempre
quelle che vengon fatte dalla riga *b m* diuna medesima quantita equale all asse dell hyperbola per
esser *a n* equale à *e g* et *n l* equale à *b m*, e similmente equale dove le si fanno intersecate, cio e la
quantita ch'è da *n* a 20 è equale a quella ch'è da *b*

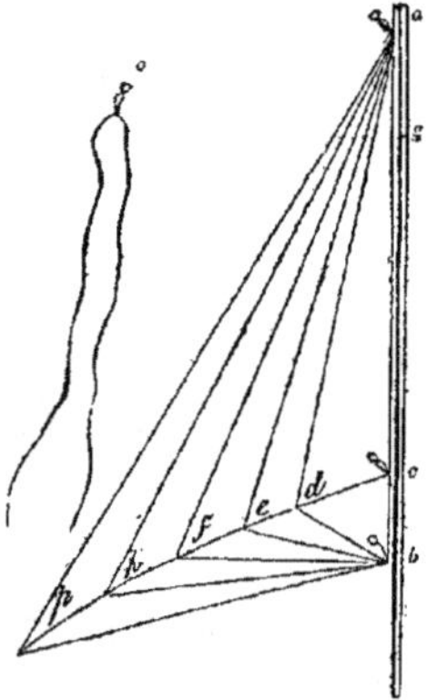

a 20 è cosi da *n* a 30 et da *b* a 30. Adunque li punti
c, *d*, *e*, *f*, *h*, *p* sono nell hyperbola (1), et in tal

---

(1) Per la 51 del 3° d'Appollonio.

modo sara fatta per punti. Ma per descriverla continuatamente, metasi nelli punti *a b* doi punte sottilis-
sime, si pigli doi fili e si leghino a una punta come sta
o nel punto *c* et un filo si tiri verso *a*, et da *a* ritorni
verso *b*, l'altro filo si tiri verso *b* et con una mano si pigli la
punta *o* ch'è in *c* e con l'altra si pigli tutti doi li fili facen-
doli star tirati, tirando la punta *o* et accompagnando
con l'altra mano lassando scorrer li fili pian piano li quali
sempre passano per li punti *a b* la punta *o* ci descrivera l'hyiperbola per la medesima ragione che hab-
biamo detto delle righe, essendo ch'l filo che nasce
da *a* sempre eccede quel che vien da *b* d'una medesima
quantita equale all' asse dell' hyperbola, cio è tanto
il filo *a d* eccede *d b* quanto *a c . c b* et *ae e b* perche
mentre che camina la punta *o* si allungano li fili et
sempre si allungano equalmente e però, quel che da
principio era più lungo si mantien sempre più lungo
dell' altro quanto egl' era da principio, piu lungo, et
da principio eccedeva quanto era la lunghezza dell'
asse *c g*, adunque, il più lungo sempre eccedera
l'altro quanto è la lunghezza dell'asse *c g*. Adunque,
la punta *o* descrivera (1) continuatamente l'hyperbola. In cambio delle punte che sono in *a b* si po far
passar li fili per doi bugi, overo in qualsi voglia altro modo purchè fili passino sempre per li punti *a b*.

----

(1) Per la 51 del 3º d'Appollonio.

Del Misurar (1).

Per voler misurar, è d'avertir che tutti li modi che son gia stati scritti ancor che paiano diversi, sono però quasi tutti conformi, ma e ben vero che nell operar uno riesce meglio dell'altro et à mio giudilio meglio di tutti, quello di Gemma Phrysio ch'e il medesimo di quello che mette Leon Battista Alberti nelli suoi opuscoli, volendo però misurar le cose in piano, perche con quello si può senza dubbio sicuramente misurar qual si voglia lunga distanza e descriver le ragioni sicome ognun di loro insegna benissimo.

Per voler misurar l'altezze profondita et inclinationi si fara in questo modo.

Essend' io nel *c* e volendo misurar l'altezza della torre *ab* perpendicolar all' horizonte, nel modo

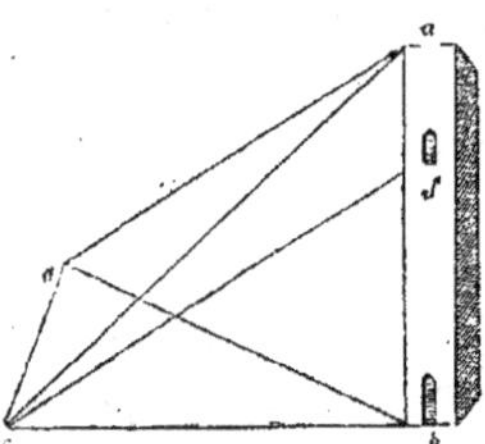

ch'insegna Leon Battista et Gemma Phrysio, con le due positioni *c b* sapro quant' è da *c* à *b* pie della torre

---

(1) Voyez les pages 9-12 du manuscrit.

et quant' è da *d à b* vedendosi però il pie della torre e
presupponendo ch'l pie della torre *b* et *c* et *d* siano
in un medesimo piano equidistante all horizonte,
overo nell horizonte medesimo. Depoi essend' io in *c*
osservo la quantita dell'angolo *b c a*. Dico ch'essende
a noi cogniti li doi angoli *a c b* et *a b c* retto del
triangolo *a b c* et cognito il lato *c b* sapremo (1)
quanto sara alta la torre *a b*. Ma nel operar ci sara
piu facile tirar una linea seperatamente che sia *g f*
et à questa sia perpendicolar *e f* e poniamo che da *e*
a *b* vi sia 3o piedi, facciamo che da *f* a *g* siano 3o

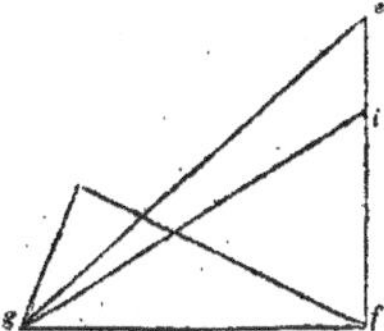

misure equali di qual si voglia grandezza e dal punto *g*
faccio l'angolo *f g e* equale all' angolo *b c a*, li triangoli *a b c* et *e g f* sono equiangoli (2) adunque sono
simili e proportionali, proverà adunque la medesima
proportione (3) *e f* a *f g* che ha *ba* à *bc* e di quante
misure che sono nellalinea *f g*, sara, *e f*, di tante
sara *a b* di quelle che sono nella *c b* e se subbito
volemo saper quant' è alta la finestra *s* nella torre, osser
vatela quantita dell angolo *b c s* et si facci a lui

---

(1) Per la 4ª del 2° dei triangoli del Monteregio.
(2) Per la 3ª del p°.
(3) Per la 4ª del sesto.

equale *f g* et dove vien segata la linea *e f* cio è nel punto *i f i* ne dara l'altezza di *b s*.

Ma non si vedendo il piè della torre et essendo inaccessibile con le due positioni *c d* saprò quanto è da *c* all' *a* et da *d* all' *a* sommita della torre facend' il triangolo *a c d* similmente sapendo la quantita dell' angolo *b c a* et *c b a* retto, et havendo cognito il lato *c a* sapremo la quantita della torre (1) ma all' operation piu facile tirisi la linea *l m* la qual ci rappresentara il piano *c b* et faccio langolo *m l n* equal all'angolo *b c a* gia osservato e poniamo che da *c* all *a* siano 40 piedi, facciamo che da *l* a *n* siano 40 misure equali di che grandezza si voglia, si

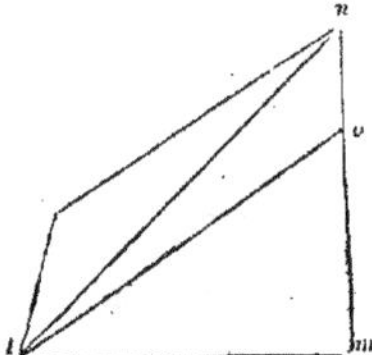

tiri poi del punto *n* una perpendicolare *n m* alla linea *l m* dico che *n m* per le ragioni dette ne dara l'altezza della torre *a b* et essendo langolo *m l o* equale all'angolo *b c s*, *o m* ci dara l'altezza *b s* et è d'avertir che se non saremo in sito piano ma aspro e montuoso essendo nel punto *c* osservaremo il punto *d* et *b* che siano tutti in un medesimo piano equidistanti all'horizonte, et operaremo come si e detto.

---

(1) Per la 4ª del 2° della triangoli del Monteregio.

Nelle profondita operaremo nel. medesimo modo, ma quasi contrariamente, cio è che secondo nelle altezze si opera all'in su nelle profondita si opera all'in giù.

Da quel che si e detto sara facil cosa misurar l'in-

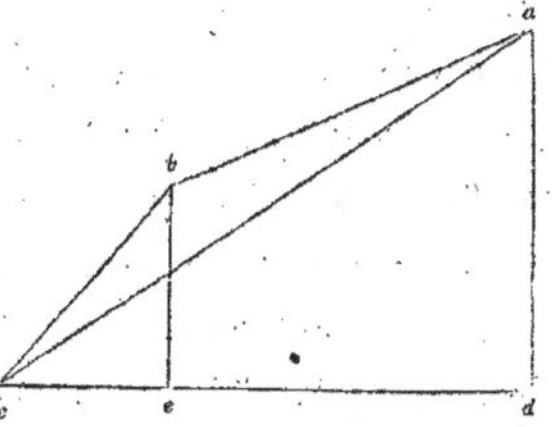

clinationi che volendo saper quant'è da *b* all' *a* e quant' e la sua inclinatione essendo in *c* per le cose dette sapremo quanto è *a d* et quanto è *b e* et quanto è *c d* et *c e*, e se separatamente operaremo come si è detto sapremo quanto è *b a* et quant è la sua inclinatione sopra l'horizonte si come per esempio, facendo li triangoli simili *f h i* all *a c d* et *g h k* al *b c e* congiungendo *g f* e di quante parte sara *f g* di quelle che sono nell' *h c*, di tante sara *a b* di quelle che sono in *c d*

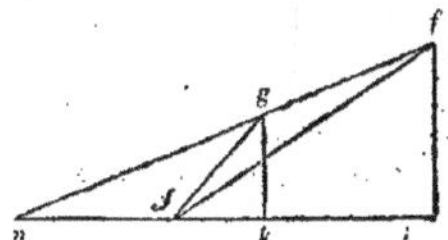

e slungato il lato *f g* finche seghi *hi* nel punto *n* l'angolo *i n f* dara l'inclination di *g f* che sara la medesima di quella di *a b*.

E tutte queste operationi si possono far con qual

25.

si voglia instrumento che ci paia a cio piu accomodato.

Delle altre misure in piano, cio à quant è da un luogo a un altro Gemma Phrisio e Leon Battista l'hanno benissimo insegnato e moltri altri che anno usato il medesimo modo.

Siano le dei positioni *a b* et sia cognita *a b* poniamo 4 canne, et essendo in *a* e guardando *c d* similmente nel *b* e guardando *c d* dico che si potra saper quanto è la *c d* e quanto è ognuna delle distanze ch'è da *a b* a *c d* havendo solamente cognita la *a b* ancorche non si possa slongar le linee dila della *e f* tirisi da

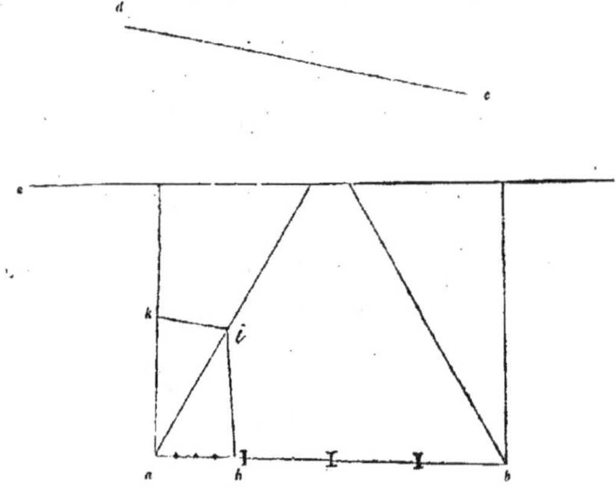

qualsivoglia punto della linea *a b* una paralella à quella che si vol haver cognita purche la non ecceda *e f* come dal punto *h* tirisi *h i* paralella alla distanza *b c* e dividasi *e h* in tante parti quante è *a b*, cio è in 4, e di queste misure vedasi quanto è *h i* et tanto sara la distanza da *b* a *e* di quelle di *a b* per la 4 del 6° per esser i triangoli simili e nel medesimo modo saranno cognite tutte le distanze, dividasi poi *a c* in *i* et *a d* in *k* delle misure *a h* cioe di quante della *a b* sono *a c a d* e congiungasi *k i* e dividasi delle misure *a s* ed sara tante misure della *a b* quanto è *k i* della *a s* e per esser *k i* equidistante a *c d* si sapra la sua positione cioe per qual vento vada e similmente le altre.

Per tirar una paralella a *c d* non potendo andar di la della *e f* tirisi *a b* in qualsivoglia modo e si guardi *c d*, et si tirino *ag ai bh bk* e da qual si voglia punto dalla *a i* cioè da in si tiri *m l* paralella a *k b* e dal si tiri *l n* paralella a *h b* e congiunta *n m*. Dico che *n m* e paralella à *d c* perche strigando le linee *ag ai bh bk* in *d c* et essendo *m l* paralella à *c b* ha-

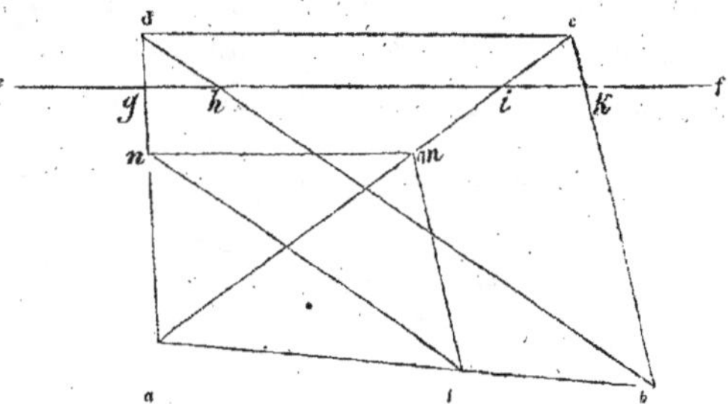

vera (1) la medesima proportione *am* a *mc* che ha

---

(1) Per la 2ª del sesto.

a l a *l b* e per esser *n l* paralella a *d b* , *a l* havéra (1)
la medesima proportione à *l b* che ha *a n* a *n d.*
Adunque *a m* havéra la medesima proportione (2) a
m c che ha *a n* à *n d* adunque *nm* sara (2) paralella a *d c*

Misurar a lo squadro tagliato in otto parti.

Prima per saper una distanza come *a b* mettasi
lo squadro in *a* et si veda ad angoli retti *b c*, poi si

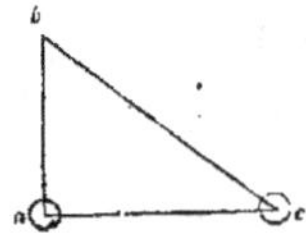

metta lo squadro in *c* et si veda *a* et *b* con mezzo squadro. Dico ch'essendo gl'angoli *b c* mezzi retti et eguali
che *a c* sara eguale à *a b* si che misurata *a c* sapremo
la distanza di *a b*. E questo è comodo quando la
distanza che si ha da misurare non è molto lontana.

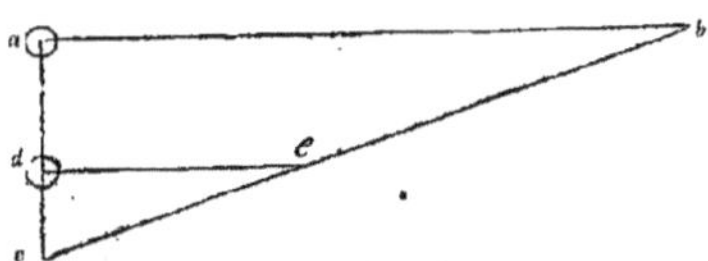

Ma per una distanza lunga come *a b*, si guardi in
squadro dall *a* li punti *b c* e non ci sia piu sito che

---

(1) Per la 4ª del quinto.
(2) Per la 2ª del sesto.

fin al *c*, poi messo lo squadro in *d* si guardi *e* in
squadro con *a c* misurate poi le linee *c d* *d e* *c a* sara
nota anche *a b* essendo *c d* a *d e* come *c a* ad *a b* li
punti *c e* si trovaranno con la vista e con due segnali
come fili, canne e simili; e se fusse un monte e che
non si vedesse il *b* guardisi per le spaccature la sommita del monte facendo star lo squadro sempre retto
all' horizonte in ogni modo sara cognito il punto dove
cade la perpendicolare dalla sommita al piano dove è
lo squadro.

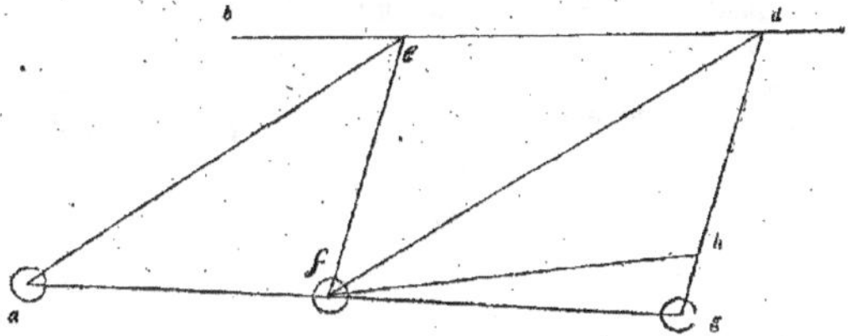

Per tirar una paralella à *b d* mettasi lo squadro
in *a* et si veda *c f* con mezzo squadro. Poi si metta
in *f* et si veda *a e* con squadro et senza moversi si
veda *d g* con mezzo squadro, finalmente messo lo
squadro in *g* si veda *f d* con lo squadro. Dico che
gl'angoli *a* e *d* sono mezzi retti e però le linee *f a* *a e*
sono eguali come anche le linee *g f*, *g d* eguali : fatta
adunque *g h* eguale all eccesso che *f g* supera *f a* che
sara il medesimo che *g d* supera *f e*, la linea da *f* in *h*
sara paralella a *b d*.

L'altezza *a b* si trovarà in questo modo, voltisi lo
squadro che li tagli siano equidistanti all' horizonte,
e si metta un taglio che sia ritto all' horizonte (che

facilmente si farà con in filo) poi si veda *c a*, *c d* per linea retta et con il mezzo squadro è manifesto che *d b*

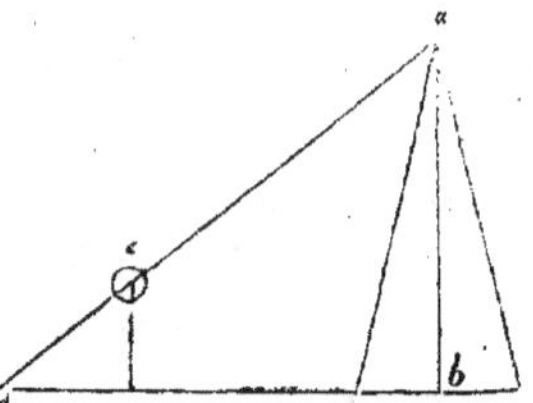

sarà equale à *b a*, perche per le cose dette si po saper quanto e *d b* adunque sarà cognita l'altezza *b a*.

Da questi si potrà con molt' altri modi misurar con lo squadro e tor piante e situar piante dentro e fuori

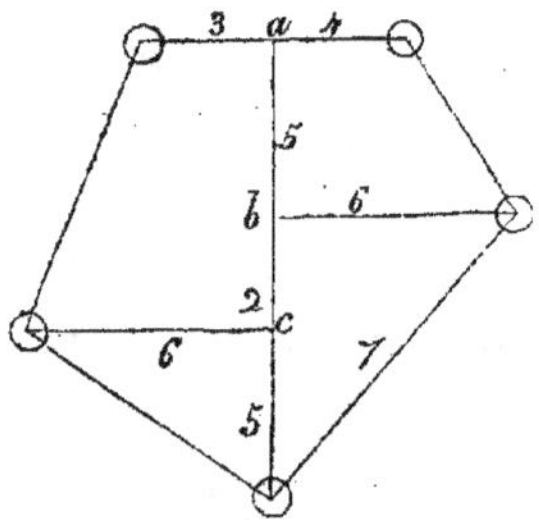

e simil altre cose, come mettendo lo squadro in *a b c* e misurando le distanze che sono ad angoli retti e questo serve per tor piante et anche volendole situar.

Oculo (1) in superficie sphæræ dato à quo recta

---

(1) Voyez la page 230 du manuscrit.

linea in centrum ducta. Sit plano per centrum ducto
erecta omnes circuli in sphæra in dicto plano circuli
apparebunt.

Hoc priùs lemma condemus.

Sit circulus cujus centrum *c* sitque *a c*, *b c e* ad rectos angulos. Ducatur utrumque *b d a*, dico rectangulum *a b d* equale esse quadrato in circulo descripto.
Jungatur *d e* primum quidem triangula *a b c d b e*
sunt similia quia anguli ad *c d* sunt recti et angulus *b*
est utrique communis. Quare *a b* ad *b c* est ut *e b* ad

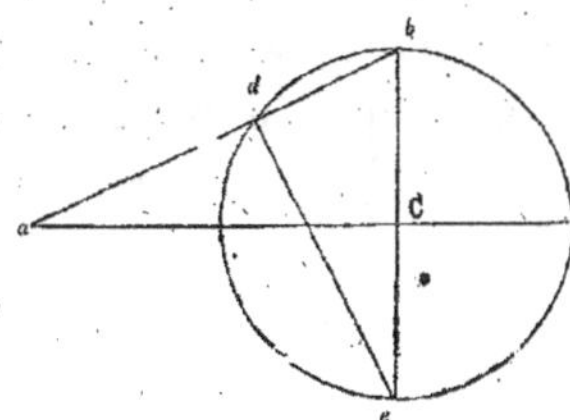

b d ergo rectangulum *a b d* equale est rectangulo
e b c. Rectangulum vero *e b c* est æquale quadrato in
circulo descripto quia rectangulum *e b c* dimidium est
quadrati circa circulum descripti quod quidem qua-
dratum quadrati in circulo descripti duplum existet.
Patet igitur rectangulum *a b d* æquale esse quadrato in
circulo descripto q. d. o.

Eodem modo in altera figura utrumque in circulo
ducta linea *b a d* rectangulum *a b d* æquale est quadrato in circulo descripto. Juncta nam *d e* triangula
a b c, *d b e* sunt similia siquidem anguli ad *c d* sunt

recti et *b* communis unde ita est *a b* ad *b c* ut *e b* ad
b d quare rectangulum *a b d* est rectangulo *e b c*, hoc

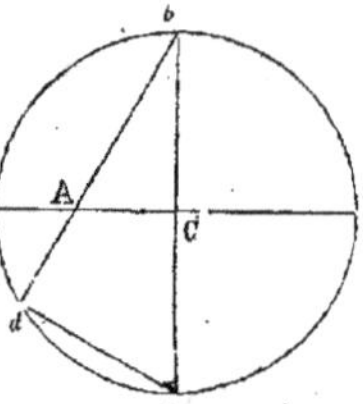

est quadrato in circulo descripto æquale q. d. o.

Hoc demonstrato sit *a* oculus à quo ducta linea in
centrum sit ipsi per *d e* plano perpendicularis sitque
per centrum. Sitque in sphæra ubicumque circulus ,
cujus diameter sit *b c* per polosque circuli et per *a*

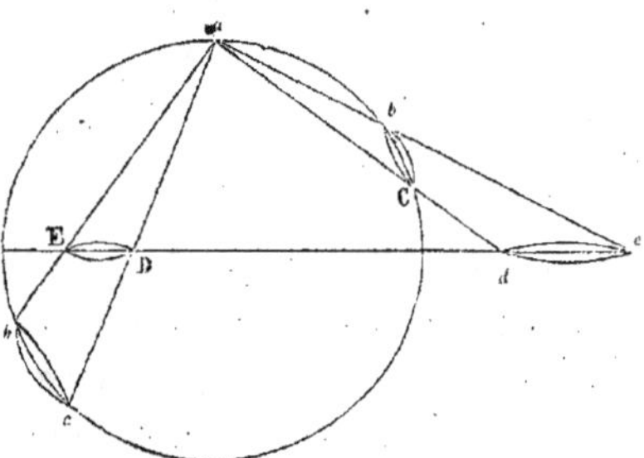

circulus describatur maximus *a b c*. Dico circulum
b c in plano ducto per *d e* cui linea ab *a* in centrum
ducta sit erecta circulumesse. Ducantur lineæ *a b c, a c d*.
Quoniam nempe rectangula *e a b, d a c* sunt inter se
equalia cum sint utraque quadrato in circulo descripto equalia erit *a e* ad *a d* ut *c a* ad *a b*, suntque

(395)

circa eundum angulum *a*, igitur triangula *a d e a b c*
sunt subcontrariè posita intelligatur igitur conus *b a c*
erit *d e* sectio subcontraria ergo circulus. Quod demonstrare oportebat.

Corollarium.

Hoc manifestum est in omnibus planis dicto plano
d e planis circulos in sphæra, ut *b c* circulos apparent.
Hoc patet ex 4ª pᵉ. Appollonij siquidem *d e* circulus
existit. Ex his talis constitui potest universalis pro-
positio. Nempè

Oculo in superficie sphæræ dato, a quo recta linea
per centrum ducta sit cuicumque plano erecta omnes
sphæræ circuli in dicto plano circuli apparebunt.

Le (1) corde tirate egualmente, quella ch'è piu leggiera fa il suono più acuto essendo lunghe egualmente;
come per esperienza si prova una corda di ottone o
acciaro, et una di leuto, alle quali se gli pò attaccar
due pesi eguali, essendo gl'intervalli eguali se quella
di leuto sara piu leggiera ancorche più grossa dell'altra,
farà il suono più acuto. La ragione è che percotendole
tutte due quella più leggiera riceve il moto più veloce
nell'andar e tornar che fa la corda, e però fa il suono
più acuto e di qui è che due corde in unisono vanno

---

(1) Voyez la page 235 du manuscrit.

bene insieme e non si percoteno fra loro, mentre sonano; che nasce perche hanno il medesimo moto
nell'andar e tornar : che se sene scorda et muove una
non sonano bene insieme, ma si percoteno, et urtano
insieme l'una ed l'altra perche il moto dell'una non è
come il moto dell'altra che, per esser un moto più
veloce dell'altro e causa che si urtano, come si sente
per esperienza con due corde di leuto vicine.

Di qui ancora si po render ragione perche causa,
se saranno due istrumenti vicini et habbino più corde
e posta una paglia sopra le corde di uno e con l'altro
si tocchi una corda si sente che quella corda dell'atro
instrumento che sara unisono ad quella che si tocca
suona ancor lei e le altre non suonano, e questo po-
trebbe nascer da questo, che l'aere della corda ch'è
sonata per la sua agitatione muove tutte le altre corde
ma perche quelle che non sono in unisono non possono
ricever il medesimo moto di quella ch'è sonata e
quella ch'è in unisono lo pò ricevere però ancor ella
suona e le altre non suonano, la paglia poi che se gli
mette sopra fa che movendosi la corda urta nella paglia spesso, e si sente el suono. Favorisce questa ragione che bisogna, che gl'instrumenti siano fra loro
vicini, che come sono lontani non segue l'effecto.

Le corde sono false quando non sono per tutto di
egual grossezza perche quando si toccano per farle sonare, le parti più sottili pigliano el moto, più veloce
che non fanno le parti più grosse e cosi non possono
far il suono eguale cioè di una sol voce, ma mista e
pero non si non possono accordar con le altre massime
con le buone.

Se (1) si tira una palla o con una balestra o con arti-
gliera, o con la mano, o con altro instrumento, sopra

la linea dell'horizonte, il medesimo viaggio fà nel callar che nel montare e la figura è quella che rivoltata
sotto la linea horizontale fa una corda che non stia
tirata, essendo l'un e l'altro composto di naturale e di
violento et è una linea in vista simile alla parabola et
hyperbole e questo si vide meglio con una catena che
con una corda perche la corda *a b c* quando *a c* sono

vicini la parte *b* non si accosta come doverebbe, pe-
rioche la corda resta in se dura. Che non fa cosi una
catena o catenina. La esperienza di questo moto si
po far pigliando una palla tinta d'inchiostro, e tiran-
dola sopra un piano di una tavola, il qual stia quasi
perpendicolare all' horizonte, che se ben la palla va
saltando, va però facento li punti, dalli quali si vede
chiaro che sicome ella ascende cosi anco descende et è
cosi ragionevole perche la violenzia ch' ella ha acquis-

---

(1) Voyez la page 236 du manuscrit.

tata nell' andar in sù , fà , che nel callar vadi medesimamente superando il moto naturale nel venir in giù

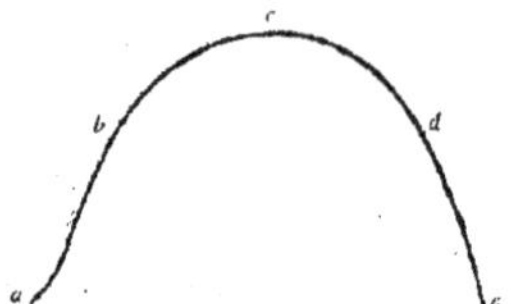

che la violentia che superò dal *b* al *c* conservandosi fa
che dal *c* al *d* sia eguale a *c b* e descendendo di mano
in mano perdendosi la violenza fa che dal *d* al *e* sia
eguale a *b a* essendo che non ci è ragione che dal *e*
verso *d e* mostri che si perda a fatto la violentia che se
ben và continuamente perdendo verso *a* nondimeno
sempre se ne resta che è causa che verso *e* il peso non
va mai per linea retta.

Una corda che sostenta un peso , tanto sostien essendo corta quanto lunga , e ben vero che nella lunga
prima per la sua gravita poi perche nella lunga ci pos-
son esser molte parti deboli, po esser che ella si stron-
chi piu facilmente e da minor peso, ma se dove ella si
stronca per la sua distrattione la corda fusse sostenuta
poco di sopra, e poco di sotto fusse stato il peso senza
dubbio ella medesimamente si sarebbe stroncata perche
si sarebbe nel medesimo modo distratta.

NOTE VIII.

(PAGES 110, 131, 138.)

Voici le catalogue des ouvrages de Porta , catalogue
que j'ai cité dans le texte.

Bartholomæus Zannettus amico Lectori.

Joannis Baptistæ Portæ Lyncæi, Neapolitani V. Cl.
ingenium Babylonicis palmis consimile semper existimavi, ex illis enim mella conficere, cibos parare,
vina colligere, contexere vestes, et sexcenta alia ad
vitam vel sustinendam vel ordonandam sibi comparare
dicuntur Assyrii. En tibi, amice lector, fœcundum
ingenium Portæ infinita, vel ornamenta, vel adiu-
menta parturijt, ac elaboravit. Ad excolendum animum philosophicas disputationes, ac mathematicas
lucubrationes ; ad recreandum reficiendumq. Villam,
Pomarium, et lepidissimas Comedias. Ad exornan-
dum Admiranda, et alia multiplicis eruditionis volumina. Uno verbo nihil est in naturæ maiestate repo-
situm, Nihil in huius universi luce versatur, quod
tibi Porta non suppeditet. Plerisque iam olim frui
contigit, multa propediem expecta, quæ nobis omni
disciplinarum genere excultus, ac dignus longiore,
fœlicioreq. ævo Comes Anastasius de Filijs Lyncæus,

et Portæ ipsi, quo cum plurima de litteris contulit
collega pernecessarius, amantissime impertivit. Optan-
dum intereà est, ut Porta diutius sibi, tibi, Reipu-
blice vivat. Ut autem uno oculorum aspectu omnes
magni viri lucubrationes agnoscas illorum Catalogum
exponere visum est.

In lucem iam editæ.

Physiognomoniæ Humanæ tum Latina, tum Italica
lingua libri sex, in quibus docetur, quomodo animi
propensiones naturalibus signis dignosci naturalibusq.
remedijs compesci possint.

Physiognomoniæ cælestis, libri sex, unde quis facile,
ex humani vultus extima inspectione poterit ex coniec-
tura futura præsagire, spretis, ac reiectis Astrologo-
rum inanibus iudicijs, Lat.

Physiognomoniæ, libri octo, in quibus nova facill-
limaq. affertur methodus, quæ plantarum animalium
metallorum rerum, deniq. omnium ex prima extima
faciei inspectione quivis abditas vires assequatur, infinitis prope modum selectioribus secretis confirman-
tibus, Lat.

Magia naturalis. Lat. et Ital. primum quatuor libris,
demum viginti absoluta, in quibus scientiarum natu-
ralium divitiæ et delitiæ demonstrantur. In primo agitur, de mirabilium rerum causis. Secundo, de varijs
animalibus gignendis. Tertio, de novis plantis producendis. Quarto, de augenda supellectili. Quinto, de
metallorum transmutatione. Sexto, de gemmarum

adulterijs. Septimo (1), de miraculis Magnetis. Octavo,
de portentosis medelis. Nono, de mulierum cosmetice.
Decimo, de extrahendis rerum essentiis. Undecimo ,
de Myropœia. Duodecimo , de incendiarijs ignibus.
Decimotertio , de raris ferri temperaturis. Quartode-
cimo, de miro conviviorum apparatu. Decimo quinto ,
de capiendis manuferis. Decimo sexto, de invisibilibus

---

(1) C'est dans ce livre que se trouve le passage que j'ai cité à la
page 126 de ce volume, et où Porta dit que la déclinaison de l'aiguille
aimantée est *pour l'Italie* de 9 degrés vers l'orient. Il est évident que
Porta a négligé ou peut-être même qu'il n'a pas su reconnaître la variation
de la déclinaison pour les différentes parties de l'Italie. Cela prouve
que les anciennes mesures de la déclinaison manquaient de précision, et
qu'il ne faut les considérer que comme des indications plus ou moins
approximatives. Malgré l'incertitude de ces anciennes mesures, en comparant entre elles les variations de la déclinaison à différentes époques,
on peut reconnaître facilement, comme Formaleoni l'avait déjà fait, que
ces variations ne sont pas uniformes. Le mouvement séculaire de l'aiguille aimantée peut alors être comparé à l'oscillation d'un pendule,
dont la vitesse est un *maximum* au point le plus bas. En appliquant ce
principe aux observations, on trouve facilement que les deux arcs, qui
à l'orient et à l'occident du méridien terrestre mesurent les écarts
maxima de la variation séculaire de la déclinaison de l'aiguille aimantée, ne sont pas égaux. Les deux dernières demi-oscillations égales se
sont effectuées à gauche et à droite d'un axe situé, chez nous, à l'occident du méridien terrestre et qui forme avec ce méridien un angle qu'on
détermine à l'aide du même principe. Je reviendrai ailleurs sur ce
point curieux d'histoire scientifique. Probablement la découverte de
l'inclinaison n'a été retardée que parce que l'aiguille, qui marchait
vers l'orient lorsque les navigateurs européens ont commencé à faire
des observations plus précises, se trouvait alors chez nous à-peu-près
dans la direction du méridien terrestre.

IV. 26

litterarum notis. Decimoseptimo, de catoptricis imaginibus. Decimooctavo, de staticis experimentis. De-
cimonono, de Pneumaticis. Vigesimo, Chaos.

De Furtivis litterarum notis vulgus de Ziferis, libri
quatuor, primum evulgati mox alio superaucti, sca-
tent innumeris occulte scribendi modis ijsq. pulche-
rimis atque utilissimis, eaq., insuper omnia exponunt
atque examinant, quæ à veteribus et nuperis ea de re
tradita sunt.

Villa Lat. Pomarium, et Olivetum olim seorsim,
demum uno volumine, libris duodecim comprehensa.
Primo, Domus. Secundo, Sylva Cædua. Tertio, Sylva
Glandaria. Quarto, Cultus et insitio. Quinto, Pomarium. Sexto, Olivetum. Septimo, Vinea. Octavo, Ar-
bustum. Nono, Hortus Coronarius. Decimo, Hortus
Olitorius. Undecimo, Seges. Duodecimo, Pratum. In
quibus maiori ex parte cum verus plantarum cultus,
certaq. insitionis ars, et prioribus sæculis non visos
producendi fructus via monstrantur, tum ad frugum
vini, ac fructuum multiplicationem experimenta prope
modum infinita exhibentur.

De Refractione optices, libri novem, Lat. Primus,
de refractione et eius accidentibus. Secundus, de Pilæ
crystallinæ Refractione. Tertius, de Oculorum partium
Anatome, et earum munijs. Quartus, de visione. Quintus, de visionis accidentibus. Sextus, Cur binis oculis
rem unam cernamus. Septimus, de his quæ intra oculum fiunt, et foris existimantur. Octavus, de Speculis.
Nonus, de coloribus ex refractione, scilicet de Iride,
Lacteo circulo, etc.

De Curvilineis, libri duo primum, cui additus tertius , Lat. In quibus altera geometriæ parte restituta agitur de Circuli Quadratura.

Interpretatio primi Almagesti cum Comm. Theonis, Lat.

De Munitione, libri tres, Lat. quibus Arcium, Castellorum, Civitatum munimina plene , ac Methodice traduntur.

Pneumaticorum , libri tres , Lat. Italicè Spiritali : cioè d'inalzar acque per forza d'aria.

De Transmutationibus æris, libri quatuor, Lat. In quo opere diligenter pertractatur de ijs , quæ vel ex aere, vel in aere oriuntur μετεωρολόγον multiplices opiniones, qua illustrantur, qua refelluntur demum variarum causæ mutationum aperiuntur.

De Distillatione , libri novem , Lat. Quibus certa methodo multipliciq. artificio penitioribus naturæ arcanis detectis, cuiuslibet mixti in propria elementa resolutio perfecte docetur. Primus primordia pandit distillationis, eiusq. causas, et instrumenta. Secundus, Odoratas elicit aquas. Tertius, Olea distillat. Quartus, è Plantis exoticis olea trahit. Quintus , Resinas distillat. Sextus ,'Oleum e lignis educit. Septimus , Validas extrahit aquas. Octavus , Rerum virtutes et spiritus extrahit. Nonus, Olea exprimit.

Ars Reminiscendi, Lat et Ital.

Nondum editæ.

Catoptrica , in qua admirabilis speculorum ars plenissime exponitur, et ipisus plurima delitescentia recluduntur arcana.

26.

Theologumena, sive de numeris, mirisq. eorum mysterijs.

Taumatologia, opus selectioribus admirandis experimentis, atque arcanis refertum.

Scientiarum omnium Synopsis.

Comedie Stampate.

La Fantesca.
L'Olympia.
La Cintia.
La Turca.
La Furiosa.
L'Astrologo.
1 due Fratelli rivali.
La Sorella.
Il Moro.
La Trappolaria.
La Carbonaria.
La Chiappinaria.
La Penelope Tragicomedia.
Il Georgio Tragedia.

Da Stamparsi.

Arte da comporre Comedie.
Plauto tradotto in lingua Italiana.

Tragedie.

Santa Dorotea.
Santa Eugenia.

Comedie.

I Fratelli simili.
La Notte.
Il Fallito.
La Strega.
L'Alchimista.
La Bufalaria.

Cinque comedie d'una favola sola con le medesime Persone, e la prima è argomento di se, et di tutte ; la seconda è protesi di se et di tutte; la quinta è la Catastrofe per se, e tutte insieme.

Due Comedie d'una medesima favola che l'una si recita in Villa e l'altra nella Città, e l'una è intermedio dell'altra, mutandosi ogn'atto faccia.

Ab amicis eiusdem Doctissimi Portæ monitus, et illud subijcio habere ipsum præ manibus, de Lynceo Telescopio opusculum. Quod præclarum hoc Perspicillum, iam pridem ante triginta annos, ab ipso inventum in prænumeratis operibus, non uno in loco pateat, indeq. ab eo plurimi uberiorem eius doctrinam efflagitaverint. Vale Romæ Kal. Septembris MDCXI.

———

Un catalogue semblable, mais moins développé, et sans aucune allusion au télescope, avait paru en 1610, à la suite des *Libri tres elementorum curvilineorum* de Porta, que j'ai cités précédemment. Après l'impression des pages du texte auxquelles cette note se rapporte, j'ai trouvé dans la bibliothèque de l'école de médecine de Montpellier un manuscrit du xvıı^e siècle , intitulé : *Opere diverse non stampate de Giovan Batista della Porta*, et qui contient une partie de la *Taumatologia;* la *Criptologia; Delle Calamite* et la *Naturalis chironomia.* Ce manuscrit, qui appartenait autrefois à la Bibliothèque Albani de Rome, porte le numéro H. 169. Les divers traités qu'il renferme sont suivis d'une lettre écrite en 1635, par Giovan Batista Longo , sur les frères Porta et particulièrement sur *G. Vincenzio,* dont Longo fait les plus grands éloges. Je regrette de n'avoir pas les moyens de donner ici quelques parties des ouvrages inédits de Porta , que contient ce manuscrit dont j'attends une copie, et où Porta réclame encore l'invention du télescope. Je ne terminerai pas cette note sans remercier publiquement M. Kuhnholtz, savant bibliothécaire de l'Ecole de Médecine de Montpellier , de l'extrême obligeance avec laquelle il a bien voulu faciliter mes recherches dans le riche dépôt qui lui est confié.

(407)

NOTE IX.

Nous allons donner ici une lettre où Scioppius parle
longuement de Giordano Bruno, et où il rend compte
de son supplice. Cette lettre a été publiée par Struve
dans ses *Acta litteraria* (Fascic. V, p. 64). Nous pen -
sons faire plaisir aux lecteurs en reproduisant une
pièce aussi rare que curieuse.

CASPARIS SCIOPPII EPISTOLA AD CONRADUM RITTER-SHUSIUM.

Epistolam hanc benevole mecum communicavit
V. C. Gottlob Krantzius, Professor apud Vratisla-
vienses celeberrimus. Certe lectu est dignissima,
cum non solum genium Rittershusii satis clare dete-
gat, sed etiam quid cum Jordano Bruno actum, clare
exponat. Hanc igitur hic iudicavimus inserendam.

CONRADO RITTERSHUSIO SUO G. SCHOPPIUS FR. S.

Quas ad nuperam tuam expostulariam Epistolam
rescripsi, non iam dubito quin tibi sint redditæ, quibus me tibi de vulgato responso meo satis purgatum
confido. Ut vero nunc etiam scriberem, hodierna
ipsa dies me instigat, qua Jordanus Brunus propter

hæresin vivus vidensque publice in Campo Floræ ante
Theatrum Pompeii est combustus. Existimo enim et
hoc ad extremam impressæ epistolæ meæ partem, quæ
de hæreticorum pœna egi, partinere. Si enim nunc
Romæ esses, ex plerisque omnibus Italis audires,
Lutheranum esse combustum, et ita non mediocriter
in opinione tua de sævitia nostra confirmaberis. At
semel scire debes, mi Ritterhusi, Italos nostros inter
hæreticos alba linea non signare, neque discernere
novisse, seu quicquid est hæreticum, illud Lutheranum esse putant, in qua simplicitate ut Deus illos
conservet, precor, ne sciant unquam, quid hæresis
alia ab aliis discrepet. Vereor enim ne alioquin ista
discernendi scientia nimis caro ipsis constet. Ut autem
veritatem ipsam ex me accipias, narro tibi, idque ita
esse, fidem do testem : nullum prorsus Lutheranum
aut Calvinianum, nisi relapsum vel publice scandalo-
sum, ullo modo Romæ periclitari, nedum ut morte
puniatur. Hæc sanctissimi Domini nostri mens est, ut
omnibus Lutheranis Romam pateat liber commeatus,
utque a Cardinalibus et Prælatis Curiæ nostræ omnis
generis benevolentiam et humanitatem experiantur.
Atque utinam hic esses, Rittershusi, scio fore, ut
rumores vulgatos mendacii damnes. Fuit superiore
mense Saxo quidam nobilis hic apud nos, qui annum
ipsum domi Bezæ vixerat. Is multis Catholicis inno-
tuit, ipsi etiam Confessario Pontificis Cardinali Ba-
ronio, qui eum humanissime excepit, et de religione
nihil prorsus cum eo egit, nisi quod obiter eum ad-
hortatus est ad veritatem investigandam. De periculo
iussit eum fide sua esse securissimum, dum ne quod

publice scandalum præberet. Ac mansisset ille nobiscum diutius, nisi sparso rumore de Anglis quibusdam
in Palatium Inquisitionis deductis, perterritus sibi
metuisset. At Angli illi non erant, quod vulgo ab
Italis dicuntur, Lutherani, sed Puritani et de sacri-
lega venerabilis sacramenti percussione Anglis usitata
suspecti. Similiter forsan et ipse rumori vulgari cre-
derem, Brunum istum fuisse ob Lutheranismum
combustum, nisi seu Inquisitionis officio interfuissem,
dum sententia contra eum est lata, et sic scirem, quam-
nam ille hæresin professus fuerit. Fuit enim Brunus
ille Patria Nolanus ex regno Neapolitano, professione
Dominicanus qui, cum iam annis abhinc octodecim
de Transsubstantiatione (rationi nimirum, ut Chrysostomus tuus docet, repugnante) dubitare, imo eam
prorsus negare, et statim virginitatem B. Mariæ (quam
idem Chrysostomus omnibus Cherubin et Seraphin
puriorem ait) in dubium vocare cæpisset, Genevam
abiit, et isthic biennium commoratus, tandemque
quod ad Calvinisnum, quo tamen nihil recta magis ad
Atheismum ducit, per omnia non probaret, inde
eiectus Lugdunum, inde Tholosam, hinc Parisios
devenit, ibique extraordinarium Professorem egit,
cum videret ordinarios cogi Missæ sacro interesse.
Postea Londinum profectus, libellum isthic edit de
Bestia triumphante, h. e. de Papa, quem vestri hono-
ris caussa bestiam appellare solent. Inde Wittebergam
abiit, ibique publice professus est biennium, nisi fallor.
Hinc Pragam delatus librum edit, de immenso et infinito, itemque de innumerabilibus (si titulorum sat
recte memini, nam libros ipsos Pragæ habui), et rur-

sus alium de umbris et Idæis, in quibus horrenda
prorsusque absurdissima docet, ut qui mundos esse
innumerabiles, animam de corpore in corpus, imo
et alium in mundum migrare, unam animam bina
corpora informare posse, magiam esse rem bonam et
licitam Spiritum Sanctum non esse aliud nisi animam
mundi, et hoc voluisse Moysen, dum scribit, eum
fovisse aquas, mundum esse ab æterno. Moysen mira-
cula sua per magiam operatum esse, in qua plus pro-
fecerat, quam reliqui Ægyptii; eum leges suas con-
finxisse, sacras litteras esse somnium. Diabolos salva-
tum iri. Solos Ebræos ab Adamo et Eva originem
ducere, reliquos ab iis duobus, quos Deus pridie
fecerat, Christum non esse Deum, sed fuisse magum
insignem et hominibus illusisse ac propterea merito
suspensum (italice impiccato) non crucifixum esse.
Prophetas et Apostolos fuisse homines nequam, ma-
gos et plerosque suspensos, denique infinitum foret
omnia, eius portenta recensere, quæ ipse in libris et
viva voce asseruit. Uno verbo ut dicam, quicquid
unquam ab Ethnicorum Philosophis vel a nostris an-
tiquis et recentioribus hæreticis est assertum, id omne
ipse propugnavit. Praga Brunsvigam et Helmstadium
provenit, et ibi aliquandiu professus dicitur. Inde
Francofurtum librum editurus abiit, tandemque Venetiis in inquisitionis manus pervenit, ubi diu satis
cum fuisset, Romam missus est, et sæpius a S. Officio,
quod vocant, Inquisitionis examinatus, et a summis
Theologis convictus modo quadraginta dies obtinuit,
quibus deliberaret, modo promisit Palinodiam, modo
denuo suas nugas defendit, modo alios quadraginta

dies impetravit: sed tandem nihil egit aliud, nisi ut
Pontificem et inquisitionem deluderet. Fere igitur
biennio post, quam hic in Inquisitionem devenit,
nupera die nona Februarii in Supremi Inquisitoris
Palatio praesentibus illustrissimis Cardinalibus S. officii
Inquisitionis (qui et senio et rerum usu et Theologiae
Jurisque scientia reliquis praestant), et consultoribus
Theologis, et seculari Magistratu, Urbis Gubernatore:
fuit Brunus ille in locum Inquisitionis introductus ibique genibus flexis sententiam contra se pronunciari au-
diit. Ea autem fuit huius modi: Narrata fuit eius vita,
studia et dogmata, et qualem inquisitio diligentiam
in convertendo illo et fraterne monendo adhibuerit,
qualemque ille pertinaciam et impietatem ostenderit:
inde eum degradarunt, ut dicimus, prorsusque ex-
communicarunt, et seculari Magistratui eum tradiderunt puniendum rogantes, ut quam clementissime et
sine sanguinis effusione puniretur. Haec cum ita essent
peracta, nihil ille respondit aliud, nisi minabundus:
Maiori forsan tum timore sententiam in me fertis,
quam ego accipiam. Sic a lictoribus Gubernatoris in
carcerem deductus, ibique assiduo asservatus fuit, si
vel nunc errores suos revocare vellet, sed frustra.
Hodie igitur ad rogum sive piram deductus, cum Sal-
vatoris crucifixi imago ei iam morituro ostenderetur,
torvo eam vultu aspernatus rejecit, sicque ustulatus
misere periit, renunciaturus credo in reliquis illis,
quos finxit, mundis quonam pacto homines blasphemi
et impii a Romanis tractari soleant. Hic itaque, mi
Rittershusi, modus est, quo contra homines, imo
monstra huiusmodi a nobis procedi solet. Scire nunc

ex te studeam, is ne modus tibi probetur : an vero velis licere unicuique quidvis et credere et profiteri ? Equidem existimo, re non posse eum non probare. Sed illud forte addendum putabis : Lutheranos talia non docere neque credere, ac proinde aliter tractandos esse. Assentimur ergo tibi, et nullum prorsus Lutheranum comburimus. Sed de ipso Propheta vestro Luthero aliam forte rationem innuemus. Quod enim dicis, Rittershusi, si asseram et probare tibi possim, Lutherum non eadem quidem, quæ Brunus, sed vel absurdiora magisque horrenda, non dico in convivalibus, sed in iis, quos vivus edidit libris, tanquam sententias, dogmata et oracula docuisse ? quid tu hoc non credis ? Mone quæso, si nondum satis novisti eum, qui veritatem tot seculis sepultam vobis eruit, et faciam ipsa tibi loca indicentur, in quibus succum quinti istius Evangelii deprehendas, quamvis isthic Anatomiam Lutheri a Pistorio habere possitis. Nunc si Lutherus Brunus est, quid eo fieri debere censes ? nimirum tardipedi Deo dandum, infelicibus ustulandum lignis. Quid illis postea, qui eum pro Evangelista, Propheta, tertio Elia habent ? hoc tibi cogitandum potius relinquo : tantum ut hoc mihi credas, Romanos non ea severitate erga Hæreticos experiri, qua creduntur, et qua debebant forte erga illos, qui scientes volentes pereunt. Sed de his satis. Quæ nuper a te petii, rogo pro veteri nostra amicitia cüres diligenter : qui si tuo nomine similiter quid facere potero, faciam neque fidem neque industriam in me desiderare queas. Sulpitii vitam cum acceperis, quæro quando editionem sis auspicaturus, et hoc te

amice moneo, apud doctos potius, quam apud juve-
nes et vulgariter eruditos laudem ex ea quærere cogi-
tes. Satis iam datum auræ isti. Nunc solis maiorum
gentium litteratis placendum, quod fiet, si non omnia, quæ in scholiis dici possunt, attuleris, sed ea,
quæ velles ab alio magno viro tibi proposita esse.
Hæc, nisi amicus, non scriberem, quæ si amicus es
in bonam partem accipies; mihi hic non seritur,
nec metitur. Utinam eadem libertate in me usus
esses olim, antequam libros ederem. Deinde ne appareat affectatio aliqua multæ Lectoinis vel scien-
tiæ, ut quidem cum in Gunthero annotos Chaos ab
hebræo dici : quod postea putant alii de industria esse positum, ne hebræarum litterarum ru-
disvidearis. Tertio, ne quicquam contra Catholi-
cos, maxime de industria arrepta occasione, afferas,
non quod putem esse, cur Catholici sibi a te metuant,
(erunt enim illi cum tu non eris,) sed quod nolim
libris et nomini tuo aditum Italiæ et Hispaniæ et
forte brevi Galliæ ipsi intercludas. Si enim Concilium
Tridentinum, velut nuper se laboraturum Pontifici
Rex christianissimus promisit, in Gallia recipiatur;
actum erit de libris vestris. Et quando tandem, mi
Rittershusi, serio sapere incipis, ut quanto cum
animæ corporisque periculo inter Novatores vivas,
intelligas? Cede sodes, mi carissime, cede inquam
tantis doctoribus, et puta eos melius Biblia intellexisse.
Casaubonus noster, ut video, bonum tibi exemplum
præire incipit, qui nuper modestissimam in hoc genere Epistolam ad Card. Baronium perscripsit. Deus
illum magis illustret, teque illi secutorem faciat.

De studiis tuis quid nunc præ manibus habeat vel
confectum, vel adfectum, scire velim : item num
Pandectas prælegere cœperis, postquam a vobis discessit vapulator tuus Wesembecius ? Ego sub finem
superioris et anni et seculi Commentarium de indul-
gentiis absolveram, qui in Germania imprimeretur.
Nunc spicilegium Apuleianarum Lectionum absolvi.
Mox editioni epistolæ cuiusdam Dionysii Alexandrini
accingar. Inde novam Agellii editionem cogito, invito
quamvis Fiannio, qui adeo in aula felix esse incipit,
ut illis quoque sordeat, qui iisdem dediti litteris hu-
manioribus, quid credis propediem futurum? Francisci
Schotti Itinerarium Italicum vidistine? Si non vi-
disti, autor sim isthic ut emas. Mittam ego prima
occasione Romæ antiquæ et novæ delineationes magno
tibi usui futuras in scriptoribus interpretandis. Wac-
kerius noster ait, se humanissime et prolixissime ad
te scripsisse, sed a te ne γρὺ quidem Lucillii accipere
adhuc potuisse. Unde, inquit, plane suspicor ipsum
nobiscum stomachari, et cum hominibus idolatris rem
amplius habere nolle : quod nobis ferendum est.
Ego, mi Rittershusi, non video, quid tibi amicitia
tanti viri nocere possit. Noli quæso ab humanitate,
quam profitemur, tam alienus esse, ut illud accusari
in te forte queat, quod innuere, quam dicere nimio
malo. Sed fortassis litteræ eius tibi non sunt redditæ :
id quod ego suspicari malo, et hoc etiam modo ipsi
te nunc purgo. Tu si me audis, nullam tibi hebdo-
madam elabi sines, qua nihil ad ipsum scribas, præsertim de litteris nostris. Mihi crede, vir est ille tui
cupidissimus, quique te, quamvis non Catholicum

juvare et velit et possit. Lipsius noster, sed secundus,
ubi gentium est? quid eius Sallustius? quid liber de
comitibus,ubi hærent? Guldinastus quorsum pervenit,
quorsum Kuchelius, Hubnerus, Ignatius? quæso mecum communices. Si quid de illis certi habes. Uxo-
rem tuam liberosque : D. Queccium, Scherbiumque
saluere iubeo. Roma, ut soleo, raptim a. d. 17. Febr.
Anno 1600.

      Tuus ex animo et nunc et
      olim.

        G. Schoppius, Fr.

Antonius Faber elegans ille, ut Giphanius aiebat,
Jurisc. nunc Romæ vivit cum Familia in negociis
Ducis Lotharingiæ, vir optimus et humanissimus, et
in vera solidaque jurisprudentia tradenda plusquam
Giphanius. Valde vellem ad eum scriberes, spondeo
tibi amicitiam viri minime pænitendam.

NOTE X.

(PAGES 144 et 145.)

Comme les ouvrages de Giordano Bruno sont en
général très rares, j'ai cru qu'il serait utile de donner
ici un extrait des opinions de ce célèbre philosophe
sur le système du monde, qui ont été indiquées dans
le texte. Ces extraits sont tirés du traité *de Monade
numero et figura*, écrit en latin, et qui par conséquent n'a pas été réimprimé dans l'édition donnée
par M. Wagner, qui ne contient jusqu'à présent que
les écrits italiens.

De (1) *ascensu in cœlum et vera mundi contemplatione,
et primo Telluris species ab orbe Lunæ prospicitur.*

        Eia age conscendas statuam te in corpere Lunæ
        Aptato sensus , aptem rationis ut alas
        Pergito, Perge, ducem certum securus adusque
        Persequitor, te non ceratis Dedala plumis
     ·Ulla manus tollit, vel stulti techna Menippi ;
        Unde vel Icarium formides optime casum,
        Insulsas Lucij vel sannas sammosateni :
        Sed veri species , naturæque inclitus ordo

------

(1) *Brunus* (*Jordanus*) *de monade numero et figura*, Francofurti,
1591, in–8, p. 360.

Est tibi dux ægro, incolumen qui deinde reducet
Hinc tibi (si mens est, si sensus interioris
Lumine non prorsus cassum, neque tam miseranda
Conditione satum te nobis fata dedere)
Hinc tibi ab opposita ostendam regione micantem
Telluris vultum radiantis lumine solis
Diffuso Oceani in faciem. Viden ut modo vasta
Machina in exiguam molem contracta videtur?
Dic ubi sylvarum species? ubi flumina, montes,
Stagna, lacus, urbes, brumæ discrimen, et æstus?
Ut tantum species candentis mansit, et atri?
Ut maculat clarum Oceanum nigra insula passim?
Quæ recti nusquam aut curni geometrica amussis
Atqui ex iis quid confusum discriminat ambo.
Jam tibi non Tellus sed verè luna videtur.
Respice iamque ubi sis. Numquid tibi Cynthia parva est
Olim quanta fuit? Specta quantum amplus horizon
Perpetuo cædens ad fines adpropianti?
Jamque ubi nocturnæ species ea lampadis? Ecce
Ordine persimili sylvæ, mare, flumina montes,
Quæ ne sint frustra, species cerne inde coortas
Nempe homines, angues, pecudes, volitantia, pisces.
Jam tibi non Luna est sed Tellus vera videtur.
Non operæ precium est nunc ista in sede cupire
Gentis colloquium, obscurisque intendere verbis.
Nam neque plus tandem te docta relata docerent
Quam tu per temet certus comprendere possis.
Splendens nostra maris species cum corpore opaco
Tempore præsenti quam prospiciantur ab hisce
Oris, credentur per plurima secla fuisse
Obvia forte secus? Numquid Cerealia regna
Neptuni imperiumque datas confundere sorteis
Contemerando suos fines magis ista videbit
Gens, quam monstrarit longa experientia nobis?
Quam modica est illic multo variatio seclo,
Incola ne proprius vix ullam existimet esse?
Nempe velut pontus de littore cessit Ibero

IV.   27

Quantum usurpavit terrai ad littora Calpes
Agrè etenim mentem tam longa memoria format,
Diminuit que fidem multos digesta per annos
Fama vagi Alcidis, posuit qui signa tryumphi
Per quæ nosse licet sero quamtumlibet ævo
Tethios ut Cereris prata obruit, hæcque vicissim
Pascere Pana iubet tumidi per tergora montis,
Qui quondam scopuli in specie surgebat ab antris
Ceruleum excipiens agitantem Prothea phocas
Exigua est nimium in tanto variatio fluxu
Temporis in nostræ vultu Telluris adacta.
Mirum quam longè momento distet ab illo
Sensibilis quo sit modicum de sedibus istis.
Respice quam exiguo côllata Britannia puncto est,
Italia in tenuem atque brevem angustata capillum.
Littora Tyrrheni Libyæ prope littora tangunt,
Quamque Hadriæ portus parvo discrimine linquunt
Dic ubi Trinacria est latis quæ absconditur oris?
O Nimium longo disiungimur intervallo
Unde maris genini valeas comprendere nexum;
Scilicet Ionias undas ubi dira Charybdis
Attrahit, Hespheriæ vastamque recondit in aluum
Inque vices revomit fluctus Scylla, atque resorbet.
I nunc crede homines istos ætatibus actis
Permultis potuisse aliquid Telluris in orbe
Mutatum vidisse magis, quam Cynthiæ in ore
De nostro licuit mundo. Quare abijce curam
Captandi ut generis fiat variatio nostri,
Ut modo tranquillo recreata sub acre gestit
Telluris vario species ornata colore;
Post hæc contingat tristis sub imagine campi
Nubibus obducto et brumali intendere cælo.
Utque magis sapias ac verum certius alto
Concipias animo, maiores tento recessus
Nosque imus Lunæ excepto transmittat horizon
Ut Cypiræ multo quæ nunc maiora videntur
Accedat nobis quoque candida templa subire.

Carpeviam advolita magni per limina solis,
Pandat iter natura parens, quia circulus unus
Lampade Phœbea in cyclo mediante relicta
Quæ gyro breviore suum circumflua centrum
Ut se pro motu convertit terra diurno :
Quin etiam quo æquè se circumstantibus undis
Præsentem reddat vario discrimine postis,
Exterpum centrum ad stationes circuit anni
Hinc ver, hinc æstas, autummus, brumaque fiunt.
Interdum nobis proprior fit mole minorque
Lampus Phœbea et velox et tardior hinc fit :
Hinc illam Tellus sublimi vertice in ambos
Inclinare polos spectat, tropiscosque notantem ,
Sic reliquos intra Nimphas discurrere soles
Est operæ precium : pariter quia circuit omnis
Mundus nempe iisdem quia consistunt elementis.
Quilibet in motus speciemque inclinat eandem
Propterea et stellis varia est distantia fixis,
Quæ non comperta est vulgo non esse putanti.

Heic de astrorum natura illud itidem colligere licet,
quod omnia ex iisdem constant elementis si quidem
eadem constant figura eandem non respuant motus
speciem magnitudinem, locum, sitium : quia vero in
externa saltem speciem in quibusdam lux præcellit
atque calor in quibusdem vero unda, vel ut melius
dicam in quibusdam uno, in quibusdam verò alio
lucem concipit modo quædam per se tenebrosa seu
opaca quædam vero per se lucida perhibentur astra,
quædam ignis quædam lymphæ quædam fœminæ
numinis nomenclaturam usurparunt apud antiquos,
ut Phœbe hinc inde Phœbus hinc Lucina inde Titan,
hinc circa unum medium plures nymphæ, seu Musæ,
inde unus intra plures nymphas Apollo : Hinc Cere-

res plures; inde Baccus unus, hinc veluti matres,
inde Pater. Hoc innuit Poeta :

. . . . Vos ò clarissima mundi
Lumina Labentem Cælo quæ ducitis annum
Bacchus ex alma Ceres vestro si muneri Tellus
Chaoniam pingui glandem mutavit arista.

Illic iuxta physicæ veriorisque philosophiæprinci -
pia, eodem nomine Lunam appellat quo et Tellus
appellari solet frequentius enim Cererem, Tellurem
dicimus. Quin et Trivia à triplici loco atque nomine
dicta in occulto profundi regno Proserpina; in nobis
conspicuo Diana in eminus quasi excelsiore Lucina,
quibus meliori (quam vulgus hodie pati possit) luce,
una eademque substantiæ astrique; species illa signi-
ficatur atque ista. Ex ijs soles medium obinere declaravimus, ut una lampas et ignis pluribus illuminandis
atque calefaciendis satis est.

Propinquiores soles quorum quoque terras à terris
istius synodi minus distare necesse est, sunt astra
fixa maiora quæ primæ dicuntur et accipiuntur magnitudinis quales sunt ad plagam septentrionalem
tres Arcturus inter Bootis crura, Lyra, et fulgens
in Aurigae humero sinistro. Ad plagam cinguli fir-
mamenti quinque Oculus Tauri Basiliscus, extremum Caudae Leonis, Spica et qui in ore Piscis Aus-
tralis. Ad Australem partem septem unus in humero
Orionis, alius in sinistro illius Pede, extremum Flu-
minis, quintus Canis, sextus Canicula quæ in Argi
temone, septimus in pede Centauri, dextro. Circa
soles hosceque crediderim quod si quis studiose

certis temporibus adtendat poterit aliquos non scin-
tillautium ad propè minimam non notatam magnitudinem, nunc conspicuos nunc vero latentes nec non
parvorum circulorum intra suas Tellures indicia in
solibus experiri.

Evenit autem cum tantam astrorum multitudinem
perspectabilem habeamus eorum tamen pauca quædam quæ proximiora sunt apertè moveri cognoscamus,
non quia alia possit in illis solibus esse ratio atque
istis, sed quia non ita ut illi conspicuæ illorum possunt
esse tellures : et quia lux in speculo non tam longe
sui sensibilitatem servat quam lux in lampde : et quia
corpora minora et natura sua opaca citius visibilitatis
diametrum amittunt. Hoc quotidiana ingeque experientia sensus docet, qui quæ propinquius gyrantia et
in directum deambulantia moveri novit eminus eodem
ordine mota atque mensura fixa manere iudicabit.
Hinc patet quod si essemus in uno de astris illis
primæ magnitudinis sol iste pariter primæ magnitudinis astrum videretur; si in ijs tandem quæ minima
scintillare videntur mole, non maior sol iste videretur, ulteriusque elongatos lateret omnino. Quantumvis ergo proximæ apparent et quasi hærentes illæ stellæ,
non tamen eas minus ab invicem distare intelligere
debemus quam (ut dutum est) à nostro sole alter sol
ut Basiliscus. Sic locus circumstantibus et spacium
suppetens planetis tribuatur et consistentia diversorum corporum eodem quo heic ordine salvetur.

Non sunt vanæ noctilucæ, vacuæque lampades et
flammulæ, sed ingentia mundorum corpora et quibus
innumerabilia hoc nostro quem incolimus Telluris

mundo longe maiora sunt : iam quid putabimus de
magnitudine spacij quod totum implet intervallum?
an non hoc tantum quod visus nostri terminat usque
ad minimorum siderum sensum, quæ nihilominus
magna esse possunt quam iste sol (quem toties Telluris molem superare volunt) excessu quasi immenso
tellurem atque synodum istam huius solis cum suis
planetis superabunt? Ibi ne (hominum sub philosophi titulo stultissimo) terminum rerum constitues?
ubi inquam soles illos mundosque maximos nihil
habere à tergo voles, atque tanta ex parte quanta ad
nostrum hoc seclum, non est conversæ? quasi tellus
hæc, centrum hoc (quod ad magnitudinem continen-
tis comparatum punctum esse oblitus est) magnitudinem et lucem et calorem et esse rebus iuxta nostri
sensus mensuram tribuat : et quasi perpetuo circa
similia astra non pateat simile cum simili eademque
potentia spacium.

Sed ut a principio propositum resumamus illud in
mentem revocari volo ut non solum eiusdem speciei
planetas cum planetis intelligamus, sed et eiusdem
propter communem materiam atque omnino substan-
tiam generis soles atque tellures. Ubi quippe lux illa
est, ibi ignis est, ubi vero ignis ibidem aqua quid enim
est ignis præterquam aqua lumine affecta, seu luminis
virtute formata? Apud nos nusquam inconsistere sine
qua videtur ignis, et validiores flammas humiditate
simplicis aquæ aliud, alitur Vulcanus et Aethna vici-
nitate maris, ignes etiam veluti mortui aqua (ut in calce
viva constat) excitantur. Quid autem tibi bituminis
pixis, salnitri, sulphuris, tartari, oleique species esse

videntur, quam aquæ, sine quibus vel eorum propor-
tionalibus nusquam invenietur ignis ullus?

Hinc (1) Telluris species ab orbe seu astro Veneris,
haud aliter quam Venus à nostro orbe declaratur.

Per gyri centrum quod sol terit ad duodena
Signa means fingas tibi productum diametrum
In cuius hinc inde polo Terra exstet et Hermes,
Atque ut Tellurem circa Lucina recursat,
Sic Venus opposito circumque vagatur ab astro
Non minus à sole est distans Cyllenius ergo
Hac de parte, alia quam Tellus dissita facta est.
Atque ita Telluris corpus sub lumine solis
Inde latet, veluti substat Cyllenius illi
Namque meant parili Phœbi circa atria cursu
Eiusdem et prorsus servant vestigia callis.
Alter in alterius prospectum forte veniret
Non umquam nisi sol cyclum peragendo minorem
Nunc Arcto proprior fieret, nunc proximus Austro.
Ergo velut circa Tellurem Luna vagatur
Dum tamen interea tanquam unum corpus in orbem
Torquentur sphæra in medio solare relicta.
Sic etiam statuunt Venus ac Cyllenius unum.
Dumque uno veluti curru vertante moventur,
Blandaque Mercurij circumterit atria Diva.
Ergo iuvat Veneris cursu contendere in ortus
Unde oritur volucris Phœbi rutilantior axis,
Quando quidem è tenebris lux fulgens, inque tenebris
Imperat ac verè præcellens inde triumphat,
Lux lucem obfundit, luci lux invidet. Ergo

----

(1) *Brunus (Jorddanus), de monade numere et figura,* p. 366.

Diluculi ad sedes iuvet has venisse rubentis,
Auroræque fores, qui mox subitura fugacem
Depellet noctem stellarum luce superbam
Illaque in occasum aurati gregis agmine cogit.
Hinc natale solum tua per vestigia specta
Libera quo visus se immittit linea planè
Miraris quærens Tellurem? ipsamque videre
Cum videas nescis? partes versusque in easdem
Hæres? Atque tuis oculis non credere dignum
Credis eos tergens, quasi lippum fallat imago
Inde aliò versus, petis illam quo tibi præsens
Notam subijciat faciem, verum ad tua tandem
Non ignota redis vestigia terque quaterque
Illa illa est toto quæ nunc tibi candet ab orbe :
Abstersit maculas, furvoque exuta colore est,
Fimbria lata obijt : modo corporis illa minoris
Contraxit speciem toto splendentis ab orbe.
Hesperus est istis illa, illa est Bosphorus istis.

Ostensus est ordo antichtoni orbis Mercurio Vene-
riquè communis : ad orbem hunc Lunæque communem circa solem. Visumque est qualis Telluris expli-
cetur facies illi qui orbem Lunarem teneat : proinde
et perspicuum esse potest ex ordine atque analogia qua
ulteriorem sortita distantiam corpora, quorum facies
opacis lucidisque partibus est composita, ut necessarium sit ea tandem toto (sed imminuto) corpore
lucida apparere.

(425)

De (1) lumine Nicolai Copernici.

Heic ego te appello veneranda prædite mente
Ingenium cuius obscuri infamia secli
Non tetigit et vox non est suppressa strepenti
Murmure stultorum, generose Copernice, cuius
Pulsarunt nostra teneros monumenta per annos
Mentem, cum sensu ac ratione aliena putarem
Quæ manibus nunc attrecto, teneoque reperta;
Posteaquam in dubium sensim vaga opinio vulgi
Lapsa est et rigido reputata examine digna,
Quantumvis stagyrita meum nocteisque diesque
Græcorumque cohors, Italumque Arabumque sophorum
Vincirent animum, concorsque familia tanta
Inde ubi Judicium ingenio instigante, aperiri
Cœperunt veri fontes, pulcherrimaque illa
Emicuit rerum species (nam ne deus altus
Vertentis secli melioris non mediocrem
Destinat (haud veluti media de plebe) ministrum
Atque ubi sanxerunt rationum millia veri
Conceptam speciem, facilis natura reperta,
Tum demum licuit quoque posse favore Mathesis
Ingenio partisque tuo rationibus uti
Ut tibi Timei sensum placuisse libenter
Accessi Aegesiæ, Nicætæ, Pythagoræque
Jam tibi non Tellus tantum media esse negatur,
Quod reliqui potuere satis multo ante videre;
Verum etiam annali gyro circum atria solis
(Citima ceu reliqua hæc septem concentrica) ferri,
Dum raptim circa proprium quoque concita centrum
Mundani specie motus fallitque diurni,
Tantorum unde subit vultus circumque rotantum
Deliræ soboles quæ sunt comperta Mathesis.

---

(1) *Brunus (Jordanus), de monade numero et figura,* p. 327.

Mirum ò Copernice ut è tanta nostri seculi cæcitate quando omnis philosophiæ lux cum ea quæ aliarum quoque rerum inde consequentium est extincta jacet, emergere potueris; ut ex quæ suppressiore voce proxime præcedente ætate in libro de 'docta ignorantia Nicolaus Cusanus enunciarat, aliquanto proferres audacius, eo nempe clypeo confisus quod si opinio vera per se ut susciperetur non esset efficax; saltem pro maiori quam in suputationibus astronomicis adfert commoditate sub specie suppositionis admitteretur. Heic quibus te verbis divinus ille tuus genius incitarit ego referam. Hominis philosophi cogitationes à vulgi indicio sunt remotæ propterea quod illius studium sit en rebus omnibus inquirere veritatem per se; cui istud mercenarium et ignobile etiam sub philosophiæ titulo recepta mendacia anteponit; Quamvis ergo scias te tribuente terræ globo quosdam motus statim cum tali opinione explodendum; alienas tamen prorsus à restitudine opiniones fugiendas censeto : neque adeo cures quid de te stulti mortalium existiment : sed qualis coram diis in æternitatis libro describaris. Et quanto paucioribus notus comperere, tanto ad deum similitudinem propius accedes qui in omnium aspectum et cultum venire etiam dedignantur, quorum optimus maximus nemini præter quam sibi soli pro dignitate notus est. At tu. Difficile (inquiebas) est unum persequi bonum, vel unum fugere malum, absque eo quod alterum quoddam frequentissime non incurratur. Antiqui illi caventes ne res pulcherrimæ multoque clarissimorum philosophorum studio investigatæ ab illis contemneretur, quos aut piget ullis literis bonam operam impendere nisi quæstuosis aut si aliorum exemplo ad liberale studium philosophiæ excitentur tamen propter stupiditatem ingenii inter paucos philosophos tanquam multi fuci (sub eodem et gloriosiore titulo) inter apes versantur : accidit ut duo alia inconvenientia incurreruntur, Alterum quorum est quod plurimi ex invidentia quadem eos id fecisse arbitrantur, Alterum quod veritas illa quæ tunc paucis se ipsam insinuabat ; postmodum ab universorum oculis se subtraxerit, ut quasi in profundissimum detrusa latesceret. Verum tamen quidquid sit de iis, contemptus qui mihi propter novitatem et absurditatem opinionis metuendus erat propemodum me impulit in institutum opus prorsus intermitterem : verum amici me diu cunctantem, atque etiam reluctantem retraxérunt; hortantes ut meam operam ad communem utilitatem conferre non recusarem divitus. Fore enim ut quanto absurdior plerisque hæc mea doctrina de terræ motu videretur tanto plus admirationis atque gratiæ habitura esset postquam liquidissimis demonstrationibus caliginem absurditatis ablatam viderent. Illud animadverti quod adversarii alias de rebus istis rationes habentes, et constantissimam terram supponentes cum regularissima cœlorum circa ipsam revolutione non satis sibi constare possunt, ubi usque adeò de motu Solis, et Lunæ quæ præcipua mundi luminaria sunt videntur incerti, ut nec vertentis anni perpetuam magnitudinem demonstrare et observare possint immo neque naturalis diei, cui licet ad sensusi nostri imbecillitatem satisfacere videantur nil tamen habent quod longarum observationum respondeat dif-

ferentiis. Secundò quia non est illis ratio cur propter
varium indagandi modum mihi improperent ubi in
constituendis motibus tum solis et Lunæ ut dictum
est, tum aliarum quinque errantium stellarum neque
iisdem principis et assumptionibus ac apparentium
revolutionum motuumque demonstrationibus utun-
tur. Alii namque circulis omocentris solum, alii ec-
centris et epicyclis, quibus tamen quæsita ad plenum
non assequuntur. Nam qui omocentris confisi sunt,
etsi motus aliquos diversos ex iis componi posse de-
monstraverint; nihil tamen certi quod nimirum phæ-
nomenis responderet inde, statuere potuerunt. Qui
verò excogitaverunt eccentrica et si magna ex parte ap-
parentes motus congruentibus per ea numeris absol-
visse videantur, pleraque tamen interim admiserunt
quæ primis principiis de motus æqualitate videntur
contravenire.

Tertio quia rem præcipuam, id est, mundi formam
ac partium eius certam simmetriam non potuerunt
invenire, vel ex illis colligere : sed accidit eis perinde
ac si quis è diversis locis manus pedes caput aliaque
membra optimè quidem; sed non ad unius corporis
comparationem depicta sumeret, nullatenus invicem
respondentibus, ut monstrum potius quam homo ex
illis componeretur; itaque, in processu demonstra-
tionis quam methodum vocant, vel preterisse aliquid
necessarium, vel alienum quippiam ad rem minimè
pertinens admisisse inveniantur, id quod illis minime
accidisset si certa principia sequi essent : nam si as-
sumptæ illorum hypotheses non essent fallaces omni-
nia quæ ex illis sequuntur proculdubio verificarentur.

Quarto quia omnium philosophorum quos habere potui relectis libris, et viso an ullus umquam opinatus esset alios sphærarum mundi motus ab ijs qui cum tanta incertitudine positi sunt apud mathematicos vulgi, Repperi apud Ciceronem Nicetam sensisse terram moveri, et apud Plutarchum Echfantum Heraclidem, Pythagoricos, Timeum, unde et occasionem nactus cœpi et ego de mobilitate terræ cogitare.

Quintò quia quamvis absurda opinio videretur tamen ob libertatem alijs ante me concessam; quibus ad demonstrandum astrorum phenomena licuit quoslibet effinxisse circulos : existimavi et michi licére experiri an posito terræ aliquo motu pro revolutionibus orbium celestium inveniendis firmiores facilioresque prodirent demonstrationes. Et repperi quod si reliquorum errantium siderum motus ad terræ circulationem referantur et pro cuiusque sideris revolutione supputentur, non modo illorum phænomena inde sequantur : sed et siderum atque orbium omnium rodines, magnitudines : et cœlum ipsum, ita connectar ut in nulla sui parte possit aliquid transponi sine reliquarum partium atque totius universitatis confusione.

Sexto quia dum in progressu operis hunc sequor ordinem, ut in primo libro communem universi constitutionem cum motibus terræ, et in reliquis libris confero reliquorum siderum atque omnium orbium motus cum terræ mobilitate ita ut omnes apparentiæ salvari possint, non dubito quin ingeniosi atque docti mathematici mihi adstipulaturi sint, præsertim si quod hæc philosophiam in primis exigit non obiter cognoscere et expendere voluerint.

Septimo quia si è Theologis quidam fortasse erunt qui omnium mathematum ignari de illis tamen indicium sibi sumere propter locum aliquem scripturæ malè ad suum propositum detortum ausi fuerint meum hoc institutum reprehendere et insectari, illos nihil moror adèo,ut etiam illorum indicium tanquam stultum atque temerarium contemnam.

Octavo nam mathematica mathematicis scribuntur quibus et hi nostri labores, si non fallit opinio à reipublicæ ecclesiasticæ fine abhorre non videabuntur; ideoque doctissimorum et prudentissimorum iudicio et authoritate fretus futurum arbitror ut à calumniarum fine immunis maneam et illæsus. Licet sit in proverbio Non est remedium adversus sicophantae morsum.

Definitro (sic) *triplici terræ motus per Copernicum.*

Cum igitur mobilitati terrenæ tot tantaque errantia siderum conveniant testimonia iam ipsum motum in summa exponemus. quatenus apparentia per ipsum tanquam hypothesim demonstretur quem triplicem omnino esse opportet. Primum diei noctis circuitum quem noctimerinon græci vocant circa axem Telluris ab occasu in ortum vergentem. Prout in deversum mundus ferri putatur æquinoctialem circulum describendo quem æquidialem dicunt nonnulli, græci vero isimerimerinon. Secundus ab illo est motus centri annuus qui circulum signorum describit circa solem in consequentia, id est, ab occasu similiter in ortum percurrens inter Venerem et Martem cum sibi incumbentibus. Unde fit ut ipse sol simili motu Zodia-

cum pertransire videatur quia Capricornum centro
terræ permeante sol Caucrum videatur pertransire,
ex Aquario Leonem, et sic deinceps eodem ordine
alios. Tertius motus est consequens ad hunc circulum qui per medium signorum est cuius superficiem
intelligi oportet æquinoxialem circulum, et axem
terræ habere convertibilem inclinationem quoniam
si fixa manerent, et non nisi centri motum simpliciter
sequerentur, nulla appareret dierum et noctium in-
æqualitas ; sed semper solstitium vel bruma, vel æquinoctium, vel æstas, vel hyems, vel utrunque eadem
temporis qualitas sui similis maneret : sequitur ergo
tertius declinationis motus annua quoque, revolutione sed in præcedentia, id est, contra motum centri
reflectens : sicque ambobus invicem æqualibus et ob-
viis mutuo, evenit ut axis terræ et in ipso maximus
parallelorum æquinoctialis in eandem ferè mundi
partem spectent perinde atque si immobiles permane-
rent, solque interim per obliquitatem signiferi moveri cernitur eo motu quo centrum terræ nec aliter
quam si ipsum esset centrum mundi.

Demonstratio Triplicis Motus.

Hæc cum talia sint ut oculis magis subjici quam
dici desiderent describamus circulum *a b c d* quem
representaverit annuus centri terræ circuitus in superficie signiferi, et si *e* centrum ejus sol ipsum circulum secabo quadrifariam subtensis diametris *a e c*,
et *b e d* punctum *a* teneat Cancri principium, *b* Libræ, *c* Capricorni, *d* Arietis. Jam assumamus centrum

terræ primum in *a* super quo designabo terrestrem
equinoctialem *f g h i* sed non in eodem plano nisi
quòd *g a i* dimetiens sit circulorum sectio communis,
æquinoctialis videlicet et signiferi. Ducto quoque dia-

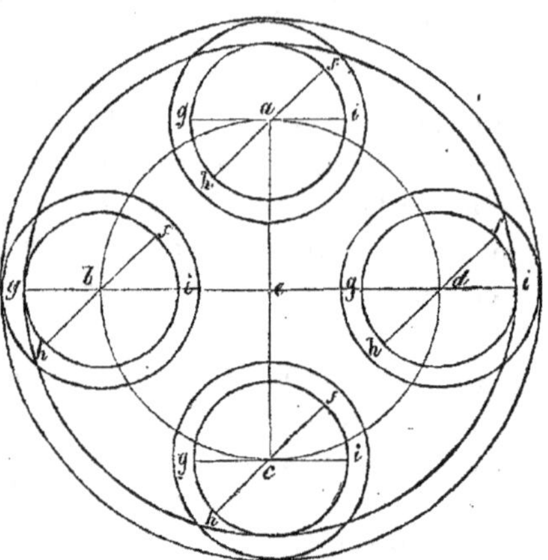

metro *f a h* ad rectos angulos ipsi *g a i*, sit limes
maximæ declinationis in Austrum, et *h* limes maximæ
declinationis in Boream, Istis ita se habentibus terrestres videbunt solem circa *e* centrum sub Capricorno
brumalem conversiouem facientem , quam maxima
declinatio Borea *h* ad solem conversa efficit : quoniam
declivitas æquinoctialis ad *a e* lineam per revolutio-
nem diurnam detornat sibi tropicum hiemalem parallelum secundum distantiam qua sub *e a h* angulus
inclinationis comprehendit. Proficiscatur modo centrum terræ in consequentia ac tantundem *f* maximæ
declinationis terminus in præcedentia donec utrique

in *b* peregerint quadrantes circulorum ; manet interim *e a i* angulus semper æqualis ipsi *a e b* , propter æqualitatem revolutionum ; et dimetientes semper ad invicem *f a h* ad *f b h ;* et *g a . i* ad *g b i* æquinoctialisque æquinoctiali parallelus quæ propter dictam causam apparent eadem in immensitate cœli. Igitur ex *b* Libræ principio *e* sub Ariete apparebit concidetque sectio circulorum communis in unam lineam *g b i e* ad quam diurna revolutio nullam admittet declinationem, sed omnis declinatio erit à lateribus : itaque sol in æquinoctio verno videbitur.

Pergat centrum terræ cum assumptis conditionibus, et peracto in *c* semicirculo apparebit sol Cancrum ingredi at *f* austrina æquinoctialis circuli declinatio ad solam conversa faciet illum Boreum videri æstivum tropicum percurrentem pro ratione anguli *e c f* inclinationis. Rursus avertente se ad tertium circuli quadrantem sectio communis *g i* in lineam *e d* cadet denuó, unde sol in Libra spectatus videbitur Autumni æquinoctium confecisse. Ac deinceps eodem progressu *h f* ad solem paullatim se convertens, redire faciet ea quæ in principio unde egredi cœpimus.

ALITER.

Sit itidem in subiecto plano *a e c* dimetiens et sectio communis circuli erecti ad ipsum planum, in quo circa *a* et *c*, id est sub Cancro et capricorno designetur per vices circulus terræ per polos qui sit *d f i* et axis terræ sit *d f*, Boreus polus *d* Austrinus *f* et *g i* dimectiens circuli æquinoctialis. Quando igitur ad

IV.   28

solem se convertit qui circa *e* atque æquinoctialis circuli inclinatio Borea secundum angulum qui est sub

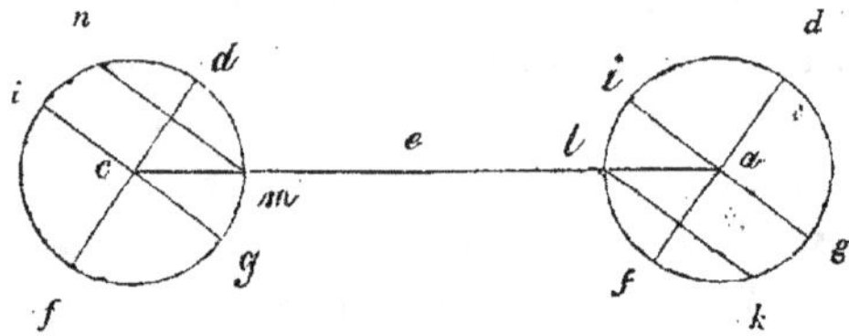

i a e, tunc motus circa axem describet parallelum æquinoctiali Austrinum secundum dimetientem *k l* et
distantem *l i* tropicum Capricorni in sole apparentem
sive ut rectius dicam motus ille circa axem ad visum
a e, superficiem insumit conicam, in centro terræ
habentem fastigium basim verò circulum æquinoctiali
parallelum. In opposito quoque signo *c* omnia pari
modo eveniunt sed conversa.

Patet igitur quomodo occurrentes invicem bini motus, cintri inquam et inclinationis cogunt axem terræ
in eodem libramento manere, ac positione consimili,
et apparere omnia quasi sint solares motus.

Quod non omnino æquales

Sint motus centri et inclinationis.

.Dicebamus autem centri et declinationis annuas revolutiones propemodum esse æquales, quoniam si ad
amissim id esset; oportet æquinoctialia solstitialiaque
puncta, ac totam signiferi obliquitatem sub stellarum
fixarum sphæra haudquaquam permutati: sed cum

modica sit differentia non nisi cum tempore grandes-
cens pactefacta est à Ptolemeo quidem ad nos usque
partium prope viginti quibus illa iam antecipant:
quam ob causam crediderunt aliqui sphæram quoque
stellarum fixarum moveri quibus iccirco nona sphæra
superior placuit, quæ cum non sufficeret, nunc recentiores decimam superaddunt; nedum tamen finem ad-
sequuti quem speramus motu terræ nos consequu-
turos; quo tanquàm principio et hypothesi utentur in
demonstrationibus aliorum.

28.

NOTE XI.

Voici les deux chapitres du traité *De radiis visus et lucis*, où Dominis parle du télescope et de l'arc-en-ciel.

Instrumenti (1) *perspectivi ad videnda longe dissita conficiendi ratio et usus.*

CAP. IX.

Ex hactenus à nobis dictis et explicatis de vitreis perspicillijs, facillimum negotium redditur in conficiendo instrumento illo quod nuper videtur inventum, aut saltem præsertim in Italia, publicatum. Id enim quemadmodum maxima admiratione affecit, et afficit plurimos ita mihi certè, qui in perpectivis ante multos, sed per multos etiam annos delectationis causa mentem exercui, nulli prorsus fuit admirationi, sed cum primum illud vidi (erat autem valde imperfectum) effectum duorum vitrorum apertè cognovi: utinam qui primi instrumentum hoc protulerunt, etiam de-

____

(1) *De Dominis, de radiis visus et lucis,* p. 37.

monstrationes cum ipso exhibuissent: expectabam
enim avidissime ut occasione earum demonstrationum
quas effectus huius instrumenti requirunt, non paucæ,
neque exiguæ difficultates, nunquam adhuc à quo-
quam quod sciam, tractatæ, mihi circa visum et res
opticas ad vitra perspectiva spectantes, solverentur:
quas ego in præcedentibus capitibus ut potui primus
explicare, et demonstrationibus illustrare sum co-
natus.

Itaque si innitendo ijs quæ hactenus tradidi, duo
vitra, ut dictum est, diversæ figuræ, et inter se proportionata, cum debita distantia orthogonaliter in
aliqua fistula collocentur, et firmentur; instrumentum
erit confectum: et fistula seu tubus, illud tantum
præcipuum efficit, ut vitra sint in debita inter se distantia; nam obscuritas illa, quæ est intra fistulam,
sicut aliquid iuvat ad confortandum, et uniendum visum, ita ad effectus præcipuos consequendos vix
quicquam superaddit substantiale. Melius tamen erit
instrumentum si uno pluribusve nodis ad mobilitatem
discretum connectatur, quam si sit unicum, integrum
et continuum: nimirum ut possit pluribus visibus
adaptari, cum iam ostenderim distantiam omnibus
oculis non eandem inservire. Sed et nodi prædicti eo
prosunt, ut possit commode posterius vitrum variari,
nam pro rebus non admodum distantibus clare inspi-
ciendis melius servit vitrum non adeo excavatum;
profundius vero servit melius pro remotissimis: Atqui
vitrum profundius maiorem poscit distantiam et longitudinem instrumenti; planius vero minorem; quæ
omnia sunt à nobis præcedenti capite explicata. Per-

fectio certe hujus instrumenti, in vitro anteriori lenticulari tota ferme consistit, ut sit ex materia purissima,
bene elaborata, et quod caput est, sit figuræ perfec-
tissimæ et regularissimæ declivitatis; ita ut à centro
cum maxima æquabilitate ad extrema totum æque declinet, quò radij pyramidis visualis inter se æquales,
æqualiter prorsus, et ad æquales angulos in vitro reci-
piantur, cum perfecta æquidistantia à centro vitri,
id est à perpendiculari, seu axe visionis ut post fractionem ad unicum perfecti illi et non alij coeant
punctum.

Totus igitur effectus huius instrumenti est, ut remo-
tissima obiecta quæ sine adiumento vitri etiam à for-
tissimo visu non cernuntur nisi obscure, et per vitrum lenticulare etiam si amplientur, magis tamen
adhuc confunduntur, ut est explicatum; Clare nihilominus et distincte ad oculum perveniunt ampliata,
cum anguli visivi utili dilatione. Tollit igitur hoc instrumentum radios illo confusos, de quibus capite
precedenti disservimus, et per radios utiles refractos,
angulus visivus dilatatur: Ex qua dilatatione anguli
duo maxima beneficia sentit oculus; Primum quod res
maiores cernantur, et consequenter fiant visibiliores:
nam et contingit ut quædam minima visibilia quæ ob
distantiam, et nimiam anguli visivi restrictionem
perierant, et visui se se subtraxerant, iam dilatato angulo visui se restituant; ac propterea minuta quædam
remota, quæ sine instrumento videri non possunt
adhibito instrumento apparent. An verò tanta per-
fectio possit esse huius instrumenti, ut visibilia vige-
cuplo maiora appareant, ut aliqui tradiderunt, et plu-

rimum gloriantur, relinquo alijs considerandum : nam
meum exactissimum instrumentum, vix ad quintu-
plum rem facit excrescere. Alterum beneficium est
quod remota approximari videantur, et ad visum
proxime accederi; quod fit ex eadem anguli visivi
dilatatione nam quæ maiora apparent, ea etiam propinquiora videntur. Euc. 58. Opt. et Vitell. 129. 4.
Ex quo ulterius sequitur ut illa remota obiecta certius,
et exquisitius et perspicacius cernantur, per Eucl.
Theor. 2. Opticæ. et Vitell. 15. 4.

Itaque illud erit optimum instrumentum quod
maxime angulum visivum dilatat, cum nebulæ id est
confusorum radiorum ablatione. Atque hoc aliqua ex
his instrumentis præstant in rebus remotis quidem
cernendis, sed quæ non sunt valde remota; alia verò
quæ valde remotius agunt : et aliqua quidem obiectum
et clarum, et amplificatum, et proprinquius repræsentant; aliqua verò adhuc maius et propinquius.
Qui effectus omnes pendent à vitro lenticulari anteriori : si enim sit moderatæ crassitiei in medio, et
statim declinet ad extrema, ita ut ipsius convexa superficies sit pars et segmentum sphæræ minoris; dato
ei proportionato vitro posteriori excavato, instrumentum erit brevius, et rem offert clare satis ampliatam
et non nihil propinquiorem : si vero idem vitrum
fuerit moderatæ crassitiei in medio, et declivitatem
versus extrema habuerit moderatam, cum superficie
convexa, quæ sit pars, et segmentum sphæræ maioris,
dato ei proportionato vitro socio; instrumentum erit
longius, rem tamen et maiorem, et multo propinquiorem offeret oculo intuendam. Cur verò illud sit

brevius, et hoc longius, iam declaratum est. Ex
maiori autem apertione anguli visivi, longius hoc
instrumentum præstat ea in quibus breviora superat
instrumenta. Aperit verò magis angulum visivum,
quia operatur per radios à perpendiculari remotiores.
Docent sane experientiæ radios incidentes in huius
modi vitra lenticularia, quicunque accedunt ad circunferentiam per notabilem particulam vitri, reddi
inutiles, ita ut nunquam totum vitrum inserviat, si
desinat in ultimum acutum, ibi enim titubant radij
et fractiones faciunt incertas propter nimiam vitri
subtilitatem. Ut si sit vitrum *cd* in medio crassum, ad
quantitem lineæ *hi* cum circunferentia convexa circuli
cfied radij extremi prodeuntes ex visibili *ab* utiles non
sunt, nisi qui incidunt inter puncta *f* et *e*. Extremi
itaque proficui sunt *af*, *be*, à quibus franguntur utiles

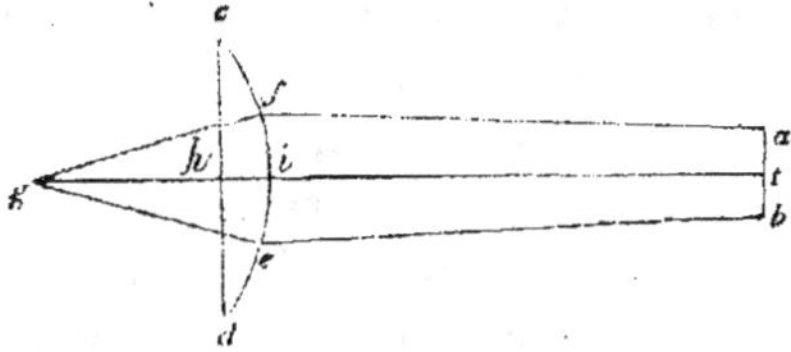

similiter *fg*, *eg*, et coeunt in puncto *g* ad axim *gt* et
faciunt angulum maximum visivum *fge*. Quod si su-
mamus vitrum lenticulare *no*, cuius crassities *lm*
æqualis sit crassitiei *hi* prioris vitri, convexum tamen
dicti vitri *no* habeat circunferentiam segmenti circuli
maioris *npmqo*, minoris vero circuli segmentum erat
in superiori vitro *cfted* et res visibilis *rs* sit eadem
quæ ibi *ab* ei tantundem distet a vitro per distantiam
lv, æqualem distantiæ *ht*. Certè radij *rp*, *sq* æquales ra-

dijs *af*, *be* et æque distantes ab axi *lv*, quantum distant
af et *be*, ab axi *ht* occupabunt partem solam vitri *pq*,

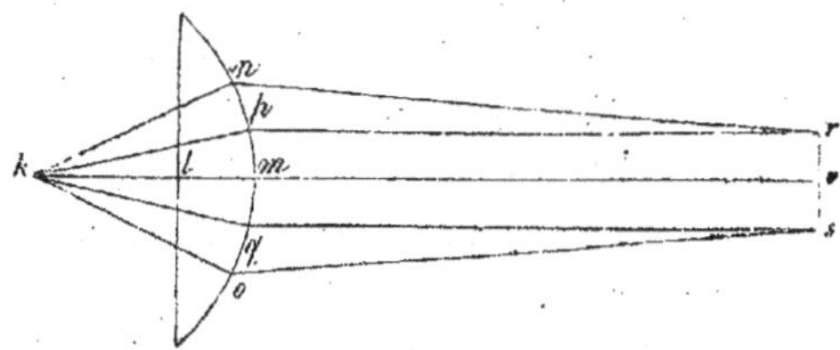

tantam quanta est tota pars utilis vitri alterius *fe*,
remanet ergo utrinque pars notabilis vitri *no* puta
pnqo. Cum enim segmentum circuli convexitatis sit
maioris circuli et pars diametri talis circuli ipsa videlicet *lm*, sit eadem quæ est *hi* segmentum *nmo* erit
maius et productius quam segmentum *cid*. Iam igitur
angulus refractionum *pkq* tantam repræsentabit rem
rs, quantam repræsentat rem æqualem *ab* angulus *fge*,
quia radij directi *rpsq* tantum inter se et ab axi
distant quantum inter se et ab axi distant radij
af et *be*. Quod verò paulo remotius à vitro unian-
tur priores, et consequenter acutiorem et minorem faciant angulum, non est res quæ physice
multum variet rei visæ quantitatem præsertim ubi adsunt plures fractiones. Atque ita radij utiles erunt
rnso multo remotiores à perpendiculari in vitro *no* et
consequenter multo maiorem aperient angulum *nko*
etiam reiectis extremitatibus inutilibus : Et si totum
visibile *rs* longe maius apparebit trans vitrum *no* quàm
trans vitrum *cd* etiam partes ipsius singulæ proportio-
naliter maiores erunt. Itaque quod totum integrum
cerni non potest (dummodo non sit minimum visi-

bile) quia extremi eius radij ad extremam circunferentiam vitri pervenientes inutiles sunt facti cernetur
per partes minores singulas, moto et directo ad singulas instrumento et axe visuali. Ut propterea diligenter fabricatum vitrum sub dicta convexitate maioris
circuli; possit circumtonderi per abiectionem partis
inutilis, et ulterius; cum præsertim per solam partem
mediam circa centrum et exiguam fiat nihilo secius
visio cum tota excrescentia, et instrumentum redditur
strictius, et minoris diametri, eundemque sortietur
effectum ac si poneretur vitrum cum tota integra
diametro. Adde quod extremum spacium oculi, de
quo supra cap. 7, per vitrum *cd* sit brevius, et per
vitrum *no* productius, unde consequenter magis dilatantur visibilia. Fortassis etiam ex figura, hoc est ex
convexitate vitri maiori aut minori, res magis aut minus dilatantur, et non ex sola anguli visivi dilatatione.

Quæres primo cur manente eodem vitro anteriori,
si ei addas socium minoris excavationis, cum decurta-
tione instrumenti, ut est supra explicatum, et postea
aliud maioris excavationis cum fistula elongatione,
prius res videantur minores et remotiores; postea verò
maiores et propinquiores? Nonne, inquies, contrarium potius deberet contingere? Ubi enim oculus proprius accedit ad visibile, magis aperitur angulus, et
maior res videtur, minor verò ubi oculus retrocedit?
Respondendum est ex iam traditis supra cap. 7 id
contingere quia vitrum anterius, hoc est lenticulare,
quo magis ab oculo removetur versus extrema spacii
per occulum limitali, rem facit excrescere; quo verò
magis oculo appropinquat dictum vitrum magis rem

facit visui decrescere per maiorem aut minorem radiorum directorum collectionem et fractionem, ut est ibi explicatum. Et oppositio nunc facta militat in solo visu directo.

Quæres secundò cur propinqua per hoc instrumentum non cernuntur? Respondendum est si uteremur hoc instrumento unico vitro, hoc est anteriori lenticulari, et visibile, puta scriptura, vel aliquid tale, esset circa extrema spacij quod sibi res per hoc ipsum vitrum limitat et determinat. De quo supra sæpius actum est, tunc egregiè inserviturum : quia duplex fit rei excrescentia, altera per remotionem debitam vitri dicti à re ipsa, altera per remotionem item debitam eiusdem vitri ab oculo : concurrunt enim in eodem vitro finis utriusque spacij in quibus finibus res vel maximè per iam explicata ampliatur. Quòd si et vitrum et oculus sint intra rei spacium, res nihilominus optime ab oculo præsertim senili, cernitur, sed per unicam excrescentiam aut per utranque, imperfectam tamen : nam perfecta est, ut dixi, circa fines utriusque spacii : et propterea amoto posteriori vitro, semper quæque scriptura optime legi poterit per hoc instrumentum, posito oculo in loco dicti vitri iam amoti. Itaque cum vitrum solum lenticulare hic inserviat, apposito altero visus omnino turbabitur, quia novis fractionibus totus confunditur et ipsius correctione hic non est opus. Ut igitur instrumentum hoc utroque vitro ornatum et completum visui commode serviat debet vitrum anterius esse extra spacium rei visibilis supra limitatum, ut correctio per vitrum posterius locum habeat, nimirum ubi radij recti cum fractis miscentur et confunduntur post absolutas primas fractiones. Quod si objicias vitrum extra spacium rei positum rem invertere, ut ostensum est in præcedentibus cap. 7. Occurro, et aio, impediri inversionem ex eo quod etsi id vitrum sit extra spacium rei, sit tamen intra spacium oculi; nam instrumentum id ex constructione, ipsa requirit : quandiu verò vitrum lenticulare est intra oculi spacium, nunquam res visibiles, ubicunque fuerint, invertentur sicut etiam quandiu vitrum idem est intra spacium rei, quantumcunque oculus ab eo retrocedando remoeatur, nunquam rei fiet inversio.

Quæres tertiò cur si invertatur usus huius instrumenti, applicando oculo vitrum lenticulare, omnia apparent valdè minora et longè remotiora? Sed facile est huic quæsito satisfacere ex præcedentibus. Quia enim proprium vitri excavati est stringere angulum, ut ostensum est supra cap. 6. Hinc sit ut res et minores appareant et remotiores Eucl. 4. 558. Opt. et Vitel 7. 22. 25. 129. quar. Ac sane vitrum convexatum oculo applicatum illud tantùm præstat, ut paulo clarius res repræsantentur, quæ sine ipso visui, præsertim tali vitro non indigenti, obscuræ et confusæ, ut sæpius diximus, sese offerunt; fit verò per vitrum lenticulare res clarior, et aufertur nebula, et confusio, quia aperit aliquanto angulum visivum, eumque à summa illa removet strictione : et quin etiam fortasse radij confusi per contrariam viam tolluntur ex contraria ratione supraposito cap. 8. Præcedenti nam contrario modo vitra disponuntur. Sed et illud addo, multa minima visibilia quæ aut sanus ocu-

lus sine vitris, aut quisque adhibito hoc instrumento
suo ordine facile perspicit, quandoquidem fiunt in
hac inversione minora se ipsis, ea reddi prorsus per
talem inversum usum huius instrumenti invisibilia.

Quæres denique cur res visibilis in hoc instrumento nunquam invertitur quantumcunque removeatur et à re, et ab oculo, ipsum instrumentum?
Respondeo vitrum posterius impedire hanc rerum
inversionem : positum enim est in tanta distantia
prope vitrum anterius convexum seu lenticulare, ut
non excedat spatium ab oculo limitatum. Sicut igitur
si oculus accedat ad vitrum lenticulare, adeo ut vitrum
ipsum veniat intra spacium oculi, de quo spacio sæpe
supra inversionem omnem corrigit, et rem invisibi-
lem ad naturalem posituram reducit; ita etiam vitrum
concavum positum intra dictum spacium, easdem for-
mas rei visibilis secundum rectam posituram debet
recipere : iam verò quoniam vitrum excavatum non
invertit res quantuncunque ab eo oculus removeatur,
quia semper recipit radios magis internos versus perpendicularem; unde nulli radij visivi qui à re perveniunt per tale vitrum ad oculum, extra vitrum unquam
proijciuntur (ex hoc enim res invertebantur) nulla
est ratio ut amplius res invertatur, quàm vitrum excavatum per interiores radios nunquam effugientes extra
ipsum semper repræsentat sive prope ipsum sive procul ab ipso oculus fuerit positus.

Atque hæc nobis de huius modi vitris perspectivis
dicta sufficiant; si quis meliora afferret libenter dis-
cerem : nam et mihi ipsi in quibusdam hactenus
dictis et explicatis, plene non satisfeci. Ut enim potui

primus hoc gelu perfregi alijs viam muniens, aut saltem aperiens et plenius et planius de ipsis disserendi. Jam ad alium pulcherrimum perspectivæ effectum qui est arcus irridis converto orationem.

Vera (1) *Iridis tota generatio explicatur Cap* XIII.

Ut iridis tota generatio prout fit in natura plenè cognoscatur, eam nunc in materiam, formam, et figuram, ac colores placet resolvere.

Materia itaque Iridis est vapor non quicunque sed roridus et stillans : Vaporem enim antequam in aquam perefecte concrescat resolvi in sudorem quendam, ac minutissimas stillulas, indivisibiles que ad sensum guttulas, vel mediocri philosopho est apertissimum. In huiusmodi et non in alio vapore, fit Iris; Unde et experimur non nisi pluvio tempore, sive paulo ante, sive paulo post pluviam, Iridis effulgere.

Forma verò Iridis est lux solis præsertim, sed etiam interdum lunæ. Quoties enim contingit ut aliquis notabilis copia huiusmodi vaporis roridi sole, aut etiam lunæ obijciatur, ille profecto guttulæ, ex sua anteriori superficie convexa vix ullam faciunt sensibilem reflexionem, ob nimiam ipsarum parvitatem, et satis magnam distantiam à nobis, de qua reflexione supra egi cap. 4. propos. 6. et infra cap. 18. Sed nihilominus ex fundo ipsarum concavo, soli oppo-

---

(1) *De Dominis, de radiis visus et lucis,* p. 54.

sito, lucem illam intensam et multiplicatam reflec-
tunt, eo modo quo supra docui cap. 4. propos. 7. Et
illa quidem reflexio quæ statim fit ex proximis fundo
guttæ lateribus, facit Iridem ordinariam illam quæ
quando sunt duæ, interna est et inferior. Totus procul dubio vapor sicut æque à sole illuminetur, ita
æque in se lucem recipit in omnibus et singulis suis
guttulis, quæ multiplicatur per refractionem, ut supra
dictum est cap. 4. propositione. 7. et reflectitur ac
diffunditur : In tota tamen vapore oculus non cernit
hanc lucem, quia ea non nisi per reflexionem cernitur. Natura verò reflexionis est ut ad unicum punctum fiat per unam solam lineam, ut dixi cap. 2. sup-
pos. 7. et 8. Ex infinitis ergo illis guttulis, quæ totum
constituant vaporem, ad oculum lux illa, primum
aucta per aggregationem radiorum solis in fundo soli
opposito, deinde ex ipso fundo reflexa, pervenire non
potest, nisi ab illis solis guttulis quæ proiciunt dictos
radios reflexos cum illa æqualitate angulorum, et æquidistantia à perpendiculari, quam iam toties explicui-
mus, præsertim cap. 12. præcede ubi rationem circuli
Iridis secundum Aristotelem seu potius antiquos pers-
pectivos, demonstrabam.

Obiectio verò illa de proiectione radiorum ad perpendicularem, quæ erat sane insolubilis, à me facilè
solvitur et declaratur. Vapor enim corpus aliquod
unum continuum non est, ut in ipsius superficiem
soli oppositam sol dirigat radios, et inde vera ordina-
ria reflexione tanquam à superficie plana facta rever-
tantur, apparet quidem etiam Iris nescio quid continuum, sed hoc fit ut dictum est supra cap. 4. propos.

5. quia guttulæ omnes sunt simul congestæ ; sed quia
singulæ per se proprias faciunt reflexiones, et sane
circulariter, unde necessario sequitur ut aliqui ex illis
radijs versus nos ad terram dirigantur. Ut si sol sit
in a. oculus in d. vapor sit bc. ex fundo suo dirigit

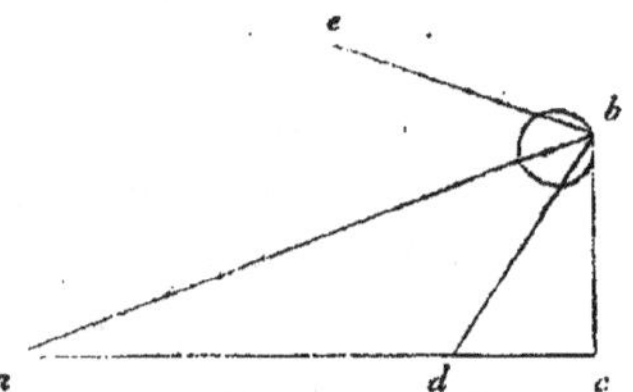

versus d. radium suum reflexum bd. cum multipli-
catione lucis ut supra cap. 4. propos. 7. Et quamvis
reflectantur ex eodem fundo b. infiniti radij circulariter, cuiusmodi etiam est radius be, ex his tamen
infinitis, oportet unum etiam pervenire ad partes ubi
est d. iuxta naturam reflexionis huiusmodi corpuscu-
lorum ibidem explicatæ.

Exhausta itaque difficultate illa de interna reflexione
ad perpendicularem ac. reliqua de figura circulari
Iridis optime procedunt ut sunt à nobis capite præcedenti declarata. Cum igitur oculus constitutus in
d. videat totam lucem solis quæ eo refflectitur à roranti
nube bc. eo autem non possint reflecti nisi radij
æquales, et æqualibus angulis à corpusculis roridis
descedentes, cuiusmodi est angulus cbd. ij verò sunt
necessario in orbem dispositi, ut iam est ostensum,
circularem profecto lucem reflexam oculus in d. positus intuetur; et hæc est ipsa Iris. Observandum vero

est oculum esse qui determinat axem totius Iridis,
hoc est perpendicularem lineam quam à sole ad vaporem, ad angulos rectos, intelligimus pervenire, nam
linea quæ à sole *a*. per oculum *d*. transit, eadem ad
Centrum ipsum circuli Iridis, nempe ad punctum *c*.
progreditur, et in ipso puncto *c*. terminatur : ut merito plurimi in hoc consentiant, quod est verissimum
et necessarium, nimirum centrum solis, oculum, et
centrum Iridis in unica, et eadem linea recta semper
reperiri et illam esse axem coni illuminationis. Atque
ex his habemus etiam figuram Iridis quàm quæreba-
mus : restat indagandum de coloribus.

Iris itaque, ut hactenus, habemus, nihil aliud est
quàm lux solis reflexa. Hæc tamen lux ad oculum non
pervenit pura et clara, sed nonnihil opacata et of-
fuscata et consequenter colorata. Exigua enim illa
corpuscula aquea, addita præsertim confusione plurium radiorum per refractionem aggregatorum, non
possunt totam solis figuram reflectere, sed solam
lucem quod iam exposuimus cap. 3, propos. 6 et 7,
et cap. 4, propos. 5. Et sane lucem coloratam ob ad-
mixtionem opacitatis ipsiusmet vaporis, sive aquæ
iam fere concretæ, et ob debilitatem etiam illam
quàm secum fert natura reflexionis, et denique ob
distantiam quæ intercedit inter oculum et vaporem.

Ordo tamen colorum quem in Iride observamus à
nemine adhuc sufficienter explicatus, eam mihi causam habere videtur, ut circuli Iridis pars convexa,
hoc est ambitus exterior, sit rubeus, sive puniceus,
quia radij solis inde reflexi, clariori ac non nimium
opacata luce perfluuntur. Circa medium verò paulo

opaciores, viridem reddunt Iridem in concavo demum et intimo arcu adhuc opaciores, cæruleum nobis
colorem repræsentant; iuxta ea quæ nos supra tradi-
dimus cap. 3, propos. 6 et 7. Cur verò ita fiat ut supremi radij sint lucidiores; medij obscuriores : infimi
verò adhuc obscuriores, ratio et causa meo iudicio
tota petenda est ex natura reflexionis, quæ non sine
præcedenti refractione fit à globulis, seu stillulis vaporis roridi ut à nobis explicatum est cap. 4, propos. 7,
ubi latitudinem quandam assignavimus; cogentibus
id experimentis, et ratione, tali reflexioni. Cui lati-
tudini huiusmodi reflexionum inhærentes, dicimus *gf*
esse omnium lucidissimum quia pertransit minimam
crassitiem corpusculi *a*, radium verò sequentem *gn*
esse paulo obscuriorem quia paulo maior ei est glo-

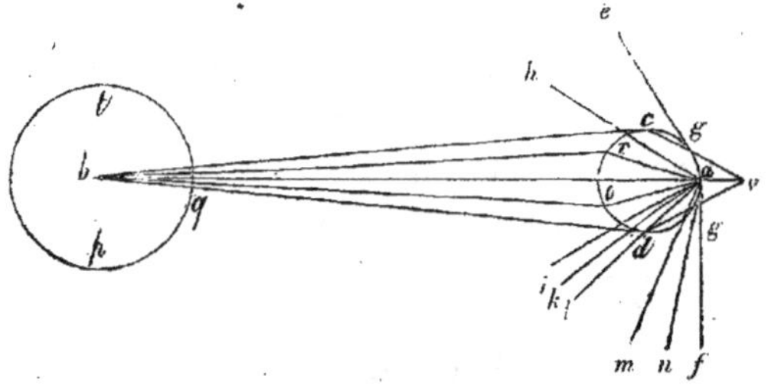

buli *a* penetranda crassities; ac demum radium *gm*
esse obscurissimum, quia adhuc maiorem penetrat
crassitiem. Itaque radius *gf*, erit puniceus, *gn* viridis,
gm purpureus. Quod etiam experimenta confirmant.

   Cum igitur sol *a* irradiet totum vaporem *b c d e* ex
guttula *b* lucidissimus radius erit *b f* et consequenter

puniceus ; radius vero medius hoc est viridis erit $b\,g$.
purpureus denique erit $b\,h$. guttula verò c proxime

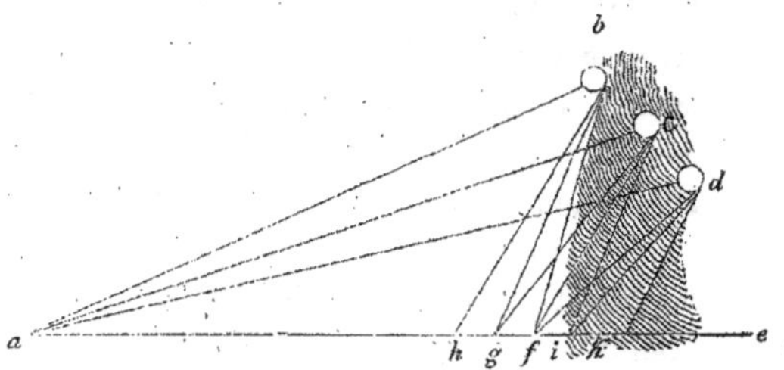

sequens sub guttula b radium puniceum proijciet ad
perpendicularem seu axem $a\,e$ in i viridem in f, purpureum in g infima demum guttula d habet radium
puniceum $d\,k$. viridem $d\,i$. purpureum $d\,f$. itaque
oculus existens in f videbit in b colorem puniceum in
c viridem, in d. purpureum, ut constat per iam ex-
plicatos radios. Quid si removeatur oculus et sit in
g. videbit inde in c. lucem purpuream quæ ex puncto
f videbatur viridis :

In b verò videbit viridem quæ ex puncto f. videbatur punicea : in guttula autem proxime sequenti
quæ sit supra guttulam b. videbit ex eodem puncto
g. lucem puniceam, et totum arcum Iridis maiorem.
Contrarium verò oculo continget si accedendo ad vaporem à puncto f. perveniat ad punctum i. nam minorem arcum Iridis ibi videbit, et cum mutatione
situs colorum ; etenim in c. ubi prius erat Iris viridis, fulget punicea ; in d. ubi erat infima Iridis con-
cavitas purpurea, fit media Iris viridis ; et in alijs
guttis infra guttam d. existentibus resultat iridis con-

29.

cavitas purpurea. Talem intellige progressum, sive per accessum, sive per recessum successivè.

Illud verò iam hic observandum est guttulas facientes Iridem non esse in linea recta positas orthogonaliter super axi $a\,e$. sed circulariter eas esse in segmento circuli dispositas, cuius circuli centrum sit ipsius solis centrum a ita ut æquales sint inter se irradiationes $a\,b$. $a\,c$. $a\,d$. sic enim facilè concurrunt ad unum punctum in axi $a\,e$ varij illi radij ex varijs stillulis prodeuntes ; et angulorum reflexionis ad formandam Iridem necessaria servatur æqualitas. Unde fit ut latitudo Iridis etiamsi nobis plana appareat, ea tamen re vera cava sit, sed cavitatis insensibilis tum propter circuli maximi exiguam particulam peripheriæ, quæ rectæ lineæ æquivalet ; tum propter effectum perspectivæ quo sit ex longinquitate ut quæ curva sunt recta appareant. Vitell. 65. 4.

Observandum præterea et illud est altiores guttulas vaporis reflectere lucem remotius à vapore super axi $a\,e$. versus solem a. depressiores verò e contra reflectere lucem ad partes propinquiores vapori versus e. quod experimentis primum liquet, quia oculus retrocedendo à vapore videt Iridem maiorem et altiorem; approximando verò vapori videt illam minorem humiliorem et depressiorem. Deinde etiam natura eiusdem anguli motu circulari ascendentis et descendentis idem confirmat : Si enim aptes regulam aliquam rectam ligneam aut ex quacunque materia, habentem lineam extremam lateris rectam, ut in ultimo proposito schemate $a\,b$. quæ in extremo puncto b. habeat aliam regulam cum recta linea $b\,h$.

sed longiori, faciente angulum firmum cum latere
prioris regulæ qui sit *a b h* et firmetur altera extremitas puta *a.* in puncto *a.* et ex facto centro applicetur
primum extremitas *b* in *e* mox paulatim elevatur versus
d et *c.* et *b.* certe linea *b h.* intersecabit axim *a e* semper
in partibus ab *e* magis ac magis remotis versus *a.* atque
hoc per notabile spacium, antequam ipsa linea *a b.*
per elevationem fiat perpendicularis super axe *a e.*
Quamvis igitur omnes radij reflexi et singulis guttulis
sint inter se æquales, nimirum anguli *a b f. a c i.*
a d k. quia irradiatio est æqualis, et stillulæ æquales,
æqualisque naturæ; nihilominus tamen non recipiun-
tur æqualiter in axi *a e.* neque concurrunt ad idem
punctum sed ad diversa propinquiora aut remotiora
vapori pro diversitate situs, prout ipsa corpuscula re-
flectentia fuerint à puncto *e.* magis minus ve remota.

Quod si quæras unde nam Iris suam habeat latitudinem, quàm non videtur ferre natura reflexionis? respondeo hanc non esse puram reflexionem, sed reflexionem post factam refractionem, et consequenter post
congregatos plures radios, ut exposui cap. 4. propos.
7. ex quo, et ex immensa solis magnitudine fit ut
idem globulus vaporis non ad unicum punctum unico
radio suam dirigat reflexionem, sed pluribus ad plura,
usque adcertam latitudinem. Mirum itaque non sit
si ad idem punctum ex pluribus illis guttulis vapores
concurrant radij lucis, ut paulo ante declaravimus :
sed et guttulæ aliquot magis internæ in vapore, et
consequenter aliquanto remotiores, adhuc ad idem
punctum reflexiones transmittunt usquequo fert sin-
gularum iam exposita latitudo in reflectendo ; Atque

ex his causis arcus Iridis suam habet latitudinem.

Dans le N° 574, in-4 (volume VI) des manuscrits de la bibliothèque de l'Arsenal (*Histoire*), on
peut lire plusieurs pièces intéressantes relatives à la
réconciliation de Dominis avec l'église romaine, à son
retour à Rome, à sa mort et à sa condamnation. Il
m'est impossible de donner ici ces pièces qui ne sont
peut-être pas toutes inédites et qui occupent plus de
soixante-et-dix pages dans le manuscrit; je me borne
à le signaler à l'attention de tous ceux qui veulent
bien connaître la vie de Dominis. Ce volume contient
des lettres de l'archevêque de Spalatro au pape, un
bref de pape, et plusieurs relations curieuses relatives
aux derniers malheurs de Dominis.

NOTE XII.

(PAGE 153.)

Il existe à la bibliothèque royale de Paris (1), ainsi que dans des collections particulières, plusieurs lettres de Campanella qui montrent quel admirable accueil ce courageux philosophe avait reçu de Peiresc et de Gassendi. Quelques-unes de ces lettres ont été insérées par M. Baldacchini, à qui j'en avais envoyé copie, dans la *Vie de Campanella* (2), publiée dernièrement à Naples, et que je ne connaissais pas lorsqu'on a imprimé les pages relatives à Campanella qui sont dans le texte. J'ai trouvé d'autres lettres depuis, et je compte les publier dans une autre occasion, car elles grossiraient trop ce volume si je les insérais ici. Je me bornerai à donner une lettre de Peiresc, où cet illustre magistrat donne d'excellens conseils à Campanella qui avait affecté de mépriser la philosophie d'Epicure adoptée par Gassendi.

---

(1) Voyez *Supplément français*, n° 1003.

(2) *Baldacchini, vita e filosofia di Tomasso Campanella*, Napoli, 1840, in-8, p.

R. P. Campanella (1).

Molto Ill^re et M^to R^do pn mio Colmo.

Ha mostrato vostra P^a tanti segni del suo buon
volere verso la somma virtu del Charis° s^r Gassendi
nostro, e tanto dispiacere della sinistra interpetrazione
che s'era data alli discorsi ch'ella n' aveva tenuti che
ne siamo rimasti appagati conforme al desiderio di
V^a P^a et all'istanze che ce n'ha fatte il s^r Diodati
colla sua lettera e il s^r Henrico Dorvalio di viva voce
che mi disse questi giorni la mortificazione che n'haveva havuta vost.. ..ternità. Hor per non dissimulare
quello che importa più, è cosa verissima che sin dal
principio ch'Ella fu arrivata in Parigi, mi fu scritto
ch'ella haveva sparlato della fisica del s^r Gassendi,
et non venne l'avviso da chi s'immaginò V. P^a ma io
non lo volsi credere et m'imaginai che fosse piu tosto
sinistra interpretazione di qualche parola detta a caso
che biasimo ex proposito nè volsi farne motto; ma
quando scrissi poi al s^r Diodati m'era stato dato un

---

(1) Cette lettre se trouve à la bibliothèque de Carpentras dans la
correspondance de Peiresc. C'est évidemment la réponse à la lettre
publiée par M. Baldacchini, à la page 165 de son intéressante biographie de Campanella.

secondo avviso, da altra parte , che non solo andava a
disavvantaggio del s^r Gassendo ma ad un vituperio
intollerabile. A tal che non mi potei più contenere e
gliene scrissi alla libera , nè son mancati altri avvisi
poi d'altrove non solo della poca sima che V. P^a fa-
ceva di quel personaggio , ma di tutti gl' ingegni di
Francia che gli eran passati per le mani. Anzi che si
diceva ch' ella non perdonava ne meno al povero s^r
Naudeo tanto appassionato et partiale di V^a P^a . Il che
mi pareva durissimo e di perniciosissima consequenza.
Io non credo veramente tutto quello che si può dire
in questo genere, anzi non farò difficoltà di credere che
si possino fabbricare diverse calumnie per levar V. P.
all' invidia. Ma e pur difficile che non vi sia qualche
fondamento di parole ambigue et soggette a indutioni
contrarie. E sarà bene che per l'avvenire V. P. consideri bene li termini ch' ella vorrà adoperare parlando
delli litterati di Francia , e specialmente di quelli che
vi possono avere acquistato qualche merito. Altra-
mente non credo che le riuscirà, sendo notissimo che
l'humor della natione porti una grandissima libertà
di far scelta chi d' un opinione chi d'un altra, quando
si concorrono ragioni uguali o probabili. Nè per tal
varieta di sensi bisogna subito condannarsi l'un l'altro, portando la spesa di pensarvi maturamente prima
di passare alla condannatione. Anzi di lasciare
ognuno nel suo libero arbitrio, mentre le cose siano di
natura tale che non vi sia necessità assoluta di pren-
dere partito. Gia che talvolte le opinioni che paiono
ridicole ad altri (come sono per esempio appresso ai
Maomettani quelle de Cristiani , et al contrario quelle

de Maomettani appresso li Cristiani) con la benigna
interpretazione che vi può occorrere passano per nego-
tii gravissimi et di somma importanza tra li dottori
dell' una et l' altra legge. Et cosi in materie filoso-
fiche se si esaminano gli varij concetti degli antiqui filosofi greci, poche vene sono, che non abbiano
qualche cosa del mirabile mentre si guardano con ca-
rita humana et che vi si considera ciò che vi può esser
degno di lode, lasciando ciò che non par tanto com-
patibile, et riducendo le cose alli termimi dell' ignoranza de' tempi loro. Io son d' un umore che non
gusto troppo le fatiche di que' che attendono a confu-
tationi dell' altrui opinioni giudicandone il tempo
assai male impiegato come di chi volesse rifiutare gli
spropositi di qualsivoglia persona che può errare cosi
nella proprietà della lingua volgare come nella bas-
sezza de' concetti. Il che sarebbe senza fine, la brevita
della vita umane non comportando queste cose
senza grave necessità. Et mi par molto più nobile
di stabilire ciascheduno li suoi fondamenti con le
miglior ragioni che ci può somministrare il proprio
ingegno, senza rifutare altro che ciò che non si
puo vietare di necessità. Et cosi lasciando al Pit-
tore la lode che può occorrer alla sua arte, et al
Cantore quella della sua musica et all' Architetto
quella delle sue fabbriche, et così degli altri, quando
si è assecuto un soggetto degno d'esercitar l'ingegno,
mi par che l'opera sua può passare in più degne
mani, quando s'attende solo al suo scopo e ad inse-
gnar ciò che i lumi naturali ci hanno potuto chiarire
senza far digressioni contra quello e quell' altro, che

avevano altra mira. La grossezza delli volumi non potendo poi comportare che le personi di conditione vi si applichino, il che fa rimaner tali fatiche senza le rimunerazioni condegne, et le fa stare sepolte e senza che i librai vogliano fare la spesa tanto grande. Non mi appartiene di darle consiglj in questa cosa dove toccherebbe a lei di darmeli ma ella scusera l'abondanza del cuore che mi fa parlare cosi alla libera poiche ella mi ci a invitato in certa maniera coi suoi complimenti assicurandola che ella manterra molto meglio il suo gran credito che se ella si disturba dal suo cammino per nettare la strada per dove avra da passare massime in paesi pieni di tanto fango e di tante spine ben chè si avesse da desideare che fossero piu netti. Giacche ella può attendere a piu utili fatiche d'insegnare cose ignorate dagli altri. Scusimi di grazia V. P. e stabilisca la sua fisica senza dimorare a persuadere che sia ridicola quella fisica di Epicuro mentre se ne veggono pochissime risoluzioni sparse diqua e dila senza ordine giacchè s'ella le avesse vedute ordinate non le parrebbero forse tanto strane. Benche la dottrina degli atomi non le piace sicome ne anco a molti altri non par conveniente di dire subito *di no che non mi piace* massime quando non è conosciuta, et quando si veggono altre persone gravi che stanno in sospeso senza ridere e senza biasimare la rosa non ostante che nasca fuori la spina. Giacchè da principj ridicoli in apparenza si viene in cognizione talvolta di cose gravissime e squisitissime. Fu stimata altre volte ridicola l'opinione degli antipodi e poi si è trovata verissima e che non si puo piu rivocare in dubbio. La debolezza de l'ingegno

umana e troppo grande per potere in un tratto pene-
trare ogni secreto della natura. Vi vuole una gra-
dazione che per diversi mezzi conduca allo scopo e la
brevita della vita umana non comporta che una sola
persona basti. Fa bisogno adoperare l'osservazione di
buon numero di altri de secoli passati e futuri per
chiarirsi di cio che conviene meglio e fa bisogno un
certo amore e venerazione dell' uno all' altro per cavare l'ottato frutto e piu tosto l'interpretazione benigna che la sinistra. Del resto mi è carissimo che
le sia finalmente capitato il libro maravigliandomi
che abbia stentato tanto per la strada. Ho poi ricevuto da Roma in certo fagotto del signor Menestrier
la figurina di bronzo del pecorello che V. P. mi
aveva accennato consegnatagli dal signor Burdelotio e
trovo che è antica veramente e ben conservata ma non
ho potuto capire ancora a quale uso potesse essere
stata destinata. Se non forse per assistere a qualche
statua di mercurio che si soleva accompagnare da
simili animali e la manderò a V. P. colla prima occasione di amico. giacche pesa troppo per la posta accio
la possa mostrare costì ai suoi amici rimanendola
sempre obbligatissimo del buon volere e pregandola
di scusare la mia debolezza di spirito e continuarmi
la sua grazia. Pel libro de Titulis non occorre farlo
copiare poi che ella lo vuole mettere in stampa. Ma
che ella lasci indietro tanti grandi uomini di costa e
d'Italia ai quali ella puo essere in obligo di fare la
dedicazione della sua opera per anteporre un nome
tanto indegno quanto è mio di comparire tra persone
di merito non cerco questo vanto e mi basta il nome

di amico senza tanto fasto. E senza altro le prego da Dio nostro signore ogni maggiore contento e quietudine di animo e le fo umilissima reverenza.

Di Aix alli 3 Luglio 1633.

Di V. P. M. I. e M. R.

Servitore obligatissimo e fedelissimo,

De Peiresc.

NOTE XIII.

(PAGE 154.)

Voici le catalogue des ouvrages de Campanella, qui forment une espèce d'encyclopédie, mais qui n'ont pas été tous publiés. Ce catalogue se trouve à la suite de l'ouvrage intitulé *Campanellæ (Th.) philosophiæ rationalis... partes quinque* (Paris. 1638, in-4°). Quant au catalogue plus détaillé, publié par Gaffarel, et que Campanella cite à la fin de celui-ci, je ne l'ai jamais vu.

Iɴsᴛᴀᴜʀᴀᴛᴀʀᴜᴍ Sᴄɪᴇɴᴛɪᴀʀᴜᴍ Pᴇʀ F. Tʜᴏᴍᴀᴍ Cᴀᴍᴘᴀ- ɴᴇʟʟᴀᴍ *juxta propria dogmata, ex natura et scriptura Dei Codicibus* Tᴏᴍɪ x.

In 1. Tomo continentur Philosophiæ Rationalis partes 5. Grammatica, Dialectica, Rhetorica, Poetica, Historiographica.

In 2. Philosophiæ Realis part. 4. Physiologia. Ethica, Politica, OEconomica cum textu et qq. His additur Civitas Solis cum qq. et lib. de regno Dei. Ad Polit. Ecclesiast. et Disput. 8. pro Teles. contram Perip.

In 3. Philosophiæ practicæ part. 3. Medicinalium 7. De sensu Rerun et Magia 4. Astrologiæ 6. et de fato siderali vitando 1.

In 4. Philosophiæ universalis 1. Metaphys. part. 3. lib. 15.

In 5. Philosophiæ divinæ 1. Theologicorum lib. 3. pro cunctis Nationibus.

In 6. Theologiæ practicæ part. 4. videl. pro conversione Nationum libri attitulati. Reminiscentur, etc. ad Christianos, Judæos, Gentiles, et Mahometanos. Item contra Atheistas : Item contra Hæreticos, et Perthomistas, Cento Thomisticus, cum Expos. in 9. Rom. Et Disput. pro Bull. Pontif. contra Judiciarios.

In 7. Praxis Politicæ volumina 4. Scilicet, De Monarchia Christianorum ad Principes. De Monarchia Messiæ ad sapientes : cum Appendice de Jure Catholici Regis in novum Orbem. Item de Monarchia Hispanorum. Item Panegyricus pro eodem ad Italos Principes et Remedium contra Timorem ab illa.

In 8. Arcanorum Astronomicorum lib. 4. et simul de symptomatibus Mundi per ignem interituri secundum naturam et scripturam. Item articuli profetales ex divina et humana sapientia de instanti mutatione seculorum.

In 9. Poëmatum part. 3. Philosophia Pythagorica carmine Lucretiano instaurata. Item elegiæ, et Epigrammata varii generis. Item poëmata in lingua Italica, partim Metaphysicalia, partim Politica, ad Philosophos et Amicos. Item elegiaca de propriis et suorum ærumniis. Item ars verificatoria de metro Latino applicando vulgari linguæ. Multaque poëmata hoc ritu xarata.

In 10. Miscellanea opuscula, videl. Disputatio ad utramque partem de motu Terræ et quiete, vel solis, vel Telluris. Dialogus politicus contra Hæreticos nostri temporis. Disticon et Dialogus pro rege Gallorum et Cardin. de Richelieu. Item pro eodem contra murmurantes, Carolus Magnus. Item de præcedentia, præsertim, Religiosorum. Item de Conceptione Virginis. Item an Monarchia Hispanorum sit in augmento, vel in statu, vel in decremento. Item quot modis possunt pauci in bello vincere multos. Item de Titulis. Item de residentiæ et assistentiæ Cardinalium et Episcoporum jure. Item libellus de Episcopo. Item quæstio. Utrum utilius et commodius sit vivere sub principatu Ecclesiastico quàm seculari. Item de amplissima libertate Romana sub papatu. Item utrum imperium Roman. hoc tempore mutari debeat, et possit et à quo. Item de regimine Eccl. ad convertendum mundum sub uno grege unoque Pastore non obnoxio in contradictionibus Principum. Item commentaria philosophica et grammatica lia in Poemata. Maffei Barberini, id est, Urb. VIII. Item orationes 3. de Laudibus D. Thomæ. Item Oratio ad Regem Galliæ, et ad Regem Hispaniæ de Regno Neapolitano. Item Disput. Cur Galli cum sint potentiores numero, viribus, pecunia, et necessariis rebus ad victum et vestitum super omnes Nationes, non dominantur : Hispani verò imbecilliores è contra. Apologia pro Antonio Persio de potu calido. Apologia pro Telesio de origine, et usu venarum, nervorum, et arteriarum. Item de peste Coloniensi, Item cur in magnis articulis temporum viri præclarissimi benefactores generis humani occiduntur titulo læsæ Maiestatis divinæ et in sequenti seculo resuscitantur, et coluntur. Item

cur antiqui Reges non coarctaverunt glossis auctorita-
tem Melchisedecheam Papæ, sicut plerique recentiores.
Item orationes politicæ pro sæculo præsenti, una ad
Batavos : 1. ad Venetos : 1. ad Sabaudum : 1. ad Ge-
nuenses : 1. ad summum Pontif. Item Aphorismi po-
litici pro sæculo præsenti. Item à quibus desiderari
pax debet secundum politic. Item politica consultatio
contra prædeterminatores, ad Venetos. Item consultatio ad tollendam famem de regno Neap. cum lucro
Regis; et Usurariorum emendatione. Item de exigendis
tributis cum populorum gaudio, et lucro Regis. Item
de regni noviter occupati stabilimento. Item de Pa-
patus Bono ad principes, Orat. 3. Item de libris propriis lib. 1. sunt, et alia opuscula Latino et Italico
idiomate, metro et prosa.

Indicem locupletiorem cum explicata ratione con-
tentorum in præfatis Tomis, edidit Venetiis, Jacob.
Gaffarellus, eruditissimus et solertissimus scientiarum
cultor.

Le catalogue précédent a été reproduit par Cyprianus
à la suite de la vie de Campanella. Il faut consulter
aussi à ce sujet le cinquième chapitre de cet ouvrage
où après avoir parlé en général des écrits de Campanella Cyprianus rapporte une lettre de Magliabechi qui
rend compte des manuscrits de ce savant moine, qu'il
possédait, et dont plusieurs sont en italien. Il faudrait
les chercher à la bibliothèque *Magliabechiana* de
Florence (Voyez *Cypriani vita Th. Campanellæ*, p. 55-
58).

NOTE XIV.

(PAGE 161.)

Voici la lettre de Matthew à Bacon dont il est parlé dans le texte :

Most honourable Lord,

It may please your lordship, there was with me this day one M. Richard White, who hath spent some little time at Florence, and is now gone into England. He tells me, that Galileo had answered your discourse concerning flux and reflux of the sea, and was send it unto me; but that M. White hindered him, because his answer was grounded upon a false supposition, namely, that there was in the Ocean a full sea but once in twenty-four hours. But now I will call upon Galileo again. This M. White is a discreet and understanding gentleman, though he seems a little sooft, if not slow : and he hath in his hands all the works, as I take it, of Galileo, some printed and some unprinted. He hath his discourse of the flux and reflux of the sea, which was never printed : as also a discourse of the mixture of metals. Those which are printed in his hand are these ; the *Nuncius sidereus;* the *Macchie solari;* and third *Delle cose che stanno sull' acqua* by occasion of disputation, that was amongst learned men in Florence about that, which Archimedes wrote, *De insidentibus in humido.*

I have conceived, that your lordship would not be sorry to see those discourses of that man; and therefore I have thought it belonging to my service to your lordship to give him a letter of this date, though it will not be there so soon as this. The gentle man hath no pretence or business before your lordship; but is willing to do your lordship all humble service; and therefore, both for this reason, as also upon my humble request, I beseech your lordship to bestow a countenance of grace upon him. I am beholden to this gentleman; and if your lordship shall wouchsafe to ask him of me, I shall receive honour by it. And I most humbly do your lordship reverence.

Your Lordship 's most obliged servant,

TOBIE MATTHEW,

Brussels, from my bed, the 14th of April 1619.

NOTE XV.

(PAGES 193 et 195.)

Voici les passages de Drebell et de Porta., où ces deux auteurs parlent d'une espèce de thermomètre :

Ut (1) calor tum aerem, tum aquam, subtiliora, rariora, majora reddit : ita frigus caloris contrarium eadem crassiora densiora, minora : hac lege attrahens rursus ventos, qui caloris virtute evanuerant. Id oculis et manu palpabimus, si Cornutæ vacuæ ore frigidæ imposito, ventrem igni superposueris, actutùm videbis, ubi primulum calfactum fuerit vitri corpus, egressuros ore illius, non sine strepitu, flatus qui in bullas concitabunt aquam, idque eò impensiùs, quò aër incaluerit magis. Remoto ab igni vitro, cùm aër frigescet, mox in se coibit crassiorque fiet et proinde minor, vitrumque aqua opplebitur illa sui parte quam antea aër calfactus et expansus occupaverat. Si sine rupturæ periculo vitrum summè calfacere posses, parum aberit, quin plenum futurum sit aqua dum refrigescit. Hanc calfactionem melius quidem ferret Cornuta figlina, sed in vitrea id quod dixi, perfectius

----

(1) *Drebell, de natura elementorum.* Genevæ 1628, in-12, p. 25–26.

visu notari potest. Porrò quantò aqua aere gravior,
crassiorque est, tantò amplius caloris vi diffunditur,
magisque grandescit, imò millecuplò ampliùs.

———

Si (1) può ancora agevolmente misurare un'oncia di
aria nella sua consistenza in quante parti di aria più
sottile si può dissolvere. E se bene di questo ne hab-
biamo trattato nelle nostre meteore, pur facendo qui
a nostro proposito, non ci rincrescera di ridirlo.

Habbisi un vaso da distillare detto gruale, ò volgarmente detto materazzo, dove si distilla l'acqua vite,
descritto da noi nel libro di distillare, e sia di vetro,
acciò si vedano gli effetti dell'aria, e dell'acqua, e sia
il vaso A, questo habbi la bocca dentro un vaso B,

piano, pieno di acqua, il quale vaso sarà pieno di aria,
grosso nella sua consistenza, più e meno, secondo il
luogo, e la stagione. Poi accostarete un vaso pieno di

———

(1) *Porta, Spiritali*, p. 76.

fuòco al corpo del vaso in A, e l'aria subito riscaldandosi, si andarà sottigliando, e fatta più sottile, vuole più gran luogo, e cercando uscir fuori, verrà fuori dell'acqua, e si vedrà l'acqua bollire, che è segno, che l'aria fugge, e quanto si andrà più riscaldando, l'acqua più boglierà, ma essendo ridotta tenuissima, l'acqua non boglierà più, all'hora rimovete il vaso del fuoco dal ventre A e l'aria rinfrescandosi, s'andrà ingrossando, e vuol minor luogo, e non havendo come riempir il vano del vaso, perchè ha la bocca sotto l'acqua, tirerà a se l'acqua del vaso, e si vedrà salir l'acqua sù con gran furia, e riempir tutto il vaso, lasciando vacua quella parte, dove l'aria stà ridotta già nella sua natura di prima. E se di nuovo accostarete il fuoco a quella poca aria, attenuandosi di nuovo, calerà giù tutta l'acqua, e rimovendo il fuoco, tornerà a salir l'acqua. Fermata che sarà l'acqua, voi con una penna, et inchiostro segnarete fuori il vetro l'estrema superficie dell'acqua. Poi lasciando uscir fuori l'acqua della carrafa, all'hora con un altro vaso porrete tant'acqua in detta carrafa, finchè riempirete infin al segno della linea notata con inchiostro : all'hora misurarete quell'acqua, e quante volte quell'acqua riempirà tutta la carrafa, tante volte una parte di aria nella sua consistenza, si ampliarà, essendo attenuata dal caldo e di quà nascono grandissimi secreti.

Aux auteurs que j'ai cité dans le texte, j'ajouterai ici Salomon de Caus qui dans le problème XII du premier livre des *Forces mouvantes*, s'est proposé de trouver une espèce de mouvement perpétuel à l'aide d'un thermomètre fort imparfait.

NOTE XVI.

(PAGE 196.)

Le premier qui, à ma connaissance, ait fermé le thermomètre et l'ait soustrait ainsi à l'influence de la
variation de la pression atmosphérique a été un ingénieur romain appelé Telioux, auteur d'une *Matematica meravigliosa*, rédigée à Rome en 1611 et qui
se trouve maintenant à la Bibliothèque de l'Arsenal
(*MSS. italiens* n° 20, pag. 44). Voici la description
que Telioux donne du thermomètre :

*Instrumento composto da due fiale col quale si conosce
il cambiamento del tempo in caldo o in freddo secondo gradi o minuti.*

Habbiasi due fialle di collo lungo al meno d'un piè,
una sia un poco più grossa dell'altra acciò che possa

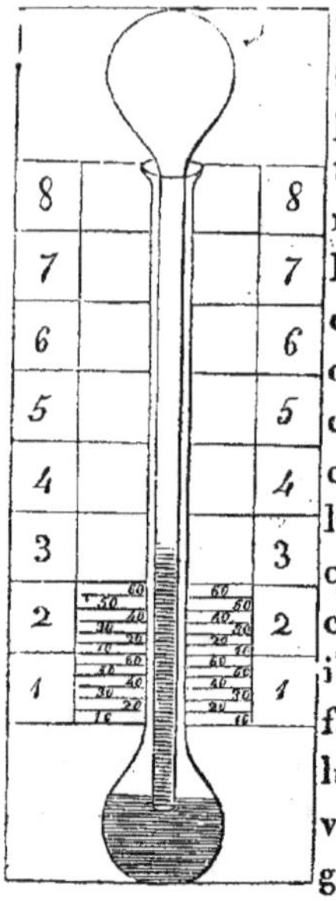

entrar dentro, poi empita la più grossa, intanto che resti la quarta parte del corpo vota, metti dentro la più piccola in modo che l'orificio del collo sia tanto dentro l'acqua che non possa pigliare aria, cosi vederai che l'acqua scenderà o calerà secondo il caldo o il freddo che farà. Perchè il caldo facendo gonfiar l'acqua bisogna un luogo più capace, et cosi l'acqua stretta per la stretezza del collo a scende in alto, poi venendo il freddo condensa l'acqua rarefatta la qual desiderando manco luogo cala al basso. Si giudica la varietà del cambiamento per li gradi e minuti a posta messi a lato.

NOTE XVII.

Voici deux lettres de Galilée, qui n'ont jamais paru en italien et qui font connaître des faits intéressans, relatifs aux persécutions endurées par le grand philosophe toscan. Je les ai trouvées dans le volume II du registre 41 des manuscrits de Peiresc qui se conservent à la bibliothèque de Carpentras. On peut voir, dans les cahiers de mars et d'avril 1841 du *Journal des Savans*, d'autres pièces curieuses tirées de la correspondance inédite de Galilée, dont j'ai fait récemment l'acquisition et que je me propose de publier :

Ai Signori Diodati e Gassendi dei dialoghi suoi e del moto della terra.

Molto Illustre Signore e Padron colm°.

Sono in obbligo di rispondere a due lettere una di V. S. e l'altra del Signor Pietro Gassendo scritte il primo di novembre passato ma non pervenute a me se non dieci giorni sono. E perchè sono occupatissimo e travagliatissimo vorrei che questa servisse per risposta ad ambedue come tra di loro amantissimi e che trattano nelle lettere loro la stessa materia cioè la ricevuta dei dialoghi miei mandati ad ambedue e della vista che repentinamente gli avevano data, con applauso e approbazione, di che io le ringrazio e le ne resto con obligo. Ma starò aspettando giudizio più critico e libero dopo che l'avranno riletto più posatamente perche temo che vi troveranno molte cose da impugnarsi. Mi duole che i due libri del Morino e del Fromondo non mi siano pervenuti alle mani se non sei mesi dopo la publicazione dei miei dialoghi, perchè avrei avuto occasione di dire molte cose in lode di ambedue e ancò fare qualche considerazione sopra qualche particolare e principalmente uno nel Morino e un altro nel Fromondo. Nel Morino resto maravigliato della stima veramente molto grande che egli fa della giudiciaria e che egli pretenda con le congetture sue (che per me pajono assai incerte per non dire incertissime) stabilire la certezza de l'astrologia; e mirabile cosa veramente sarà se con la sua acutezza collocherà nel seggio superiore della scienza umana l'astrologia come egli promette; e io con gran curiosità starò attendendo di vedere si maravigliosa novità. Quanto al Fromondo (che pur si mostra uomo di grande ingegno) non avrei voluto che egli fosse incorso in quello che a me veramente pare grave errore, benche assai comune, cioè che egli per confutare l'opinione del Copernico prima cominciasse con punture di scherno e di derisione verso quelli che la tengono vera e poi (che più mi pare inconveniente) volesse stabilirla principalmente con la autorita della scrittura e finalmente condursi a darle per tali respetti titolo poco meno d'eretica. Che il tenere questo stile non sià lodevole mi pare che assai chiaramente si possa provare. Im-

perocchè se io domanderò al Fromondo di chi sono
opera il sole, la luna, la terra, le stelle le loro dispo-
sizioni e movimenti penso che mi risponderà essere
fattura d'Iddio. E domandeto di chi sia dettatura la
scrittura sacra so che rispondara essere dello Spirito
Santo cioè parimente d'Idolio. Il mondo dunque sono
le opere e la scrittura sono le parole del medesimo Iddio.
Dimandato poi se lo Spirito Santo sia mai usato nel
suo parlare di pronunziare parole molto contrarie in
aspetto al vero e fatte cosi per accommodarsi alla capacità del popolo per lo più assai rozzo e incapace, sono
ben certo che mi risponderà insieme con tutti i sacri
scrittori tale essere il costume della scrittura la quale
in cento luoghi proferisce (per lo detto rispetto) pro-
posizioni che prese nel puro senso delle parole sarebbero non pure eresie ma bestemmie gravissime. Fa-
cendosi lo stesso Iddio soggetto a ira a pentimento a
dimenticanza ec. Ma se io gli dimanderò se Iddio per
accomodarsi alla capacità e opinione del medesimo
volgo ha mai usato di mutare la fattura sua o pur se la
natura ministra d'Iddio invariabile e immutabile, ai de-
sideri umani ha conservato sempre e continua di mantenere suo stile cerca i movimenti figura e disposizione
delle parti dell universo, son certo che egli risponderà che la luna fu sempre sferica sebbene l'universale
tenne gran tempo ch' ella fosse piana; e in somma
dirà nulla mutarsi giammai dalla natura per accomodare la fattura sua alla stima e opinione degli uomini
e se cosi è perche dobbiamo noi (per venire in cognizione delle parti del mondo) cominciare le nostre in-
vestigazioni dalle parole piuttosto che dalle opere

d'Iddio. E forse meno nobile ed eccellente l'opera della parola? Quando il Fromondo o altri avesse stabilito che il dire che la terra si muova fosse eresia e che la dimostrazione, osservazione e necessaria concatenatura mostrassero lei muoversi in che intrigo avrebbe egli posto se stesso e la santa Chiesa? Ma per l'opposto lasciando el secondo luogo alla scrittura quando le opere si mostrino con necessità esser diverse da quel che fanno le parole, cio nulla pregiudica alla scrittura la quale se per accomodarsi alla incapacità dell' universale ha molte volte attribuito all' istesso Iddio condizioni falsissime perche vorremo noi che parlando del sole o della terra si sia contenuta sotto si stretta legge che posto da banda l'incapacità del volgo non abbia voluto attribuire a tali creature accidenti contrari a quello che son in effetto? Quando sia vero che il moto sia della terra e la quiete del sole nessun detrimento patisce la scrittura la quale disse quello che apparisce alla moltitudine popolare. Io scrissi molti anni sono nel principio dei rumori che si mossero contro a Copernico un assai lunga scrittura mostrando con autorita assai di Padri quanto sia grande abuso in questioni naturali valersi tanto della scrittura sacra il proporre che in tali dispute non s'impegnassero le scritture. E quando io sia meno travagliato ne manderò una copia a V. S. e dico meno travagliato perche ora sono in procinto di andare à Roma chiamato del Santo Officio il quale ha gia sospeso il mio dialogo. E da buona banda intendo i Padri Gesuiti aver fatto impressione in testa principalissima che tal mio libro è più esecrando e piu pernicioso per Santa

Chiesa che le Scritture di Lutero e di Calvino. E percio tengo per fermo nonostante che per ottenerne la licenza io andassi in persona a Roma e lo consegnassi in mano del maestro del sacro palazzo che lo vide minutissimamente mutando aggiungendo e levando e dopo licenziato dette anco nuovo ordine che fosse riveduto qui dove il revisore non trovando cosa alcuna da alterare per segno di averlo diligentissimamente esaminato si ridusse a mutare alcune parole come Verbi grazia dire in molti luoghi *universo* in cambio di *natura, titolo* in cambio di attributo, *ingegno sublime* in luogo di divino. Scusandosi meco con dire che prevedeva che io arei avuto che fare con nemici acerbissimi e persecutori arrabbiatissimi sicome è seguito. E il librajo che l'ha stampato esclama che questa sospensione sino qui gli ha levato un guadagno di 2000 scudi, che gia oltre ai mille volumi che ne aveva stampati gli avrebbe dati tutti via e ristampatine due volte tanti. E io oltre gli altri disturbi ne ricevo questo massimo di non potere progredire di apparechiare altre mie opere e in perticolare quella del moto per darla fuori in vita mia.

Ha letto con particolar gusto l'esercitatione del signor Pietro Gassendo contro alla Fluddiana filosofia come anco l'appendice delle osservazioni celesti. Nè Mercurio nè Venere si potè osservare sotto il sole per la pioggia, ma della piccolezza loro ne sono sicuro gran tempo fa e mi piace che il signor Gassendo l'habbia in fatto trovata tale. V. S. mi faccia grazia d'accumunare questa con detto signore il quale affettuosamente saluto come anco l'amico suo reverendo Padre Mersenno

e a V. S. con tutto il cuore bacio le mani e prego fe-
licità. De Firenze il 15 di Gennajo 1633. Di V. S.
molto illustre servitore devotissimo e obligatissimo.

GALILEO GALILEI.

Al molto Illustre Signore e Padron colendissimo il
Signor Elia Diodati e in sua assenza al Signor Pietro
Gassendo.

———

Galileo Galilei al signor Diodati dalla sua carcere.

Malto illustre signore e Pron Colmo.

Spero che l'intendere V. S. i miei passati e presenti
travagli insieme col sospetto d'altro futuri mi rende-
ranno scusato appresso di lei e degli altri amici e
padroni di costà della dilazione nel rispondere alla
sua lettera e appresso di quelli del totale silenzio
mentre da V. S. potranno essere fatti consapevoli
della sinistra direzione che in questi tempi corre per
le cose mie. Nella mia sentenza in Roma restai con-
dannato dal santo offizio alla carcere ad arbitrio di
sua santità alla quale piacque di assegnami per carcere
il palazzo e Giardino del gran duca alla Trinità dei
Monti. E perchè questo seguì l'anno passato del mese
di giugno e mi fu data intenzione che passato quello
e il seguente mese domandando io grazia *de tota* li-
berazione l'avrei impetrata; per non avere (costretto
dalla stagione) a dimorarvi tutta la state e anco parte
dell' autunno ottenni una permuta in Siena dove mi

fu assegnata la casa dell' arcivescovo e quivi dimorai cinque mesi dopo i quali mi fu permutata la carcere nel ristretto di questa piccola villetta lontana un miglio da Firenze, con strettissima proibizione di non calare alla città ne ammettere conversazione o concorso di molti amici insieme nè convitarli. Qui mi andava trattenendo assai quietamente con la visita frequente di un monastero prossimo dove avevo due figlie monache da me molto amate e in particolare la maggiore, donna di esquisito ingegno singolare bontà e a me affezionatissima. Questa per radunanza di umori melanconici fatta nella mia assenza da lei creduta travagliosa finalmente incorsa in una precipitosa dissenteria in sei giorni si morì, essendo di età di trenta tre anni, lasciando me in una estrema afflizione la quale fu radoppiata da un altro sinistro incontro che fu che ritornandomene io dal convento a casa mia in compagnia del medico che veniva dalla visita di detta mia figlia inferma poco prima che spirasse, mi veniva dicendo la cosa essere del tutto disperata e che non avrebbe passato il seguente giorno si come segui quando arrivato a casa trovai il vicario dell' inquisitore che era venuto a intimarmi l'ordine del Santo Offizio di Roma, venuto all' inquisitore con lettera del signor cardinale Barberino, che io dovessi desistere dal far dimandar più grazia della licenza di poter tornarmene à Firenze, altrimenti che mi avrebbero fatto tornare là al carcere vero del Santo Offizio. E questa fu la risposta che fu data al memoriale che il signor ambasciatore di Toscana dopo nove mesi del mio esilio aveva presentato a detto tribunale. Dalla quale risposta mi pare che assai probabilmente si possa conjetturare la mia presente carcere non essere per terminarsi se non in quella comune, angustissima e diuturna. Da questo e da altri accidenti che troppo lungo sarebbe a scriverli si vede che la rabbia dei miei potentissimi persecutori si va continuamente inasprendo. I quali finalmente hanno voluto per se stessi manifestarmisi atteso che retrovandoli un mio amico caro circa due mesi fa in Roma a ragionamento col padre Cristoforo Grembergero matematico di quel collegio venuti sopra i fatti miei disse il Gesuita all' amico queste parole formali : « se il Galileo si avesse saputo mantenere l'affetto dei padri di questo collegio viverebbe glorioso al mondo e non sarebbe stato nulla delle sue disgrazie e avrebbe potuto scriteve ad arbitrio suo di ogni materia, dico anco del moto della terra, ecc. » Si che V. S. vede che non è questa nè quella opinione quello che mi ha fatto e fa la guerca ma l'essere in disgrazia dei Gesuiti. Della vigilanza dei miei persecutori ho diversi altri riscontri. Tra i quali uno fu che una lettera scrittami non so da chi da paesi oltramontani e inviatami a Roma dove quegli che scriveva doveva credere che tuttavia dimorassi fu intercetta e portata al signor cardinale Barberino, e per quanto da Roma mi venne poi scritto fu mia ventura che non era lettera responsiva ma prima : piena di grandi encomij sopra il mio dialogo e fu veduta da piu personne e intendo che ce ne sono copie per Roma e mi è stata data intenzione che la potrei vedere. Aggungasi altre perturbazioni di mente e molte corporali imperfezioni le quali sopra quella

dell'età più che settuagenaria mi tengono oppresso in
maniera che ogni piccola fatica mi è affannosa e grave.
Pero conviene che per tutti questi rispetti gli amici
mi compatiscano per quel mancamento che ha aspetto
di negligenza ma realmente è impotenza. Bisogna che
V. S. come mio parziale sopra tutti gli altri mi aiuti
a mantenermi la grazia dei miei benevoli di costà e in
particolare del signor Gassendo tanto da me amato e
riverito col quale potrà V. S. partecipare il contenuto
di questa, ricercandomi egli relazione dello stato mio
in una sua lettera piena della solita sua benignità. Mi
farà anco grazia fargli sapere come ho ricevuto e con
particolar gusto letto la dissertazione del signor Mar-
tino Hortenzio e piacendo a Dio ch'io mi sgravi in
parte dei miei travagli non mancherò di rispondere
alla sua cortese lettera. Con questa riceverà anco V. S.
i cristalli per un telescopio dimandatomi dal medesimo
signor Gassendo per suo uso e di altri desiderosi di
fare alcune osservazioni celesti. I quali potrà V. S. in-
viarli significandogli che la canna, cioè la distanza tra
vetro e vetro deve essere quanto è lo spago che intorno
a essi è avvolto, poco più o meno secondo la qualità
della vista di chi se ne devè servire. Berigardo e Chiara-
ramonte, ambedue lettori in Pisa, mi hanno scritto
contro: questi par sua difesa e quegli per quanto dice
contro a sua voglia, ma per compiacere a persona che
lo può favorire nelle sue occorenze, ma ambedue molto
lungamente; ma quello che è degno di considerazione
alcuni vedendo un larghissimo campo di potere senza
pericolo prevalersi dell' adulazione per aumento de
proprij interessi si sono lasciati tirare scriverea cose

che fuori della presente occasione sarebbero facilmente riputate assai esorbitanti se non temerarie. Il
Fromondo si ridusse a sommergere fino presso alla
bocca la mobilità della terra nella eresia. Ma ultimamente un padre Gesuita ha stampato in Roma che
tale opinione è tanto orribile, perniciosa e scandalosa,
che sebbene si permetta che nelle cattedre nei circoli
nelle pubbliche dispute e nelle stampe si portino argomenti contro ai principalissimi articoli di fede, come
contro all' immortalità dell' anima, alla creazione, all'
incarnazione ecc., non però si dee permettere che si
disputi ne si argomenti contro alla stabilità della terra
si chè questo solo articolo sopra tutti si ha talmente a
tenere per sacro che in modo alcuno si habbia nè anco
per modo di disputa e per sua maggiore corroborazion
a instarglisi contro. Il titolo di questo libro è *Melchio-
ris Inchofer a societate Jesu tractatus syllepticus.* Ecci
anco Antonio Rocco, che pur con termimi poco civili
mi scrive contro in mantenimento della peripatetica
dottrina e in risposta alle cose da me impugnate contra Aristotile, il quale da se stesso si confessa ignudo
dell'intelligenza della matematica e astronomia. Questo
è cervello stupido e nulla intelligente di quello che
scrive ma bene arrogante e temerario al possibile.

Piacendo a Dio Voglio pubblicare i libri del moto
e altre mie fatiche cose tutte nuove e da me anteposte
all' altre cose mie sinora mandate in luce. Riceverà
V. S. la presente dal signore Ruberto Galilei mio pa-
rente e signore al quale potrà far parte del contenuto
di questa attesochè a sua signoria scrivo bene ma assai
brevemente. Tengo anco lettera del signore de Peiresc

d'Aix ricevuta insieme con quella del signor Gassendo, e perche ambedue mi dimandano i vetri per un telescopio da fare osservazioni celesti mi faccia grazia significare al signor Gassendo che dia conto al signor de Peiresc di havere avuto i vetri pregandolo contentarsi che di essi anco il signor de Peiresc possa servirsi facendo di più appresso il detto signore mia scusa se differisco a rispondere alla sua gratissima trovandomi pieno di molestie che mi violentano a mancare talvolta a quelli officij che io più desidererei d' eseguire. Sono stracco e l'avrò soverchiamente tediato. V. S. mi perdoni e mi comandi. Le bacio le mani.

Dalla villa d'Arcetri ai 25 di Luglio 1634 di V.S.M.S.

Servitor devotissimo e obligatissimo.

GALILEO GALILEI.

Dans le volume de la collection de Peiresc, où ces diverses pièces ont été réunies par le copiste, la lettre précédente est suivie de la lettre que l'on va lire de Diodati à Gassendi.

Monsieur et très cher ami,

Peu de jours après mon arrivée, j'ai reçu le paquet de M. Galilée qui estoit demeuré par chemin avec les cristaux du télescope qu'il vous envoie, lesquels j'ai baillés à M. Luillier pour vous les faire tenir. Le canon devra être de la mesure de la ficelle dont le papier où ils sont est lié comme vous verrez que ledit Sª Galilée l'a escrit lui-même de sa main sur ledit papier:

31.

et que aussi par la copie de sa lettre cy jointe, il le
désigne. Je ne vous dirai des considérations de la continuation de ses souffrances, outre ce que j'en écris à
M. de Peiresc, sinon que M. de Peiresc par les habi-
tudes qu'il a avec Monseigneur le cardinal Barbarin
pouvoit intercéder envers lui pour obtenir quelque
moderation de ces grandes rigueurs, et lui faire obtenir ce dont on lui avoit donné espérance, c'est à savoir la liberation de sa restriction en sa métairie, et
liberté de se pouvoir transferer à Florence et ailleurs,
il feroit une œuvre de grand mérite et d'une memora-
ble charité. Il semble qu'il puisse sans grand scrupule
faire cette supplication estant notoire de de là les
monts que les sévérités des prohibitions pour telles
causes ne sont observées en France, et qu'on ne s'y
arreste point. Toutefois, je m'en rapporte à sa prudence et à la vôtre, sachant et estant très asseuré que
s'il ne le faict, ce ne sera point par manquement d'affection ains par considérations justes qui ne le permet-
tront. Je vous salue humblement et suis,

Votre très humble serviteur,

DIODATI.

De Paris, le 10 novembre 1634.

NOTE XVIII.

(PAGE 54.)

Je m'étais proposé de donner ici une notice des manuscrits de Peiresc, si riches en documens inédits de toute espèce, et qui sont dispersés actuellement à Carpentras, à Nîmes, à Montpellier, à Paris, à Rome et ailleurs. Malheureusement une telle notice dépasserait beaucoup les bornes de ce volume, et je me vois forcé de la réserver pour une autre occasion.

ADDITIONS (*)

Page 72, *ligne* 11. — *Page* 117, *ligne* 14 (*et ailleurs*). — J'ai suivi ici les manuscrits où l'on trouve souvent *Brunet Latin* à la place de *Brunetto Latini*.

Page 133, *note* (3). — J'ajouterai à ce propos que, dans un manuscrit du XVe siècle de la Bibliothèque de l'école de médecine de Montpellier (H 277), j'ai trouvé un traité de peinture, en quatre livres, fort intéressant. Ce manuscrit était autrefois à Rome dans la Bibliothèque Albani, sous le n° 852.

Page 194, *note* (1). — Une indication semblable se trouve dans un manuscrit de l'*Acerba* décrit dans le *Catalogue Floncel*.

Page 224, *note* (3). — J'ai eu dernièrement connais-

(*) Dans un ouvrage de la nature de celui-ci, il est presque impossible qu'il ne soit nécessaire d'éclaircir, de développer, ou de corriger plusieurs des points qu'on y a traités. Ces *additions* et *corrections* trouveront naturellement leur place à la fin du dernier volume. On ne donnera ici qu'un petit nombre d'additions qui n'exigent ni discussions approfondies, ni développemens étendus.

(488)

sance d'une *provvisione* de la république de Florence, datée du 11 février 1325 (année commune 1326), par laquelle on accorde aux *prieurs*, au *Gonfalonier* et aux douze *bons hommes* la faculté de nommer deux officiers chargés de faire faire des *boulets de fer* et des *canons de métal* pour la défense des châteaux et des villages appartenant à la république de Florence. C'est là, si je ne me trompe, le premier document positif de l'emploi des canons chez les Chrétiens. Cette loi, qui se trouve à la page 65 du volume 23 (distinction 11, classe 11) des archives des *Riformagioni* de Florence, rend très plausible la mention *Bombarde*, par Guido Cavacanti, dont j'ai parlé dans le II⁰ volume à la page 73.

Page 232, note (1). — Mon honorable confrère, M. Leclerc, membre de l'Académie des inscriptions et belles-lettres, dont tous les savans connaissent et apprécient l'érudition profonde et variée, a bien voulu m'indiquer un passage cité dans le glossaire de Du Cange (ad voc. *Molemdinum ad ventum*), d'où il résulte que les moulins à vent étaient dejà connus au XII⁰ siècle.

Page 300, note (1). — Dans un mémoire présenté à l'Académie des sciences, le 5 mai 1841, et publié dans le *Compte-Rendu* de la séance de ce même jour, M. Chasles a critiqué divers passages du second volume (publié en 1838) de l'ouvrage dont je fais paraître actuellement la continuation. Ce n'est pas dans ces *Additions* que je pourrai répondre au mémoire fort développé de M. Chasles. Je me bornerai ici à un très petit nombre d'observations qui, je l'espère du moins, prouveront qu'il ne me serait peut-être pas très difficile de réfuter les assertions de M. Chasles; car ce savant géomètre se montre parfois si préoccupé de sa critique, qu'il néglige même de s'assurer de la force de ses argumens. M. Chasles qui semble oublier que j'ai attribué à Fibonacci le mérite d'avoir été le premier *chrétien* qui ait composé un traité d'algèbre, m'oppose *Jean Hispalensis*, comme si je n'avais pas connu cet auteur. Cependant j'avais déjà répondu d'avance à cette objection en faisant remarquer que *Jean Hispalensis* était juif. Pour donner un exemple de la manière de travailler de M. Chasles, je rappellerai que cet habile géomètre, ayant annoncé dans son *Aperçu* (p. 510-511) que « *les copies (de l'Algorisme de Jean Hispalensis) doivent être très rares, car les catalogues des manuscrits n'en indiquent aucune,*» je pris la liberté, dans le second volume de cet ouvrage (p. 300), de rectifier son assertion en citant le catalogue imprimé des manuscrits de la Bibliothèque du Roi, où l'on trouve (*MSS.* latins n° 7359) cet algorisme, et j'indiquai aussi deux autres manuscrits (n°ˢ 972 et 981 , *fonds sorbonne* de la Bibliothèque du Roi), qui contiennent le même ouvrage. Actuellement M. Chasles est revenu sur ce sujet, et il a cité de nouveau l'algorisme de *Jean Hispalensis*. Sans rappeler aux lecteurs les manuscrits que j'avais cités pour refuter son assertion, il a la bonté de les signaler à mon attention comme s'ils m'étaient inconnus. Il est vrai que M. Chasles a introduit une variante dans ma citation. J'avais cité le

fonds sorbonne, où ces manuscrits se trouvent réellement, et au lieu de cela, il indique le *fonds de Saint-
Victor*, où ils n'ont jamais été.— Les Arabes et les
Juifs que j'avais cités , et que M. Chasles m'oppose ,
ne diminuent pas le mérite du premier auteur chrétien qui a écrit sur l'algèbre en 1202. A la vérité ,
M. Chasles parle de *Jordan Nemorarius*, comme ayant
composé des ouvrages algébriques *vers la fin du
XIIe siècle;* mais ici mon savant critique semble avoir
oublié que *Jordan Nemorarius* a été toujours considéré
comme un écrivain du XIIIe siècle, et qu'il n'est pas
permis, dans une question de priorité, de transporter sans aucune preuve un auteur du siècle où il a
vécu au siècle précédent, pour combattre les droits
d'un écrivain dont les ouvrages ont une date certaine (voyez *Comptes-rendus* du 5 mai 1841, p. 743-
744.— *Montucla, hist. des mathém.*, tom. I, p. 506,
et tom. II, p. 693).—J'espère que cette courte note
suffira pour prouver aux lecteurs qu'il n'est pas ur-
gent de répondre aux critiques de M. Chasles, géomètre habile , dont j'apprécie le talent et le savoir,
mais qui ne semble pas toujours soumettre à un examen sévère, les assertions qu'il avance et les argumens qu'il croit devoir employer.

Page 503, *note* (3).— J'ai pu enfin me procurer l'ouvrage, très rare, de Peregrinus, imprimé à Augsbourg,
en 1558, in-4, et j'ai pu me convaincre, comme je
l'avais déjà soupçonné, qu'il n'est autre chose que la
lettre insérée dans le second volume de cet ouvrage
(p. 487 et suiv.).

Page 521, *ligne* 5 (en remontant). — Dans l'*History*

*of the Mohammedan dynasties in Spain extracted...
by Ahmed ibn Mohammed el Makkari, translated by
Pasqual de Gayangos* (London, 1840, in-4, tom. I,
p. 198-199) se trouve un passage qui semble con-
firmer pleinement l'opinion de M. Reinaud, sur l'é-
poque à laquelle aurait été composé le calendrier
que j'ai publié.

ADDITIONS

Page 86, *note* (1). — Il faut consulter à cet égard un excellent article de M. Naudet, inséré dans le *Journal des Savans* (janvier 1840), mais dont je n'ai pas pu profiter, car il n'avait pas paru lorsque cette partie du IIIᵉ volume que je cite a été imprimée. Dans cet article M. Naudet a traité d'une manière lumineuse et attachante le sujet que je n'ai pu qu'effleurer.

Page 241. — Je regrette de ne pas avoir songé d'abord à consulter plusieurs manuscrits autographes de Maurolycus, qui se trouvent à la Bibliothèque Royale (Voyez surtout *MSS. latins*, n. 7466, 7468, 7471, 7473, etc.). Je reviendrai sur ces manuscrits dont quelques-uns offrent beaucoup d'intérêt.

FIN DU QUATRIÈME VOLUME.

ERRATA

DU PREMIER VOLUME.

FAUTES.	CORRECTIONS
P. xxı, l. 4............. nations........	hommes
12, l. 15............ 4 vol..........	3 vol.
28, l. 8, en remont... t............	tom.
49, l. 5. en remont... observé........	fait remarquer
50, l. 6, en remont... Donat.........	Donat, ou le pseudo-Donat,
84, l. 25 (et ailleurs).. sarrazins........	sarrasins
124, l. 12........... A. MSS *latin*, n° 7266, f. 124.........	A.
145, l. 11, en remont. français........	latin
153, l. 13............ t...........	tom.
203. l. 6, en remont.. liv. ı, fig. 3.....	liv. ıı, f. 3.
378, l. 7 et 8........ *scientifia e filologia*...	*scientifici e filologici.*
390, l. 5, en remont... *Lucas de Burgo*....	*Pacioli*

ERRATA

DU SECOND VOLUME.

———

	FAUTES.	CORRECTIONS.
P. 12, l. 15	§	§ 16
36, l. 10	dérivatives du	réductibles au
48, l. 18	Bruxelles.	Bruxelles, 1837
54, l. 13	Monteltro	Montefeltro
57, l. 15 et 16	empêche.	empêchèrent
78, l. 2, en remont.	Requiem.	Requien
135, l. 16	fait brûler.	brûlé
150, l. 4, en remont.	Concordo.	Concordio
171, l. 8, en remont.	pur	per
195, l. 12	1471	1472
209, l. 27 (et ailleurs).	Paciolo	Pacioli
213, l. dernière.	b.	$\frac{b}{2p}$
218, l. 9, en remont.	1770, 9	1760, 12
220, l. 16 et 17	premier philosophe des	premier des
225, l. 7	il.	nel
233, l. dernière.	de.	di
243, l. 6.	Arrezzo.	Arezzo
249, l. 7, en remont.	opera.	opera
256, l. 14.	1373	1375
271, l. 6, en remont.	Firenze, tom.	tom.
272, l. 4.	de.	le
275, l. 3 en remont.	Savosorda	Savasorda
279, l. 6.	du Glossaire	des *Postillæ*
280, l. 9, en remont.	Figuerra.	Finiguerra

ERRATA

DU TROISIÈME VOLUME.

FAUTES.		CORRECTIONS.
P. IV (sommaire), l. 3	Mathématicien	Mathématiciens
19, l. 8 en remont.	avons.	aurons
24, l. 4 en remont.	principio e nol valle.	principiò e nol volle
25, l. 9, en remont.	raguno.	ragunò
29, l. 7, en remont.	je le ferai.	le ferai-je
48, l. 15	Gonfolina.	Golfolina
67, dernière.	la même année.	l'année 1834
120, l. 10, en remont.	113	115
121, l. 6, en remont.	*circuli*	*circini.*
133, l. 15 (et ailleurs).	Luc	Lucas
141, l. 19.	dérivatives	réductibles
141, l. 5 et 6, en remont.	f. 39, L. p. 327 part.	part.
158, l. 3, en remont.	(1)	(2)
164, l. 12, en remont.	dérivatives	réductibles
165, l. 8, en remont.	Cartio	Curtio

ERRATA

DU QUATRIÈME VOLUME.

———

FAUTES.	CORRECTIONS.
P. 5, l. 2 en rem . . . . société biblique . . .	société
24, l. 9 et 10. . . . . Cantorbéry	Canterbery
25, l. dernière · · . . IV	tom. IV.
41, l. 7 en rem. . . . . *anemoscopium*	*anemographia*
64, l. 3 en rem. 1590	1786
64, l. 4 en rem. . . . . autographe de	de
86, l. 2 en rem. . . . . Venezia.	Padova
156, l. 13. . . . . . . appliquer.	expliquer
160, l. 7 en rem. . . . Mathiew	Matthew
161, l. 9 et 12 en rem. Mathiew	Matthew
163, l. 12. . . . . . . Bayle.	Boyle
164, l. 8 . . . . était.	serait
166, l. 18. . . . . . . *Biography.*	*Biography of*
183, l. 3 en rem. . . . *instrumento*	*instrumentorum*
187, l. 7 en rem. . . . dans	dans un vase rempli d'eau, en maintenant l'instrument dans
222, l. 10. . . . . . . Drebrel.	Drebell
275, l. 2 en rem. . . . Sig., nui.	Sig. mio
287, l. 5 en rem. . . . considérait.	considérât
294, l. dernière . . . . QUATRIÈME	TROISIÈME